The Physics and Devices of So

# 太阳电池物理与器件

高平奇　王子磊　林　豪　蔡　伦◎编著

中山大学出版社
SUN YAT-SEN UNIVERSITY PRESS
·广州·

**图书在版编目(CIP)数据**

太阳电池物理与器件/高平奇等编著 . —广州：中山大学出版社，2022.9
ISBN 978 -7 -306 -07598 -7

I. ①太… II. ①高… III. ①太阳能电池—物理学—高等学校—教材 ②太阳能电池—光电器件—高等学校—教材 IV. ①TM914.4

中国版本图书馆 CIP 数据核字(2022)第 128580 号

**TAIYANG DIANCHI WULI YU QIJIAN**

出 版 人：王天琪
策划编辑：谢贞静　陈文杰
责任编辑：梁嘉璐
封面设计：曾　斌
责任校对：谢贞静
责任技编：靳晓虹
出版发行：中山大学出版社
电　　话：编辑部 020 -84110776，84113349，84111996，84111997
　　　　　发行部 020 -84111998，84111981，84111160
地　　址：广州市新港西路135 号
邮　　编：510275　　　　　　　传　　真：020 -84036565
网　　址：http：//www.zsup.com.cn　E-mail：zdcbs@mail.sysu.edu.cn
印　刷　者：广东虎彩云印刷有限公司
规　　格：787mm ×1092mm　　1/16　　18 印张　　420 千字
版次印次：2022 年9 月第1 版　2023 年10 月第2 次印刷
定　　价：65.00 元

# 序　言

　　迄今为止，所有得到广泛应用的太阳电池都是用半导体材料制成的。从材料发展历史来看，半导体材料是非常神奇的材料，没有半导体材料就没有信息时代。现在看来，半导体又是人类所需要的最便捷的能源形式——电力所倚重的最重要材料。可以预见，在不久的将来，半导体材料将会取代煤炭、石油、天然气所主导的化石能源，通过光伏发电利用太阳能，将人类带入与大自然和谐相处、绿色、可持续发展的新时代。

　　太阳能光伏发电从原理、技术到当前产业大发展经历了 180 多年，其中，1954 年美国贝尔实验室科学家发明的晶体硅太阳电池是一项伟大的技术发明，拉开了人类利用太阳光直接发电的序幕。太阳电池首先是在美国实现产业化，日本、德国相继紧跟，科学家与产业界共同努力，将单晶硅太阳电池、多晶硅太阳电池及各类薄膜太阳电池推向产业化。进入 21 世纪以来，由于传统化石能源越来越短缺及其大量使用所带来的严重环境污染与气候变化，世界各国更加重视光伏发电技术的发展，光伏产业得到了前所未有的爆发性发展。我国抓住世界能源变革的发展机遇，通过十几年的快速发展，在材料、装备、器件、系统等方面建立了涵盖全产业链的光伏产业生态，特别是在晶体硅太阳电池生产与应用方面，连续多年处于世界领跑地位，创造了光伏产业的世界奇迹，使我国的光伏产业成为为数不多的具有世界竞争力的战略性新兴产业，从而为我国的能源转型与变革奠定了坚实的发展基础。

　　通过太阳电池实现将阳光直接转变为电力，这主要是依托半导体材料导电的多样性，即电子导电与空穴导电，从而出现两种不同类型的材料，即 n 型半导体与 p 型半导体，而两者的巧妙结合就形成了 p-n 结，这就是半导体的奇妙之处，也是所有半导体器件与太阳电池最核心的结构。

　　高平奇博士多年来致力于光伏技术研究，先后工作于产业界龙头企业与中国科学院下属研究所，目前在中山大学从事太阳电池研究，具有扎实的理论基础和丰富的实际工作经验。他组织编写的《太阳电池物理与器件》,主要对太阳电池物理进行深入的阐述,内容涉及太阳光与半导体基本性能、半导体能带与载流子输运理论、p-n结性能、太阳电池基本理论、制备工艺及各种表征技术,内容翔实丰富,表述深入浅出,读后令人耳目一新。

目前国内光伏产业发展迅速,但具有创新意识的人才培养相对滞后,高质量的教材与技术参考书缺乏。本书既可作为光伏技术专业学生的教学与参考用书,也可供太阳电池研究与技术开发人员参考。

**沈 辉**

2022 年 5 月

# 前　言

　　2020年9月22日，习近平总书记在第七十五届联合国大会一般性辩论上向世界宣布了我国碳达峰目标与碳中和愿景："中国将提高国家自主贡献力度，采取更加有力的政策和措施，二氧化碳排放力争于2030年前达到峰值，努力争取2060年前实现碳中和。"自此，碳中和的大幕正式拉开。世界范围内已经有30多个国家和地区承诺了碳中和的目标，其中，欧盟承诺2045年达成碳中和目标，德国原定的碳中和时间节点是2040年，但后续因为地区局势紧张导致的严重能源短缺问题，进一步把时间节点提前到了2035年（实现100%的可再生能源目标）。

　　2020年初，中央明确指出要把促进新能源和清洁能源发展放在更加突出的位置，积极有序发展光能源、硅能源、氢能源、可再生能源。作为实现碳中和目标的主动作为的主要路径之一，光伏产业必须要承担重任，这在一定程度上关乎国家能源安全、能源革命、生态文明建设的总体战略。如果把未来实现碳中和目标所需的光伏电力规模比作一棵参天大树，那么当前光伏产业的发展应用水平仅仅像刚刚破土而出的小树苗。

　　在从硅料到太阳电池系统应用的研发和产业链条中，高效电池设计与制造是极其关键的一环，一方面电池转换效率的提升可以直接推动组件中浆料、硅片、非硅材料平摊成本的下降，另一方面可以带动系统应用端的整体标准化成本的降低。过去40多年来，得益于全世界光伏科学家和工程技术人员的努力奋斗，太阳电池量产效率已经提升到22%左右，组件也维持着出货量每扩大1倍，销售价格降低约23.8%的变化规律。同样地，目前的高效晶体硅太阳电池研发水平也达到了一个新的高度，基于产业界实验室的隧穿氧化层钝化接触（TOPCon）和异质结（HJT）两种高效电池结构的转换效率纪录已经分别达到25.5%和26.3%。转换效率距离单结晶体硅太阳电池的公认理论极限29.43%越来越近，自然而然地对研发人员的素质和水平的要求也越来越高。

　　然而，令人遗憾的是，在过去十几年中，伴随着光伏产业的蓬勃发展，全国各个高校和研究机构能输出的高水平毕业生却越来越少，光伏产业跟微电子产业一样面临着巨大的人才缺口和高质量科研人员断层的严重危机。本人自2018年底从中科院宁波材料技术与工程研究所加入中山大学材料学院以来，有幸得到中山大学太阳能系统研究所创始人沈辉教授的全方位帮助，并被其精神与气质吸引，坚守为产业界输送人才的使命，坚持走与企业深度融合发展的科研道路，坚定在晶体硅太阳电池及其延伸方向上培养人才。本书初稿即源于团队为多家太阳电池制造企业所做的研发人员培训的讲义，因此，相对来讲具有较高的实用性。

本书主要想引导读者自行思考并回答提升太阳电池效率的三个主要问题：一是限制电池效率提升的内在机制是什么，二是有什么方法规避或者缓解这些限制因素，三是如何以低成本、规模化的商业化方式达成上述目的。在理解层面上，更多是半导体物理的问题，解决方案必须依赖于材料科学与工程技术。限于本人当下的水平和能力，未能从材料源头来探讨这些问题，是本书的明显不足之处。

本书主要内容包括太阳光谱的描述，理解太阳电池所必需的半导体物理基础，太阳电池的基本概念和等效物理模型分析，太阳电池的测试与分析（基本涵盖电池研发所需的测试与分析手段，特别加入了团队在接触电阻测试方面的心得），高效电池的发展与要点解析（包括对单结晶体硅太阳电池转换效率极限的描述、电池损耗分析和各种主要高效电池结构的解读），简要的太阳电池制备技术，关于太阳电池器件模拟的几种软件适用性简介。

本书由本人组织、编写，王子磊博士整理、统稿，林豪博士提供了第1、2、4章的资料，蔡伦博士提供了第6章的资料，苏巧（兰州大学物理学院大四学生）撰写了第5.1节和第7章并参与了第2章的修订，唐旱波（中山大学材料学院一年级博士生）撰写了第6.3.4小节并参与了第3章和第6章的修订，刘昭浪（兰州大学材料与能源学院二年级博士生）撰写了第4.5节，殷潇寒（中山大学材料学院博士生）参与了第1章、第2章的修订，庞毅聪（中山大学材料学院二年级硕士生）参与了第6章的修订。本书得到了中山大学教学质量工程建设项目支持，出版过程中得到了中山大学出版社王天琪社长和同事的全面帮助，都娟娟老师（中山大学材料学院）也对本书的立项和编撰工作提供了大量帮助。本书能够最终成稿与许多人的帮助是分不开的，本人在此对给予帮助的所有同事与学生表示诚挚的感谢。

本书既可以作为高等院校相关专业的本科及研究生阶段教材或教学参

考书，也可供光伏产业技术人员参考。晶体硅太阳电池技术发展迅速，受编者时间和水平所限，本书难免会存在一些不足之处，本人将会收集读者反馈的有关意见，在再版时进行修改与完善。

**高平奇**
**中山大学材料学院、中山大学太阳能系统研究所**

# 目　　录

# 第1章　光与太阳光

## 1.1　光的性质

### 1.1.1　光的波粒二象性

早在 19 世纪初期，托马斯·杨、弗朗索瓦·阿拉戈和奥古斯丁·菲涅耳就展示了光的干涉效应，表明光是由波组成的，从而产生光波理论。到 19 世纪 60 年代末，光波进一步被视为电磁波谱的一部分，如图 1-1 所示。

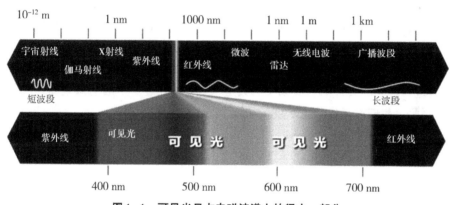

**图 1-1　可见光只占电磁波谱上的很小一部分**

然而，在 19 世纪晚期，光波理论出现了一个明显的问题，基于光的波动方程无法解释加热物体波长光谱的实验结果，也就是之后要介绍的黑体辐射问题。1900 年，普朗克提出，光的总能量是由不可区分的能量量子组成的。爱因斯坦利用光电效应（某些金属和半导体在受到光照射时释放电子）实验成功区分了这些量子的能量值。由于普朗克和爱因斯坦在这一领域的工作，他们分别在 1918 年和 1921 年获得了诺贝尔物理学奖。基于这一工作，光可以被看作由"波包"或能量粒子组成，称为光子。[1, 2]

在量子力学描述中，光既有波动性，又有粒子性，即所谓"波粒二象性"（wave-particle dualism）。因此，可以将光理解为具有特定频率的"波包"。在波包处于空间局域的情况下，它的作用就像粒子一样。如上所述，想要对光的性质进行完整的物理描述，需要进行严密的量子力学分析。但是对于光伏应用，并不需要很深入的细节描述，因此这里只是简略地介绍光的量子性质。

在确定入射太阳光与光伏组件或任何其他物体相互作用时，需要特别注意关于入射太阳光的几个特征参数：

（1）入射太阳光的光谱分布；

（2）入射太阳光的辐射功率密度；

（3）太阳光入射到光伏组件的角度；

（4）某一特定表面在一年或一天中所接受的太阳辐射总量。

以下小节将分别对这几个特性做详细描述。

## 1.1.2 光子的能量

光子的特征既可以用波长（$\lambda$）描述，也可以用能量（$E$）表示。光子能量（$E$）和光的波长（$\lambda$）之间成反比，即

$$E = hc/\lambda \tag{1-1}$$

其中，$h$ 是普朗克常数，$c$ 是光速：

$$h = 6.626 \times 10^{-34} \text{ J} \cdot \text{s}, \quad c = 2.998 \times 10^8 \text{ m/s}$$

两者的乘积 $hc = 1.99 \times 10^{-25} \text{ J} \cdot \text{m}$。

上述反比关系意味着由高能光子组成的光（如"蓝光"）具有较短的波长，由低能光子组成的光（如"红光"）具有较长的波长。

在处理光子或电子能量数值时，通常用电子伏特（eV）作为单位，而不是焦耳（J）。$1 \text{ eV} = 1.602 \times 10^{-19} \text{ J}$，其物理意义是一个电子经过 1 V 的电位差加速后增加的能量。因此，我们可以将上述常数 $hc$ 写成单位为 eV 的形式：

$$hc = (1.99 \times 10^{-25} \text{ J} \cdot \text{m}) \times (1 \text{ eV}/1.602 \times 10^{-19} \text{ J})$$
$$= 1.24 \times 10^{-6} \text{ eV/m}$$
$$= 1.24 \text{ eV/}\mu\text{m}$$

将式（1-1）中的能量和波长的单位换算为 eV 和 $\mu$m，我们就得到了一个常用的关于光子能量和波长的表达式：

$$E \approx 1.24/\lambda \tag{1-2}$$

例如，由式（1-2）可得波长为 500 nm 的绿光，其光子能量约为 2.48 eV；波长 650 nm 的红光，其光子能量约为 1.91 eV。

## 1.1.3 光子通量

光子通量，即单位面积内每秒经过的光子数，用 $\Phi$ 表示。

当给定光子波长（或能量）和该波长的光子通量时，可以确定光子在该特定波长的功率密度（$H$）。功率密度 $H$ 是通过光子通量乘以单个光子的能量来计算的。光子通量 $\Phi$ 给出了单位时间内撞击单位面积的光子数量，$\Phi$ 乘以此时通过的光子所包含的能量，就得到了单位时间内撞击单位面积的能量，即功率密度 $H$：

$$H = \Phi \cdot \frac{hc}{\lambda} = \Phi \cdot \frac{1.24}{\lambda} = \Phi \cdot E \tag{1-3}$$

其中，$H$ 的单位为 $\text{W} \cdot \text{m}^{-2}$。

式(1-3)的一个含义是，辐射功率密度一定的光，所需的高能（或短波长）光子通量将低于低能（或长波长）光子通量。如图 1-2 所示，蓝光和红光入射到表面上的辐射功率密度是相同的，但蓝色光子数更少，因为蓝色光子能量更大。

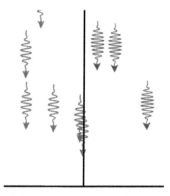

图 1-2　相同辐射功率下，红光（左）光子数要多于蓝光（右）光子数

## 1.1.4　光谱辐照度

前文所述功率密度只能表示某一个特定波长光子的信息，因此引入功率密度对波长的函数，定义为光谱辐照度，用 $F$ 表示：

$$F(\lambda) = \frac{H(\lambda)}{\Delta\lambda} = \Phi E \frac{1}{\Delta\lambda} \tag{1-4}$$

其中，$F(\lambda)$ 为光谱辐照度；$\Phi$ 为光子在单位面积上单位时间内的光子通量；$E$ 和 $\lambda$ 分别是光子的能量和波长，$E$ 是关于 $\lambda$ 的函数；$\Delta\lambda$ 是波长间距。光谱辐照强度单位为 $W \cdot m^{-2} \cdot \mu m^{-1}$，$W \cdot m^{-2}$ 项是波长 $\lambda$（单位：$\mu m$）处的功率密度。

也可以用波长表示光谱辐照度，即

$$F(\lambda) = \Phi \frac{1.24}{\lambda} \frac{1}{\Delta\lambda} \tag{1-5}$$

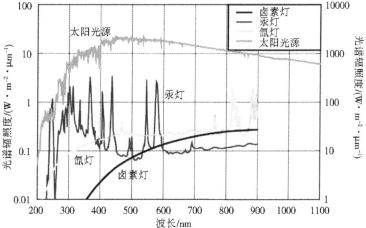

图 1-3　人造光源的光谱辐照度（左轴）与太阳的光谱辐照度（右轴）比较

图 1-3 展示了不同光源的光谱辐照度。光源的总功率密度可以通过对所有波长的光谱辐照度 $F(\lambda)$ 积分来计算：

$$H = \int_0^\infty F(\lambda)\,\mathrm{d}\lambda \tag{1-6}$$

然而，光源光谱辐照度的封闭形式方程往往不存在，也就是不存在解析方程。因此，一般通过测量得到某一小范围内波长的光谱辐照度，乘以测量的波长范围，然后对所有波长进行累加得到总功率密度（图 1-4），用下式表示：

$$H = \sum_i F(\lambda)\lambda \tag{1-7}$$

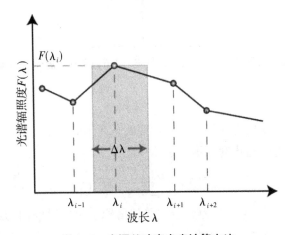

图 1-4　光源总功率密度计算方法

测量的光谱往往是不光滑的，其中包含发射线和吸收线。波长间距通常不是均匀的，频谱变化快的部分选取更短的波长间距，频谱变化慢的区域可以适当增大波长间距，以保证计算得到的功率密度尽可能准确。波长间距根据两个相邻波长段的中点计算出来，即

$$\Delta\lambda = \frac{\lambda_{i+1} + \lambda_i}{2} - \frac{\lambda_i + \lambda_{i-1}}{2} = \frac{\lambda_{i+1} - \lambda_{i-1}}{2} \tag{1-8}$$

将所有分段相加得到总功率密度 $H$。

## 1.2　太阳和太阳光

### 1.2.1　黑体辐射

许多常见的光源，包括太阳和白炽灯，都可以模拟成"黑体"光源。黑体吸收入射到其表面的所有辐射，并根据自身温度向外发出电磁辐射。黑体得名于这样一个事实：如果它们不发射可见光范围内的辐射，它们就会因为完全吸收所有波长的光而呈现黑色。

**1. 黑体的光谱辐照度和总功率密度**

理想黑体的光谱辐照度符合普朗克辐射定律，公式如下[3]：

$$F(\lambda) = \frac{2\pi h c^2}{\lambda^5 \left( \exp \dfrac{hc}{k\lambda T} - 1 \right)} \qquad (1-9)$$

其中，$\lambda$ 为光的波长（单位：m），$T$ 为黑体温度（单位：K），$F$ 为光谱辐照度（单位：$W \cdot m^{-2} \cdot m^{-1}$），$h$ 为普朗克常数（单位：$J \cdot s$），$c$ 为光速度（单位：m/s），$k$ 为玻尔兹曼常数（单位：J/K）。

黑体的总功率密度可由下式计算：

$$H = \sigma T^4 \qquad (1-10)$$

其中，$\sigma$ 为斯特藩-波尔兹曼常数，$T$ 为黑体的温度（单位：K）。黑体光源的另一个重要参数是光谱辐照度最高的波长，即大部分能量被发射的波长。

**2. 维恩定律**

黑体辐射分布中有一峰值波长，其随着黑体温度的变化而变化。温度越高，峰值波长越短，如图 1-5 所示。这就是维恩定律。因此，峰值波长可由下式计算[4,5]：

$$\lambda_\rho = \frac{2900}{T} \qquad (1-11)$$

其中，$\lambda_\rho$ 为黑体发出的光谱辐照度的峰值波长（单位：$\mu m$），$T$ 为黑体的温度（单位：K）。

图 1-5 显示了黑体辐射的光谱分布和功率随着温度增加的变化，从中可以看出，随着温度的升高，峰值波长减小，且功率密度增加。在接近室温时，黑体发射器（如人体或关掉的灯泡）会发射波长主要大于 1 $\mu m$ 的低功率电磁波，远远超出人类的观测视野。如果黑体被加热到 3000 K，因为发射的光谱转移到能量更高的可见光谱，将发出红色的光。太阳表面温度接近 6000 K，故会辐射出可见光谱中紫色到红色范围内的光线，整体呈现白色。根据式(1-11)可以得到太阳光辐射谱的峰值波长是处于 0.5 $\mu m$ 左右的绿光波段。

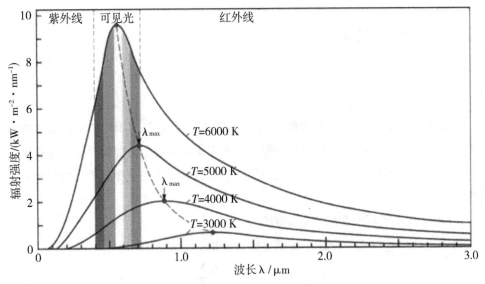

**图1-5 随着黑体的温度增加，发出的光的光谱分布和功率变化**

## 1.2.2 太阳结构

太阳是一个炽热的气体球体，从化学组成来看，太阳质量大约3/4是氢，其余几乎都是氦，而氧、碳、氖、铁和其他重元素的质量不到2%。太阳是一个靠内部核聚变反应产生热量的气体球，它没有像固态行星一样明确的界线，但是有明确的结构划分，从内到外主要可以分为三层，分别为核心（core area）、辐射区（radiation zone）、对流区（convection zone），如图1-6所示。对流区之外就是太阳的大气层，由光球（ball of light）、色球（chromosphere）和日冕（coronal）构成。一般定义太阳的半径就是它的中心到光球边缘的距离。[6,7]

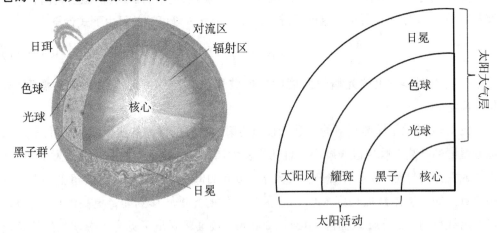

**图1-6 太阳的结构划分**

太阳核心是太阳唯一能进行核聚变而产生巨大能量的区域，其温度高达 1.4 ×

$10^6$ K，但是来自太阳内核的辐射是不可见的，因为它被太阳表面附近的一层氢原子吸收。热核反应释放的能量先后通过辐射和对流向外转移，温度也随之降低。能量到达光球层后，重新向外辐射，我们平时眼睛看到的其实就是太阳的光球。整个光球厚度为 500 km 左右，与约 $7 \times 10^5$ km 的太阳半径相比，如同人的皮肤和肌肉之比。光球的温度大约为 6000 K，太阳的光和热几乎都是从这一层辐射出来的，因此可以说太阳光谱实际上就是光球的光谱。[8]

由式(1-10)可得，在约 6000 K 的温度下，可得到太阳表面总功率密度 $H_{sun}$ 为 $6.4 \times 10^7$ W/m²。太阳半径和表面积分别为 $6.96 \times 10^8$ m 和 $6.09 \times 10^{18}$ m²，得到太阳的总输出功率是 $6.4 \times 10^7 \times 6.09 \times 10^{18}$ W，即 $3.9 \times 10^{26}$ W。考虑到整个世界的能源使用量每年只有 16 TW（1 TW $= 10^{15}$ W），太阳显然是一个巨大的能源库。[9, 10]

### 1.2.3　太阳的辐照

太阳是一个巨大的能源库，它以光辐射的形式不断地向太空释放着能量，每秒约 $3.9 \times 10^{26}$ W，但其中只有小部分能传输到距离太阳一段距离的空间物体上。太阳辐照度($H_0$，单位为 W/m²)是太阳照射到物体上的光的功率密度。太阳表面总功率等于温度大约为 6000 K 的黑体辐射的总功率密度乘以太阳的表面积。然而，当与太阳有一定距离时，来自太阳的总能量会分散到更大的表面积上，因此，空间中的物体离太阳越远，太阳辐照度就越低。

**1. 太空中的太阳辐照**

与太阳有一定距离的物体接收的总功率密度（图 1-7），可以用太阳发出的总功率除以物体上阳光照射的表面积来计算：

$$H_0 = \frac{R_{sun}^2}{D^2} H_{sun} \tag{1-12}$$

其中，$H_{sun}$ 是由斯特藩-波尔兹曼黑体方程确定的太阳表面的总功率密度，$R_{sun}$ 是太阳的半径，$D$ 是物体到太阳的距离。例如，地球到太阳的距离 $D = 1.5 \times 10^{11}$ m，取地球半径 $r = 6371$ km，太阳对地球的辐照功率约为 $1.7 \times 10^{17}$ W。2020 年全球用电量为 $2.7 \times 10^{16}$ W·h，因此通过计算可以看出到达地球的能量非常巨大，不到 10 min（9.52 min）输送到地球的能量就等于 2020 年全球的用电量总和。

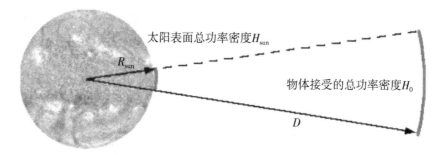

**图 1-7　入射到物体上的太阳辐射强度原理示意**

除此之外，由式(1-12)可知，在太阳系中，天体接收到的太阳光能量和天体同太阳的距离的平方成反比，因此可以通过计算得到不同天体接收的太阳的辐照度。如图 1-8 所示，水星接收的太阳辐照度约为地球外层的 7 倍，而海王星接收的只有地球外层大气的千分之一。

图 1-8    不同天体所接受到的太阳的辐照度

### 2. 地表的太阳辐照

虽然太阳照射到地球大气层的辐射相对恒定（1366 W/m²），但地球表面的辐射变化很大，如图 1-9 所示，影响因素有：①大气效应，包括吸收和散射；②大气的局部变化，如水蒸气、云层和污染；③不同地点的纬度变化；④一年中的季节变化；⑤一天中的时间变化。

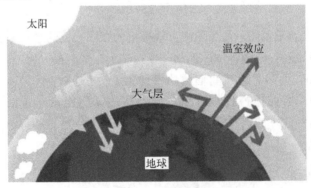

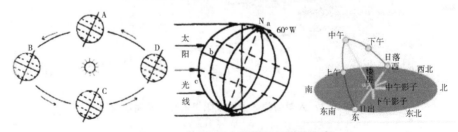

图 1-9    地球接受太阳辐射的影响因素

包括吸收、散射及反射等在内的大气效应是影响地表太阳辐射的主要因素，造成太阳光辐照总功率、光谱分布和光入射角度的变化，图 1-10 是对这些影响的总结。

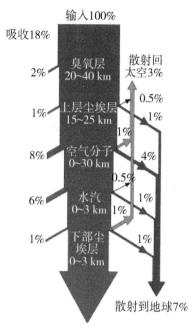

图 1-10　大气效应对地球表面太阳辐射的影响[11]

当太阳辐射穿过大气层时，气体、灰尘和气溶胶会吸收入射的光子。特定气体，特别是臭氧、二氧化碳和水蒸气，对光子的吸收率非常高，这是因为这些大气气体的键能非常接近光子的能量。例如，水蒸气和二氧化碳主要吸收 2 μm 以上的远红外线；大气中含有 21% 的氧，其主要吸收波长小于 0.2 μm 的紫外光，在 0.155 μm 处吸收最强，因此在到达地面的太阳辐射中几乎观察不到波长小于 0.2 μm 的辐射；臭氧主要存在于 20 ~ 40 km 的高层大气中，在 20 ~ 25 km 处最多，在底层大气中几乎没有，臭氧在整个光谱范围内都有吸收，但主要有两个吸收带，一个是短波光 0.20 ~ 0.32 μm 间的强吸收带，另一个是在可见光区的 0.6 μm 处，虽然吸收率不高，但恰好在辐射最强区，所以臭氧的吸收占总辐照度的 2% 左右。这些吸收使光谱辐射曲线产生深沟，改变了太阳辐射的光谱分布，但对总功率的影响相对较小。大气中的尘埃对太阳辐射也有一定的吸收作用，上部尘埃层和下部尘埃层各吸收总辐照度的 1% 左右。空气分子（主要是二氧化碳分子和液态水分子）和水汽是太阳辐射的主要吸收媒质，吸收带在红外及可见光区域，两者的吸收约占总辐照度的 8% 和 6%。[12]

当太阳在头顶正上方时，大气元素的吸收使整个可见光谱相对均匀地减少，所以入射光呈现白色。然而，当路径相对较长时，更高能量（较低波长）的光被吸收和散射得更多。因此，早晨和傍晚的太阳看起来比中午更红，强度也更低。

光穿过大气层，在被吸收的同时又受到各种气体分子、水分子、尘埃等粒子的散射作用。散射与吸收不同，不会把辐射能转变为粒子热运动的动能，而是仅改变辐射方向，使直射光变为漫射光，甚至使太阳辐射逸出大气层而不能到达地面。散射对太阳辐照度的影响与散射粒子的尺寸有关，一般可分为分子散射（molecular scattering）和微粒散射（particle scattering）。分子散射，也叫作瑞利散射（Rayleigh scattering），由大气中的分子引起，散射粒子小于辐射波长，散射强度与波长的四次方成反比。因此，瑞利散射对长波光的散射较弱，即透明度较大；而对短波光的散射较强，即透明度较小。天空有时呈现蓝色就是短波光散射所致。发生微粒散射的散射粒子大于辐射波长，随着波长的增大，散射强度也增强，而长波与短波间散射的差别也变小，甚至出现长波散射强于短波散射的情况。当空气比较浑浊时，天空呈乳白色，甚至红色，就是发生这种散射的结果。

云层的遮挡会对地表辐照度产生极大的影响，通过卫星的照片，可以评估云层对辐射能量的影响。通过地面观察站的统计，可以绘制出全球各个地方的辐照能量（图1-11）。通过辐照能量的分布可以很好地了解各个地方对应的太阳辐照度。从地图可以看到，海拔越高、云层越少的地方，对应云层遮光的现象较弱，对应的年辐照能量较大；类似四川盆地等具有大量降水的地带，其一年晴天的日子相对较少，从而太阳辐照能量较低。

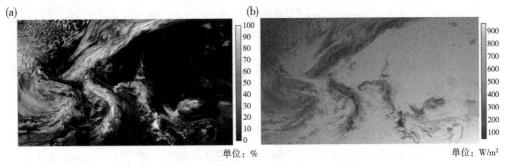

图 1-11　云层卫星照片及其相应的太阳辐照度

### 1.2.4　光伏组件上的太阳辐照

#### 1. 太阳的视运动

由于地球的自转，位于地球上的人觉得太阳每天都是从东方升起，又在西方落下。太阳的视运动（apparent motion）只是人的一种观测表示，也就是说以观测者为参考系，观测太阳的运动。所观测到的太阳位置与观测者所处的位置、日期及一天中的时刻都有关。在北半球（除北极外），一年中只有在春分和秋分，太阳才从正东升起，正西落下。在正午时分，太阳高度角等于90°减去纬度。为了便于确定太阳的位置，需要先了解一些角度的定义。

赤纬角（declination angle）$\delta$ 是确定太阳位置的关键角度参量之一。通常将太阳直射点的纬度，即太阳中心和地心的连线与赤道平面的夹角称为赤纬角，如图 1-12 所示。赤纬角随着地球绕太阳公转的改变而改变，只有在春分或者秋分这一天，赤纬角才等于 0°（图 1-13）。δ 的值可以由式（1-13）计算得到[13]：

$$\delta = 23.5° \sin\left[\frac{360}{365}(d-81)\right] \tag{1-13}$$

其中，$d$ 表示一年中日期的序号（第几天），例如，2 月 1 日那天 $d$ 为 32。

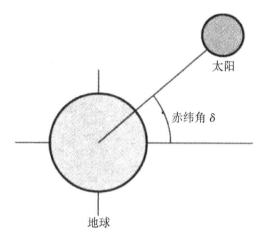

**图 1-12　地球与太阳形成的赤纬角**

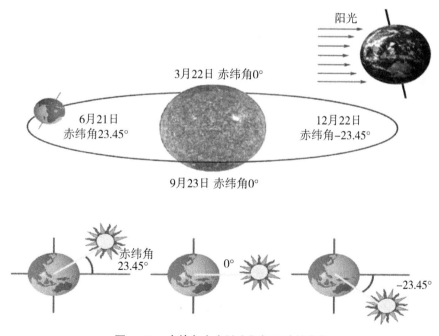

**图 1-13　赤纬角大小随太阳视运动的变化**

高度角（elevation angle）$\alpha$ 是表征太阳位置的另一个重要参量。高度角就是太阳光线与其在地平面上投影线之间的夹角。如图 1-14 所示。在日出或者日落的时刻，太阳高度角都是 0；若是在赤道上，那么在春分或者秋分那天的正午时分，太阳就在人的正上方，太阳高度角等于 90°。太阳高度角在一天中都在不断变化，且跟所处的纬度和赤纬角密切相关。在北半球，太阳高度角 $\alpha = 90° - \varphi + \delta$；在南半球，则 $\alpha = 90° + \varphi - \delta$。其中，$\varphi$ 是当地的纬度。

天顶角（zenith angle）$\theta$ 就是太阳光线与地平面法线之间的夹角，如图 1-14 所示，天顶角与高度角之间的关系为

$$\alpha + \theta = 90° \tag{1-14}$$

方位角（azimuth angle）$\gamma$ 就是太阳光线在地平面上的投影与地平面上正南（北半球）方向之间的夹角。在正午时分，方位角等于 0°。

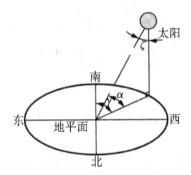

**图 1-14　地平坐标系中高度、天顶角和方位示意**

**2. 光伏组件上的太阳辐照**

一块光伏组件接收到的太阳辐射能并不仅仅依赖于太阳辐射的强度，还跟光伏组件与太阳光线的角度密切相关。如前所述，当吸收表面与阳光垂直时，表面的辐照度与入射功率密度相等，换句话说，当光伏组件垂直于太阳时，辐照度一直是最大的。然而，如果太阳光线与光伏组件表面之间的角度不断变化，那么光伏组件表面的能量密度会低于太阳辐射的能量密度。对于一个倾斜放置的光伏组件，其表面的太阳辐射能量密度的计算如图 1-15 所示。

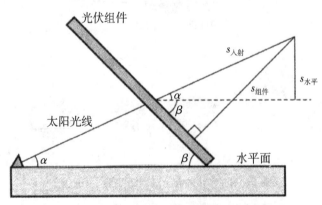

**图 1-15　倾斜组件表面的太阳辐射的计算示意**

入射到倾斜组件表面上的太阳辐射 $s_{组件}$ 是太阳辐射垂直入射 $s_{入射}$ 的分量。$s_{组件}$、$s_{水平}$ 和 $s_{入射}$ 之间的关系为

$$s_{水平} = s_{入射} \sin \alpha \tag{1-15}$$

$$s_{组件} = s_{入射} \sin(\alpha + \beta) \tag{1-16}$$

两式联立可得

$$s_{组件} = s_{水平} \sin(\alpha + \beta) / \sin \alpha \tag{1-17}$$

其中，$\alpha$ 为太阳高度角，$\beta$ 是组件相对水平面的倾斜角度。

可见，组件斜面的倾斜角度对其表面所接受的太阳辐射强度影响很大。一般来说，对于固定安装角度的光伏组件，为了保持其全年所接受到的太阳辐射能最大，其倾斜角度应等于当地的纬度值。

## 1.3 大气质量与标准太阳光谱

### 1.3.1 大气质量

大气质量(air mass，AM)是指光线通过大气层到达地面的实际距离与垂直入射距离之比，当光线穿过大气层并被空气和灰尘吸收时，使用大气质量描述太阳辐射在大气层中的衰减情况，其数值表示为

$$AM = \frac{1}{\cos \theta} \tag{1-18}$$

其中，$\theta$ 表示为天顶角，如图 1-16 所示。

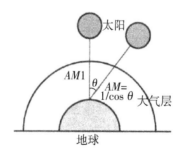

**图 1-16 大气质量示意**

在地球大气层外接收到的太阳辐射能，未受到地球大气层的反射和吸收，以 $AM0$ 表示。太阳在正上方时，垂直入射的光线通过大气层的距离最短，此时 $\theta = 0°$，大气质量为 1，用 $AM1$ 表示。当 $\theta = 60°$ 时，大气质量就是 2，以 $AM2$ 表示。我们常说的 $AM1.5$ 就是 $\theta = 48.2°$ 时的大气质量。显然，一年之内 $AM1$ 的太阳光谱只有在南北回归线之间的区域才能获得，而 $AM1.5$ 的太阳光谱在地球上的大部分地区都可以得到。

如图 1-17 所示，任何地点的大气质量都可以通过测量垂直杆的阴影来估算，计

算公式如下：

$$AM = \sqrt{1 + \left(\frac{s}{h}\right)^2} \qquad (1-19)$$

其中，$s$ 是高度为 $h$ 的竖直杆的投影长度。

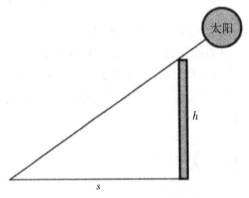

图 1-17　大气质量估算方法

以上对大气质量的计算是假定地球大气层是一个水平方向的扁平层，但实际上大气层是有曲率的，当 $\theta > 60°$ 时，公式会有较大误差。例如，当太阳接近地平线，即 $\theta = 90°$ 时，按照公式计算 $AM$ 就是无穷大，实际情况显然不是这样。考虑了地球的曲率后，一般采用如下公式计算大气质量[14]：

$$AM = \frac{1}{\cos\theta + 0.50572(96.07995 - \theta) - 1.6364} \qquad (1-20)$$

### 1.3.2　标准太阳光谱

太阳电池的效率对入射光的功率和光谱的变化十分敏感。为了精确地测量和比较不同地点、不同时间的太阳电池，一个标准的太阳光谱和能量密度是非常必要的。太阳光照射到地球表面时，由于大气层与地表景物的散射与折射，会使抵达地面光伏组件表面的太阳光入射量增加 20%，这些能量称为漫射辐射（diffusion radiation）。基于此，针对地表上的太阳光谱能量有 $AM$1.5G 与 $AM$1.5D 之分，其中 D 表示 direct，$AM$1.5D 为不包括漫射辐射的直射辐射光谱，其近似地等于 $AM$0 的 72%（其中 18% 被大气吸收，10% 被大气散射）；G 表示 global，$AM$1.5G 则为包含漫射辐射能量的全太阳光谱。$AM$1.5G 光谱的功率密度大约为 970 W/m²，为了方便起见，实际使用中通常将标准 $AM$1.5G 光谱归一化为 1 kW/m²。图 1-18 是 6000 K 的黑体及 $AM$0、$AM$1.5G 的光谱辐照度。$AM$1.5G 曲线中的不连续部分为各种不同大气组分对太阳光的吸收带。

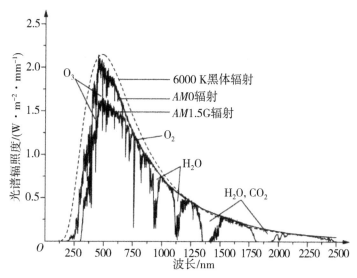

图 1-18　6000 K 的黑体及 *AM*0、*AM*1.5G 的光谱辐照度

## 参考文献

［1］PLANCK M. Distribution of energy in the normal spectrum［J］. Verhandlungen der deutschen phys-ikalischen gesellschaft, 1900, 2(1)：237 -245.

［2］EINSTEIN A. Generation and transformation of light［J］. Annalen der physik, 1905, 17.

［3］PLANCK M. Distribution of energy in the spectrum［J］. Annalen der Physik, 1901, 4：553 -563.

［4］曾谨言. 量子力学［M］. 北京：科学出版社, 2013.

［5］COHEN C T, DIU B, LALOE F. 量子力学：第二卷 ［M］. 陈星奎, 刘家谟, 译. 北京：高等教育出版社, 2014.

［6］WOOLFSON M. The origin and evolution of the solar system［J］. Astronomy & geophysics, 2000, 41(1)：12 -19.

［7］BASU S, ANTIA H M. Helioseismology and solar abundances［J］. Physics reports, 2008, 457(5/6)：217 -283.

［8］PARROOT J E. Choice of an equivalent black body solar temperature［J］. Solar energy, 1993, 51(3)：195.

［9］HANASOGE S M, DUVALL T. From the cover：anomalously weak solar convection［J］. PNAS, 2012, 109(30)：11928 -11932.

［10］M. EMILIO M, KUHN J R, BUSH R I, et al. Measuring the solar radius from space during the 2003 and 2006 mercury transits［J］. The astrophysical journal, 2012, 750(2)：1529 -1536.

［11］HU C, WHITE R M. Solar cells：from basic to advanced systems［M］. New York：Mc Graw-Hill, 1983.

［12］BRID R E, RIODRAN C. Simple solar spectral model for direct and diffuse irradiance on horizontal and tilted planes at the Earth's surface for cloudless atmospheres［J］. JCAM, 1986, 25(3)：87 -97.

［13］COOPER P I. The absorption of radiation in solar stills［J］. Solar energy, 1969, 12(3)：333 -346.

［14］KASTEN F K, YOUNG A T. Revised optical air mass tables and approximation formula［J］. Applied optics, 1989, 28(22)：4735 -4738.

# 第2章 半导体物理基础

## 2.1 半导体材料及其特性

### 2.1.1 半导体材料

19 世纪初至今,大量半导体材料被研究应用。图 2-1 及表 2-1 列出了半导体相关的元素及由其组成的常见半导体材料。单一原子组成的元素半导体,如硅(Si)、锗(Ge),都是周期表中的Ⅳ族元素。最初锗是最主要的半导体材料,但是在 20 世纪 60 年代以后逐渐被硅取代。这是因为硅器件在室温下特性更佳,且可用于器件制造的硅材料远比其他半导体材料价格低廉。

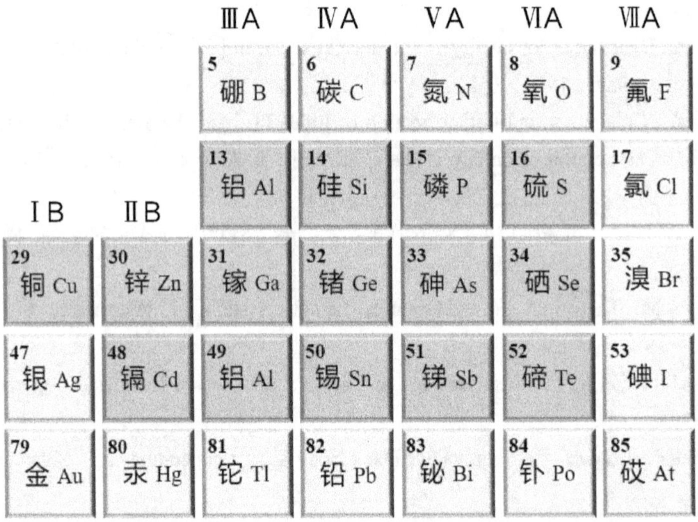

|  |  | ⅢA | ⅣA | VA | ⅥA | ⅦA |
|---|---|---|---|---|---|---|
|  |  | 5 硼 B | 6 碳 C | 7 氮 N | 8 氧 O | 9 氟 F |
|  |  | 13 铝 Al | 14 硅 Si | 15 磷 P | 16 硫 S | 17 氯 Cl |
| ⅠB | ⅡB |  |  |  |  |  |
| 29 铜 Cu | 30 锌 Zn | 31 镓 Ga | 32 锗 Ge | 33 砷 As | 34 硒 Se | 35 溴 Br |
| 47 银 Ag | 48 镉 Cd | 49 铟 Al | 50 锡 Sn | 51 锑 Sb | 52 碲 Te | 53 碘 I |
| 79 金 Au | 80 汞 Hg | 81 铊 Tl | 82 铅 Pb | 83 铋 Bi | 84 钋 Po | 85 砹 At |

深色底纹的为半导体材料相关元素。

**图 2-1　元素周期表中部分元素**

**表 2-1　常见半导体材料[1]**

| 类型 | 分子式 | 中文名称 |
|---|---|---|
| 元素半导体 | Si | 硅 |
|  | Ge | 锗 |
| 二元化合物半导体 | SiC | 碳化硅 |
|  | AlP | 磷化铝 |

续表 2-1

| 类型 | 分子式 | 中文名称 |
|---|---|---|
| 二元化合物半导体 | AlAs | 砷化铝 |
| | GaN | 氮化镓 |
| | GaAs | 砷化镓 |
| | InP | 磷化铟 |
| | InAs | 砷化铟 |
| | ZnO | 氧化锌 |
| | ZnS | 硫化锌 |
| | CdS | 硫化镉 |
| | CdTe | 碲化镉 |
| | PbS | 硫化铅 |
| | PbSe | 硒化铅 |
| | PbTe | 碲化铅 |
| 三元化合物半导体 | $Al_xGa_{1-x}As$ | 砷化镓铝 |
| | $Ga_xIn_{1-x}N$ | 氮化铟镓 |
| | $Ga_xIn_{1-x}P$ | 磷化铟镓 |
| 四元化合物半导体 | $Al_xGa_{1-x}As_ySb_{1-y}$ | 锑化砷镓铝 |
| | $CuInGaSe_2$ | 铜铟镓硒 |

## 2.1.2　半导体的导电性

固体材料可分为三类，即绝缘体、半导体及导体。顾名思义，半导体即导电性介于导体和绝缘体之间的材料。图 2-2 列出了这三类中一些重要材料的电导率（electrical conductivities）$\sigma$ 范围。绝缘体电导率介于 $10^{-18} \sim 10^{-8}$ S/cm 之间，例如熔融石英（fused quartz）约 $10^{-18}$ S/cm，玻璃（glass）约 $10^{-10}$ S/cm；导体（如金、银、铝等金属）都有较高的电导率，通常在 $10^4$ S/cm 以上。半导体电导率则为 $10^{-8} \sim 10^4$ S/cm。

从图 2-2 中可以观察到，无论是高电导率的金属导体，还是低电导率的绝缘体，其电导率基本是一恒定值，因此在图中用圆点表示。然而，半导体材料的电导率可以在大范围内变化，因此用短线表示。我们知道，固体材料之所以导电，是因为其内部存在可自由移动的电子，而半导体材料电导率的变化表明其内部电子状态的剧变。这种区别于导体和绝缘体的电导率高敏感特性，正是半导体材料广泛应用于各种电子器件的基础。

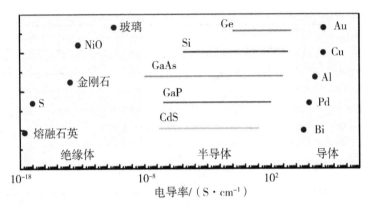

图2-2 常见固体材料的电导率

半导体材料电导率有以下特性:

(1)温度特性。本征半导体电阻率具有负的温度系数,即随着温度升高,电阻率下降。杂质半导体的电阻率温度系数可正可负,源于周期性势场的偏移对载流子的散射作用。例如,掺杂硅在温度极低时,本征激发可忽略,载流子由杂质电离提供,因此电阻率随温度升高而下降;在室温时杂质全部电离,本征激发也不显著,随着温度升高,晶格振动更加剧烈,导致迁移率降低,因此电阻率随温度升高而增大。

(2)掺杂特性。掺入微量杂质便可以引起载流子浓度的变化,进一步改变半导体的导电能力。重掺杂的半导体中,掺杂物和半导体原子的浓度比约为千分之一,而轻掺杂的则可能会达到十亿分之一的比例。在半导体制程中,掺杂浓度都会依照所制造的元件的需求量身打造,以符合使用者的需求。

(3)环境特性。光照、电场、磁场、温度梯度、环境气氛等均可以引起半导体导电能力的变化。例如,光照可以注入非平衡载流子,增强半导体的导电能力。

## 2.1.3 硅的晶体结构及其特征[2, 3]

半导体的各种特性,包括其光电特性,甚至于它们本身的固相存在,都有赖于其中的电子状态,并与材料的晶体结构密切相关。以晶体硅为例,硅原子最外层有4个价电子,与周围4个硅原子的各1个外层价电子组合形成4个共价键。这种结合模式对每个硅原子都是等同的,每个硅原子都贡献出4个价电子与周边4个硅原子共享,同时共享由这4个原子提供的4个电子,每个硅原子的外层电子轨道都因此得以饱和,能量降低,这也使它们得以共同组成稳定晶体。

从几何上看,硅的这种结合方式形成如图2-3(a)所示的金刚石结构。每个硅原子同4个与其成键的原子组成正四面体结构,4个共价键并不是以孤立原子的电子波函数为基础形成的,而是以s态和p态波函数的线性组合为基础,构成了杂化轨道,即以1个s态和3个p态组成的$sp^3$杂化轨道为基础形成的,它们之间具有相同的夹角109°28′。图2-3(b)显示了该结构的结晶学原胞,它是立方对称的晶胞,可以看作由 2 个面心立方晶胞沿立方体的空间对角线互相位移了 1/4 的对角线长度套构而成。如果原子的排列遵循周期性，这种完美的键合排列将一直延续到表面，然后不可避免地有 1 层原子无法得到饱和，出现悬挂键。后面我们将知道，晶体内部的排列缺陷也是难以避免的，表面和内部的缺陷都会影响半导体的光伏性能。

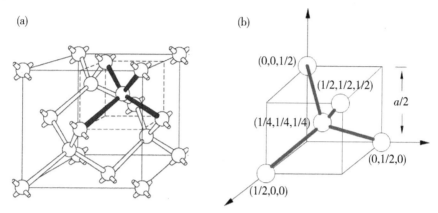

图 2-3　硅的晶胞(a)和原胞(b)

因此，在理想情况下，纯硅晶体不会有任何导电能力，因为材料内部没有自由电子或是其他载流子，所有外层电子都被束缚在共价键中，如图 2-4(a)所示。但这种理想情况只会在绝对零度条件下出现。随着温度的升高，晶格热振动提供的能量可使部分共价键中的电子挣脱原子核的束缚，导致共价键破裂，这些价电子成为自由电子参与导电，如图 2-4(b)所示。温度越高，断裂的共价键越多，硅晶体的导电能力越好，常温下纯硅晶体的导电性介于金属和绝缘体之间。

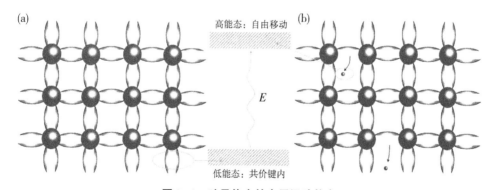

图 2-4　硅晶体中的电子运动状态

综上所述，在半导体晶格中电子存在 2 种能量状态：一是基态，被束缚在晶格中无法自由移动；二是激发态，不受晶格的束缚。基态电子吸收能量成为高能量的激发态电子，在晶格周期势场中运动而参与导电。

## 2.2 能带理论

能带理论是目前研究固体中电子运动的主要理论基础，是在用量子力学研究金属电导理论的过程中发展起来的，利用该理论可以阐明晶体中电子运动的普遍特点。例如，利用这个理论说明固体为什么会有导体和非导体之分，以及导体、半导体和非导体的区别。能带理论提供了分析半导体理论问题的基础，极大地推动了半导体技术的发展。

### 2.2.1 能带的形成

晶体由靠得很紧密的原子周期性重复排列而成，相邻原子间距只有零点几纳米。尽管晶体中的电子状态与原子中的大不相同，但是晶体是由分立的原子凝聚而成，两者的电子状态又必定存在着某种联系。由原子结合成晶体的过程可以定性地理解晶体能带的形成。

在原子核势场和其他电子作用下，孤立原子的电子只能有分立的能级，电子只能在不同能级间跃迁。当 $N$ 个同种原子相距很远时，相同量子数的 $N$ 个能级会简并成一个能级，称为 $N$ 重简并能级。在这些原子相互接近形成晶体的过程中，不同原子的内外电子壳层之间就有了一定程度的交叠，相邻原子的最外层电子云交叠最多，内壳层电子云交叠较少。组成晶体后，壳层的交叠使电子不再完全局限于某一原子上，而是可以由一个原子转移到另一个原子上，从而在整个晶体中运动。这种运动方式称为电子的共有化运动，由于内外壳层电子云交叠程度很不相同，故只有最外层电子的共有化运动较为显著。

在原子互相靠近的过程中，每个电子都要受到其他原子势场的作用，结果每一个能级都分裂成 $N$ 个彼此相距很近的能级，组成一个能带。分裂的每一个能带称为允带，允带之间因为没有能级称为禁带。有电子占据的能量最高的能带称为价带，价带中的电子称为价电子。没有电子占据的能量最低的能带称为导带。每个能带包含的能级数(即共有化状态数)与孤立原子能级的简并度有关。s 能级没有简并，$N$ 个原子结合成晶体后，s 能级分裂为 $N$ 个紧密的能级，从而形成一个能带，这个能带中有 $N$ 个共有化状态，可以填充 $2N$ 个电子。p 能级是三度简并的，可以分裂为 $3N$ 个能级，填充 $6N$ 个电子。

如图 2-5 所示，以金刚石结构的单晶硅为例，硅原子有 4 个价电子，其中 2 个 s 电子，2 个 p 电子。组成晶体后，由于轨道杂化的结果，3s 和 3p 亚层交叠发生相互作用，融合为一个能带，然后再度分裂成两个能带，上下两个能带分别包含 $2N$ 个状态，可各容纳 $4N$ 个电子。$N$ 个硅原子结合成的晶体共有 $4N$ 个价电子，根据电子先填充低能级这一原理，下面的能带填满电子，对应于共价键中的电子，因此这个能带通常称为价带(valence band，$E_v$)，上面一个能带没有剩余的电子可填充，因此全空，称为导带(conduction band，$E_c$)，导带和价带中间隔以禁带(gap energy，$E_g$)。[1,3,4]

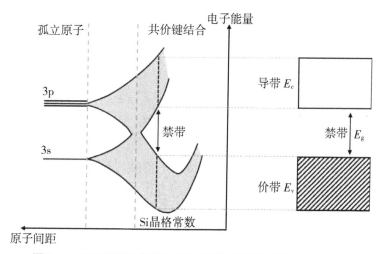

**图 2-5　孤立硅原子靠近构成金刚石结构晶体的能带形成示意**

能带理论是一个近似的理论。晶体中原子数目巨大，每立方厘米体积内有 $10^{22}\sim10^{23}$ 个，其中电子的运动相互关联，每个电子的运动都要受其他电子运动的影响，精确求解这种多粒子的薛定谔方程显然是不可能的。能带理论是单电子近似的理论，把每个电子的运动看作独立的在一个等效势场中的运动。在大多数情况下，人们最关心的只是价电子，在原子形成晶体的过程中，价电子的运动状态变化最大，而内层电子的变化较小，因此可以把原子核和内层电子近似看成一个整体，即离子实。这样价电子的等效势场包括离子实势场和其他价电子的平均势场，以及波函数的交换反对称作用。

能带理论研究晶体中的电子时，认为电子不再束缚于个别原子，而是在整个固体中运动，称为共有化电子。假定点阵粒子固定在平衡位置，把偏离平衡位置的影响看作微扰。对于理想晶体，原子规则排列成晶格，晶格具有周期性，因而等效势场也具有周期性。晶格中电子的运动状态可以用以下的波动方程描述：

$$\left[-\frac{\hbar^2}{2m}\nabla^2+V(r)\right]\psi(r)=E\psi(r) \tag{2-1}$$

其中，本征值 $E$ 为单电子能量值，$\hbar$ 为约化普朗克常量，$m$ 为电子静止质量，$V(r)$ 是晶格中位置为 $r$ 处的等效势场：

$$V(r)=V(r+R_n) \tag{2-2}$$

其中，$R_n$ 为晶格矢量。

求解式(2-1)可以获得电子的波函数和能量，该式的通解称为布洛赫(Bloch)定理，即

$$\psi(r)=\mathrm{e}^{ik\cdot r}u(r) \tag{2-3}$$

其中，$k$ 为波矢，$u(r)$ 是一个与晶格具有相同周期的周期性函数：

$$u(r)=u(r+R_n) \tag{2-4}$$

对于一维晶格，晶体中电子的波动方程为

$$-\frac{\hbar^2}{2m}\cdot\frac{\mathrm{d}^2\psi(x)}{\mathrm{d}x^2}+V(x)\psi(x)=E\psi(x) \tag{2-5}$$

电子波函数为

$$\psi_k(x)=\mathrm{e}^{\mathrm{i}k\cdot x}u_k(x) \tag{2-6}$$

$$u_k(x)=u_k(x+na) \tag{2-7}$$

其中，$n$ 为整数，$a$ 为晶格常数。

式(2-7)代表一个波长为 $1/k$ 且在 $x$ 方向上传播的平面波，其振幅 $u_k(x)$ 随 $x$ 做周期性变化，变化周期与晶格周期相同，也就是说，晶体中的电子以一个被调幅的平面波的形式在晶体中传播。晶体中电子在空间某一点出现的概率与 $|\psi|^2=\psi\psi^*$ 成比例。对于自由电子，$u_k(x)$ 是常数，$|\psi\psi^*|^2$ 也是常数，即在空间各点找到电子的概率相同，这反映了电子在空间中的自由运动。而对于晶体中的电子，$|\psi\psi^*|^2=|u_k(x)u_k^*(x)|$，$u_k(x)$ 是与晶格同周期的函数，因此电子在晶体中各点出现的概率也具有周期性变化，这反映了电子不再局限于某一个原子上，可以从晶胞中的某一点自由地运动到其他位置上，因此电子可以在整个晶体中运动，称为电子在晶体内的共有化运动。外层电子共有化运动强，其行为与自由电子相似，称为准自由电子；而内层电子的共有化运动较弱，其行为与孤立原子中的电子相似。

晶体中的电子处在不同的 $k$ 状态，具有不同的能量 $E(k)$，因此 $k$ 是表征电子状态的一个量子数。求解式(2-5)可得 $E(k)-k$ 曲线，如图 2-6(a)所示。图中虚线表示自由电子的 $E(k)-k$ 关系，实线表示晶体中在周期性势场下电子的 $E(k)-k$ 关系。可以发现，若

$$k=\frac{n\pi}{a}(n=0,\ \pm1,\ \pm2,\ \cdots) \tag{2-8}$$

则能量出现不连续。不连续的区域电子不能存在，称为禁带。能量连续的区域称为允带。允带出现的对应区域称为布里渊(Brillouin)区：

第一布里渊区：$-\frac{\pi}{a}<k<\frac{\pi}{a}$

第二布里渊区：$-\frac{2\pi}{a}<k<-\frac{\pi}{a}$，$\frac{\pi}{a}<k<\frac{2\pi}{a}$

第三布里渊区：$-\frac{3\pi}{a}<k<-\frac{2\pi}{a}$，$\frac{2\pi}{a}<k<\frac{3\pi}{a}$

每一个布里渊区对应于一个能带，如图 2-6(b)所示。由于 $E(k)=E\left(k+\frac{2\pi}{a}n\right)$，因此可以只取第一布里渊区中的 $k$ 值来描述电子的能量状态，得到如图 2-6(c)所示的曲线。[5]

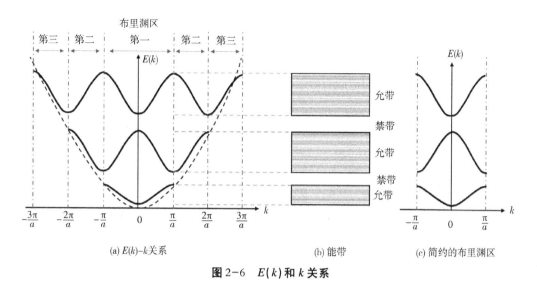

图 2-6　$E(k)$ 和 $k$ 关系

在三维情况下，正交坐标系中 $k$ 的分量为 $k_x$、$k_y$、$k_z$。可以将 $k$ 限制在 $k$ 空间的一定区域中，$k$ 空间中心的最小体积单元就是第一布里渊区。布里渊区里 $k$ 的数目等于晶体原胞数目，根据电子自旋和泡利不相容原理，每个能带可容纳的电子数目为原胞数的 2 倍。

## 2.2.2　固体的导电性

### 2.2.2.1　导体、半导体和绝缘体的能带

固体导电，是其中电子在外电场作用下做定向运动的结果，即电子的速度和能量在电场的作用下发生变化。从能带理论看，电子能量的变化就是电子从一个能级跃迁到另一个能级上的过程。图 2-7 分别为导体、半导体及绝缘体的能带结构图。金属导体中，导带部分填充，电子极易在外电场等外界作用下获得动能，从而跃迁到邻近能量稍高的空能级，产生电流。部分金属也会出现导带和价带互相重叠的情况，此时导带底填充有电子，而价带未被填满，外场作用下电子可以跃迁至空能级产生定向移动。在绝缘体中，如图 2-7(c) 所示，价带是满带，其中所有能级均为电子占据，外电场作用下并不能形成电流，对导电没有贡献，而导带是空带，外电场下也不能产生电流，因此绝缘体无法导电。

半导体能带和绝缘体类似，但是禁带宽度小于绝缘体。当 $T \neq 0$ K 时，价带顶附近一定数量的电子会受到热激发跃迁到导带，成为导电电子，同时在价带留下等量的空穴。外电场作用下，导带中的电子和价带中的空穴都将获得动能，从而参与导电，使半导体具有一定的导电性。

总之，绝缘体的禁带宽度很大，价带电子激发到导带需要很高的能量，通常温度下，热激发引起的电子跃迁概率很小，导电性差。半导体禁带宽度比较小，数量级在 1 eV 左右，在室温下已有不少电子被激发到导带，这是绝缘体和半导体的主要区别。室温下，金刚石的禁带宽度为 6～7 eV，是典型的绝缘体；硅、锗、砷化镓的禁带宽

度分别为 1.12 eV、0.67 eV 和 1.43 eV，所以都是半导体。

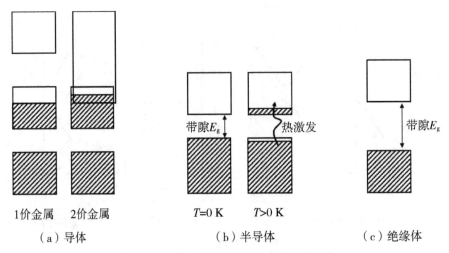

图 2-7　导体、半导体和绝缘体的能带示意

#### 2.2.2.2　硅的带隙宽度

硅的禁带宽度随温度变化。在很大的温度范围内，硅的禁带宽度 $E_g$ 按下式规律变化[6]：

$$E_g(T) = E_g(0) - \frac{\alpha T^2}{T + \beta} \tag{2-9}$$

其中，$E_g(T)$ 和 $E_g(0)$ 分别表示温度为 $T$ 和 0 K 时的禁带宽度，$E_g(0) = 1.17$ eV。温度系数 $\alpha$ 和 $\beta$ 的值分别为：$\alpha = 4.73 \times 10^{-4}$ eV/K，$\beta = 636$ K。

当 $T = 300$ K 时，$E_g = 1.12$ eV。

#### 2.2.2.3　半导体中的空穴

热力学温度为零时，纯净半导体的价带被价电子填满，而导带全空。在一定温度下，价带顶部的少量电子被激发到导带底部附近，同时，价带顶附近多了相同数量的空位，这个过程称为电子的热激发。结合图 2-4 可以知道，热激发从空间上理解即为硅晶体共价键断裂，共价键上的电子成为自由电子的过程。价键完整的原子附近呈电中性，电子逃逸破坏了局部电中性，空状态附近呈现正电荷的效果，因此可以用带正电荷 $+q$ 的粒子表示空状态，称为空穴。

在一个被电子占满的能带中，由于 $k$ 态与 $-k$ 态对电流的贡献恰好相互抵消。当不加电场时，电子在波矢空间内对称分布，因此总电流为 0。当施加均匀电场时，电子在第一布里渊区内做循环运动，在实空间发生布洛赫振荡，满带电子依然保持对称分布，但不满带电子的分布不再对称。因此，满带不导电，不满带导电。图 2-8 展示了外电场作用下电子和空穴的运动。所有电子均受到电场力的作用，以相同的速率向左（电场相反方向）运动，在这个过程中，空状态也随着电子以相同的速率和方向运动。因为该空状态的存在，这一过程会产生电流。

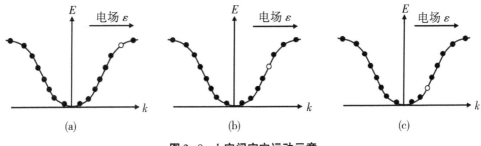

**图 2-8　*k* 空间空穴运动示意**

也就是说，在半导体中，导带的电子和价带的空穴都可以参与导电，电子和空穴合称为载流子。这也是半导体和金属最大的差异，金属中只有电子一种载流子参与导电。但是需要注意，价带空穴的迁移机制与导带电子不同，不是独立自主的迁移，而是依赖于相邻价带电子与之互换位置的方式，因此其迁移率明显低于自由电子。

### 2.2.3　直接带隙和间接带隙

能带结构图有两类表述方式：一类是位置空间的 $E-x$ 坐标能带结构图，描述的是晶体中价电子能量与位置 $x$ 之间的关系；另一类是如图 2-6 所示的 $k$ 空间的 $E-k$ 坐标能带结构图，描述晶体中价电子与波矢 $k$ 之间的关系。图 2-9 为 Si 和 GaAs 晶体的 $E-k$ 坐标能带结构图。可以观察到两者的能带有明显的不同。Si 能带中，价带最高点在 $k=0$ 处，而导带最低点在 [100] 向的 $k=k_c$ 处，这种导带底和价带顶波矢出现偏移的材料称为间接带隙半导体。而在 GaAs 的能带结构中，导带最低处与价带最高处的波矢相同，这种材料称为直接带隙半导体。

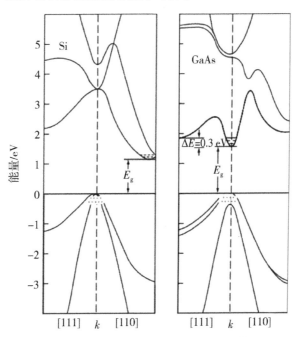

**图 2-9　Si 和 GaAs 的 $E-k$ 坐标能带结构**

电子的跃迁不仅要满足能量守恒，还要满足动量守恒。直接带隙半导体中，价带顶和导带底波矢相同，满足动量守恒，电子只需要吸收足够的能量就可以跃迁，称为直接跃迁。但是在间接带隙半导体中，价带顶与导带底波矢不同，电子跃迁时需要具有一定动量的声子参与，帮助满足动量守恒，这种跃迁称为间接跃迁。

### 2.2.4 半导体中的量子态密度

如前文所述，电子和空穴浓度对半导体导电性有着直接影响，为了求得这些载流子的浓度及载流子电流密度，必须先了解半导体中的量子态密度分布。下面讨论波矢 $k$ 空间中的量子态密度。[2, 3]

#### 2.2.4.1 电子和空穴有效质量

质量为 $m_0$、运动速度为 $v$ 的自由电子，按照经典微观粒子行为描述，其动量 $p$ 和能量 $E$ 分别为

$$p = m_0 v \tag{2-10}$$

$$E = \frac{1}{2} \cdot \frac{|p|^2}{m_0} \tag{2-11}$$

从量子力学的观点来看，这个自由粒子可以用频率为 $v$、波长为 $\lambda$ 的平面波表示，为

$$\psi(r, t) = A e^{i \cdot 2\pi(kr - vt)} \tag{2-12}$$

则自由电子的动量和能量可以用波矢 $k$ 表示，为

$$p = \hbar k \tag{2-13}$$

$$E = \frac{\hbar^2 k^2}{2m_0} \tag{2-14}$$

在半导体中，起主要作用的是位于能带底部或顶部的电子，这些位于能带极值附近的电子的 $E(k)$ 与 $k$ 关系可用泰勒级数展开近似求出。

能带底部附近的 $k$ 值通常很小，在求解时可以设定该位置的波数 $k = 0$。一维情况下，将 $E(k)$ 在 $k = 0$ 附近按泰勒级数展开，取前三项

$$E(k) = E(0) + \left(\frac{dE}{dk}\right)_{k=0} k + \frac{1}{2}\left(\frac{d^2 E}{dk^2}\right)_{k=0} k^2 + \cdots \tag{2-15}$$

$k = 0$，在能带底部的 $(dE/dk)_{k=0} = 0$，因而

$$E(k) - E(0) = \frac{1}{2}\left(\frac{d^2 E}{dk^2}\right)_{k=0} k^2 \tag{2-16}$$

其中，$E(0)$ 为导带底的能量，即 $E(0) = E_c$。

式(2-16)表明，导带最小值附近的能量 $E$ 与波矢 $k$ 呈抛物线关系，因此这种近似的处理方法称为抛物线近似或者抛物带近似。显然，远离导带底的区域不适合这种近似的处理方法。

为了使半导体中电子运动的能量和动量关系表达式在形式上与自由电子的表达式一致，定义导带底部电子的有效质量 $m_n^*$，将式(2-16)改写为

$$E(k) - E(0) = \frac{\hbar^2 k^2}{2m_n^*} = \frac{|p|^2}{2m_n^*} \qquad (2-17)$$

其中，

$$\frac{1}{m_n^*} = \frac{1}{\hbar^2}\left(\frac{\mathrm{d}^2 E}{\mathrm{d}k^2}\right)_{k=0} \qquad (2-18)$$

自由电子能量表达式中 $m_0$ 为电子惯性质量，而此处的 $m_n^*$ 只是人为定义的有效质量。因为在导带底，$E(k) > E(0)$，所以导带底电子的有效质量是正值。

在价带顶附近也有相同的表达式：

$$E(k) - E(0) = \frac{\hbar^2 k^2}{2m_n^*} = \frac{|p|^2}{2m_n^*} \qquad (2-19)$$

因为在价带顶，$E(k) < E(0)$，所以价带顶附近电子有效质量为负值。引入空穴有效质量 $m_p^*$，有

$$m_p^* = -m_n^* \qquad (2-20)$$

### 2.2.4.2　三维半导体态密度

假设在半导体的能带中，$E$ 与 $E + \mathrm{d}E$ 的能量间隔内有 $\mathrm{d}Z$ 个量子态，则可定义单位能量间隔内允许的能态密度 $g(E)$ 为

$$g(E) = \frac{\mathrm{d}Z}{\mathrm{d}E} \qquad (2-21)$$

为了简单起见，考虑在导带底 $k = 0$ 处，等能面为球面的情况，根据式（2-19），$E(k)$ 与 $k$ 的关系为

$$E(k) - E_c = \frac{\hbar^2 k^2}{2m_c^*} \qquad (2-22)$$

由式（2-22）可得

$$k = \frac{(2m_n^*)^{1/2}(E - E_c)^{1/2}}{\hbar} \qquad (2-23)$$

在 $k$ 空间中，以 $|k|$ 为半径作一球面，它就是能量为 $E(k)$ 的等能面。以 $|k + \mathrm{d}k|$ 为半径作球面是能量为 $(E + \mathrm{d}E)$ 的等能面。两个球壳之间体积为 $4\pi k^2 \mathrm{d}k$，而 $k$ 空间中，量子态密度为 $2V/8\pi^3$，因此，能量 $E \sim (E + \mathrm{d}E)$ 之间的量子态数，即两个球壳之间的量子态数为

$$\mathrm{d}Z = \frac{2V}{8\pi^3} 4\pi k^2 \mathrm{d}k = \frac{V}{2\pi^2} \cdot \frac{(2m_n^*)^{3/2}}{\hbar^3}(E - E_c)^{1/2}\mathrm{d}E \qquad (2-24)$$

由式（2-24）可求得导带底能量 $E$ 附近单位能量间隔的量子态数，即导带底附近的状态密度 $g_c(E)$ 为

$$g_c(E) = \frac{\mathrm{d}Z}{\mathrm{d}E} = \frac{V}{2\pi^2} \cdot \frac{(2m_n^*)^{3/2}}{\hbar^3}(E - E_c)^{1/2} \qquad (2-25)$$

式（2-25）表明，导带底附近的状态密度随着电子能量增加按抛物线关系增大，即电子能量越高，状态密度越大。

同理，对于价带顶附近的情况，也可以通过计算得到：

$$g_v(E) = \frac{dZ}{dE} = \frac{V}{2\pi^2} \cdot \frac{(2m_p^*)^{3/2}}{\hbar^3}(E_v - E)^{1/2} \qquad (2-26)$$

## 2.3 半导体的掺杂

### 2.3.1 波矢空间载流子的统计分布

研究载流子的行为时，首先应了解载流子的浓度。半导体中载流子数目非常多，且在一定温度下，载流子不停地做无规则的热运动。电子既可以吸收晶格热振动的能量，从低能量的量子态跃迁到高能量的量子态，也可以从高能量的量子态跃迁到低能量的量子态，释放多余的能量。因此，从一个电子来看，它所具有的能量时大时小，但是，从大量电子的整体来看，热平衡状态下电子按能量大小具有一定的统计分布规律，即这时电子在不同能量的量子态上的统计分布概率是一定的。

热平衡状态下，描述半导体中微观粒子的统计分布主要有费米-狄拉克分布和玻尔兹曼分布两种。[1, 3]

#### 2.3.1.1 费米-狄拉克分布

根据量子统计理论，服从泡利不相容原理的电子遵循费米统计规律。对于一个能量为 $E$ 的量子态，被一个电子占据的概率为

$$f(E) = \frac{1}{1 + \exp\dfrac{E - E_F}{kT}} \qquad (2-27)$$

其中，$f(E)$ 称为电子的费米分布函数，描述热平衡状态下电子在允许量子态上的分布；$E_F$ 称为费米能级或者费米能量，和温度、半导体材料的导电类型、杂质的含量及能量零点的选取有关。$E_F$ 是一个重要的物理参数，只要知道了其数值，一定温度下，电子在各量子态上的统计分布就能完全确定。

将半导体中大量电子的集合看成一个热力学系统，费米能级即系统的化学势。当系统处于热平衡状态，也不对外做功时，系统中增加一个电子所引起的自由能的变化，等于系统的化学势，也就是等于系统的费米能级。因此，处在热平衡状态的系统拥有统一的费米能级。

图 2-10 是系统在不同温度下的费米-狄拉克分布函数曲线。在 $T = 0$ K 时，若 $E < E_F$，则 $f(E) = 1$；若 $E > E_F$，则 $f(E) = 0$。

可见，在绝对零度时，能量比 $E_F$ 小的量子态被电子占据的概率为 1，因此这些量子态上都是有电子的。而能量比 $E_F$ 大的量子态被电子占据的概率为 0，这些量子态上都没有电子，都是全空的。因此，费米能级可以看成绝对零度时量子态被占据的极限，也就是说，绝对零度时，费米能级是电子可以占据的最高能级。

当 $T > 0$ K 时，若 $E < E_F$，则 $f(E) > 1/2$；若 $E = E_F$，则 $f(E) = 1/2$；若 $E > E_F$，

则 $f(E) < 1/2$。

当系统高于绝对零度时，费米能级之上量子态被占据的概率小于 50%，费米能级之下量子态被占据的概率大于 50%，费米能级的物理意义是该能量的量子态被电子占据的概率为 50%。

一般可以认为，在温度不是很高时，能量大于费米能级的量子态基本没有被电子占据，而能量小于费米能级的量子态基本上被电子占据，而电子占据费米能级的概率在各种温度下总是 50%，所以费米能级的位置比较直观地标志了电子占据量子态的情况，通常就说费米能级标志了电子填充能级的水平。

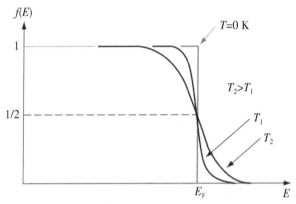

**图 2-10　不同温度条件下的费米-狄拉克分布函数曲线[7]**

#### 2.3.1.2　玻尔兹曼分布

当费米能级 $E_F$ 和导带底 $E_c$、价带顶 $E_v$ 相差很大时，费米-狄拉克分布函数可简化为玻尔兹曼分布函数。具体如下：

当能量 $E$ 远大于费米能级数倍 $kT$，即满足 $E - E_F \gg kT$ 时，费米分布函数中的指数项 $\exp[(E - E_F)/kT] \gg 1$。此时式(2-27)可以简化为

$$f(E) \approx \exp\frac{E_F - E}{kT} \tag{2-28}$$

### 2.3.2　本征半导体硅与非本征半导体硅

半导体晶体硅按其杂质含量的多少可以分为本征半导体硅和非本征半导体硅。

#### 2.3.2.1　本征半导体硅

纯净、完整的理想单晶硅，其禁带中不含杂质能级，属于本征半导体，具有本征导电特性。在一定温度下，热扰动使电子从价带激发到导带，并在价带留下相同数量的空穴，称为热激发。因此，在热平衡时，单位体积内本征半导体导带中的电子数应等于价带中的空穴数，即电子浓度 $n_i$ 与空穴浓度 $p_0$ 相等。

$$n_i = n_0 = p_0 = \sqrt{N_c N_v} \exp\left(-\frac{E_g}{2kT}\right)$$

$$= \frac{2}{h^3} (2\pi kT)^{3/2} (m_n^* m_p^*)^{3/4} \exp\left(-\frac{E_g}{2kT}\right) \tag{2-29}$$

其中，$E_g$ 为禁带宽度，$m_n^*$ 和 $m_p^*$ 分别为电子和空穴有效质量。可以看出，本征半导体的载流子浓度与温度密切相关。

实际上，这种完全不含杂质的理想半导体是不存在的，所以通常将半导体中杂质含量小于热激发引起的电子–空穴对数目的半导体材料认定为本征半导体。

常温下，本征半导体硅的载流子浓度约为 $9.65 \times 10^9 \ \mathrm{cm}^{-3}$。[8,9]

### 2.3.2.2　非本征半导体硅

半导体材料不可避免地会出现一定数量的杂质，当杂质含量大于热激发引起的电子–空穴对数目时，由杂质形成的电导将超过本征电导，称为非本征半导体或者杂质半导体。晶体硅太阳电池使用的硅晶体是非本征半导体，硅中的杂质和缺陷控制着太阳电池的性能。

Ⅲ、Ⅴ族元素的掺杂会在硅禁带中靠近价带、导带区域引入杂质能级，即浅能级，它对硅的电学性质有至关重要的作用。其他各族元素，特别是金、银、铁等重金属杂质，可以在禁带中部产生能级，距离导带和价带都比较远，称为深能级杂质。

### 2.3.2.3　本征半导体中的载流子统计分布

电子占据能量为 $E$ 的能级的概率由费米–狄拉克分布函数给出，即

$$f_n(E) = \frac{1}{1 + \exp\dfrac{E - E_F}{kT}} \tag{2-30}$$

因为空穴占据能量为 $E$ 能级的概率 $f_p(E)$ 等于能量为 $E$ 的能级不被电子占据的概率，所以 $f_p(E)$ 可以表示为

$$f_p(E) = 1 - \frac{1}{1 + \exp\dfrac{E - E_F}{kT}} = \frac{1}{1 + \exp\left(-\dfrac{E - E_F}{kT}\right)} \tag{2-31}$$

根据以上函数可以得到半导体能带中的电子分布关系。费米–狄拉克分布函数对于费米能级 $E_F$ 是对称的，若导带和价带中的电子能态数相等，且导带中的电子数和价带中的空穴数相等，则费米能级位于禁带中线。符合这种情况的半导体即为本征半导体。

当能量 $E$ 大于费米能级数倍 $kT$ 时，电子的分布可以简化为玻尔兹曼分布函数的形式，即

$$f_n(E) = \frac{1}{1 + \exp\dfrac{E - E_F}{kT}} \approx \exp\left(-\frac{E - E_F}{kT}\right) \tag{2-32}$$

$$f_p(E) = 1 - \frac{1}{1 + \exp\dfrac{E - E_F}{kT}} \approx 1 - \exp\left(-\frac{E - E_F}{kT}\right) \tag{2-33}$$

设 $\mathrm{d}n(E)$ 为 $E \sim (E + \mathrm{d}E)$ 能量增量范围内的电子浓度，则 $\mathrm{d}n(E)$ 可表示为

$$\mathrm{d}n(E) = g_c(E) f_n(E) \mathrm{d}E \tag{2-34}$$

其中，$g_c(E)$ 为态密度。从导带底 $E_c$ 至导带顶 $E_{top}$ 对上式中的 $\mathrm{d}n(E)$ 进行积分可得到

导带中的电子浓度 $n_0$：

$$n_0 = \int_{E_c}^{E_{top}} g_c(E) f_n(E) \, dE \tag{2-35}$$

由式（2-32）可知，当 $E - E_F > 3kT$ 时，$f(E)$ 随能量 $E$ 的增加按指数规律迅速减小，即电子占据量子态的概率随能量升高而迅速下降。绝大部分电子位于导带底，导带顶的电子极少，因此可以近似地认为导带顶能级 $E_{top}$ 是无穷大。在整个导带范围内对式（2-35）积分，代入式（2-25），得到热平衡状态下非简并半导体的导带电子浓度 $n_0$ 为

$$n_0 = 2\left(\frac{2\pi m_n^* kT}{h^2}\right)^{3/2} \exp\left(-\frac{E_c - E_F}{kT}\right) = N_c \exp\left(-\frac{E_c - E_F}{kT}\right) \tag{2-36}$$

其中，指数项代表电子占据导带底 $E_c$ 处能态的概率，$N_c$ 为导带的有效态密度：

$$N_c = 2\left(\frac{2\pi m_n^* kT}{h^2}\right)^{3/2} \tag{2-37}$$

采用类似的方法可以得到价带中的空穴浓度 $p_0$：

$$p_0 = 2\left(\frac{2\pi m_p^* kT}{h^2}\right)^{3/2} \exp\left(-\frac{E_F - E_v}{kT}\right) = N_v \exp\left(-\frac{E_F - E_v}{kT}\right) \tag{2-38}$$

其中，指数项代表空穴占据价带顶 $E_v$ 处能态的概率，$N_v$ 为价带的有效态密度：

$$N_v = 2\left(\frac{2\pi m_p^* kT}{h^2}\right)^{3/2} \tag{2-39}$$

图 2-11 显示了本征半导体的能带、态密度、费米-狄拉克函数和载流子浓度。

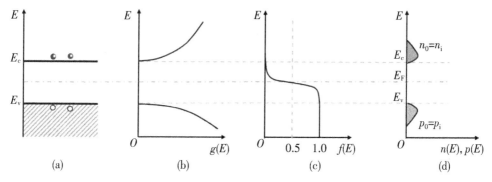

**图 2-11　本征半导体的能带（a）、态密度（b）、费米-狄拉克分布函数（c）和载流子浓度（d）**

对于本征半导体，电子浓度与空穴浓度相等，即 $n = p$，结合式（2-37）和式（2-39），可得到本征费米能级：

$$E_F = E_i = \frac{E_c + E_v}{2} + \frac{kT}{2}\ln\frac{N_v}{N_c} = \frac{E_c + E_v}{2} + \frac{3kT}{4}\ln\frac{m_p^*}{m_n^*} \tag{2-40}$$

很明显，本征费米能级 $E_i$ 并非完全处于禁带正中间。但是在室温条件下，式（2-40）最右侧第 2 项比禁带宽度要小得多，$E_i$ 非常接近禁带中线能级。但也有例外情况，如锑化铟室温时禁带宽度约为 1.7 eV，而 $m_n^*/m_p^* \approx 32$，于是它的费米能级 $E_i$

远在禁带中线之上。

由式(2-36)和式(2-38)可得：

$$n_0 p_0 = N_c N_v \exp\left(-\frac{E_c - E_v}{kT}\right) = N_c N_v \exp\left(-\frac{E_g}{kT}\right) \tag{2-41}$$

对于本征半导体，$n_0 = p_0 = n_i$，所以 $n_0 p_0 = n_i^2$。式(2-36)和式(2-38)同样适用于非本征半导体，于是可以得到：

$$n_i^2 = np \tag{2-42}$$

式(2-42)表明，热平衡时，本征载流子浓度 $n_i$ 的二次方等于半导体中电子浓度和空穴浓度的乘积。也就是说，一种类型的载流子增加，另一类型的载流子必将减少。在一定温度下，两种载流子浓度的乘积保持常数，与费米能级的位置无关，也与半导体的导电类型及电子、空穴各自的浓度无关。公式 $n_i^2 = np$ 也可以作为半导体是否处于热平衡状态的判据。

### 2.3.3  半导体的掺杂(n 型硅和 p 型硅)

半导体晶体硅经过有目的的掺杂后，会引入杂质能级，大幅改变硅材料的导电能力。例如，在硅晶体中，若每 $10^5$ 个硅原子插入 1 个硼原子，则纯硅晶体的电导率在室温下将增加 1000 倍。

按照杂质原子在晶格中的填充位置，可以分为间隙式掺杂和替位式掺杂。前者是杂质原子填充在晶格原子空隙之间，半径较小的杂质原子比较倾向于这种掺杂方式，如在硅晶体中，锂离子就是间隙式掺杂；后者是杂质原子取代了晶格原子的位置，半径较大的杂质原子倾向于这种掺杂方式，在硅晶体中，Ⅲ、Ⅴ族原子都是替位式掺杂。单位体积中杂质原子的数目就称作杂质浓度，通常用这种方式表示半导体中杂质含量的多少。

#### 2.3.3.1  n 型晶体硅

图 2-12(a)画出了Ⅴ族元素杂质如磷(P)原子代替了 1 个硅原子后的硅晶格二维结构，磷原子的电子组态是 $1s^2 2s^2 2p^6 3s^2 3p^3$，有 5 个价电子。磷原子贡献出价电子中的 4 个和周围的 4 个硅原子形成共价键，还多出 1 个 3p 电子，同时磷原子所在处形成一个无法移动的正电中心 $+q$。这个多余的价电子被束缚在正电中心 $P^+$ 的周围。但是这种束缚作用相比于共价键要弱得多，只要少许能量就可以让它挣脱束缚，进入晶格中成为自由运动的导电电子。磷原子等能释放电子到导带形成正电中心的杂质原子称为施主杂质或者 n 型(negative)杂质，电子脱离杂质原子的束缚成为导电电子的过程称为杂质电离，使这个多余的价电子挣脱束缚成为导电电子的能量称为杂质电离能。

同样地，也可以从能带的角度理解磷原子的掺杂。

形成共价键的电子可以吸收能量挣脱束缚，从而成为导电的自由电子，从能带角度解释，即价带的电子吸收能量跃迁到导带，吸收的能量就是禁带宽度的大小。磷原子掺杂后多余的价电子可以挣脱正电中心 $P^+$ 的束缚成为自由电子，也可以说是该价电子从某一位置吸收能量后跃迁到导带。而正电中心对价电子的束缚远小于共价键，说明该电子跃迁到导带所需的能量远小于价带电子。综上可以确定磷掺杂引入的施主能级($E_D$)位于禁带内部靠近导带的位置,如图 2-12(b)所示。实验测量表明, Ⅴ 族杂质元素在硅中的电离能很小,为 $0.04 \sim 0.05$ eV,远小于单晶硅的禁带宽度(约 1.1 eV),施主上的电子很容易从施主能级激发到导带,室温条件($kT = 0.026$ eV)下可以认为杂质完全电离,图 2-12(b)还展示了施主能级完全电离后的情况。此时可导电的电子浓度远大于可导电的空穴浓度,电流依靠电子输运,电子为多数载流子(简称多子),空穴为少数载流子(简称少子),因此称该类晶体硅为 n 型半导体硅或电子型半导体硅。

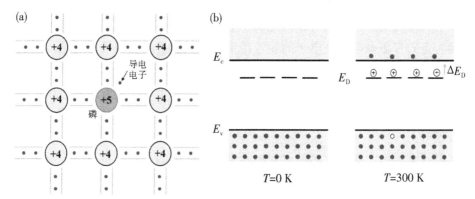

图 2-12　掺杂磷的 n 型半导体硅价键示意(a)和 n 型硅禁带中施主能级及其电离情况(b)

施主完全电离时,电子的浓度 $n$ 与施主杂质的浓度 $N_D$ 相等,即

$$n = N_D \qquad (2-43)$$

从式(2-36)和式(2-43)可得到费米能级与导带有效态密度 $N_c$ 及施主浓度 $N_D$ 的关系式:

$$E_c = E_F + kT \ln \frac{N_c}{N_D} \qquad (2-44)$$

可见,施主浓度越高,费米能级离导带底越近。

图 2-13 显示了 $n$ 型半导体能带、态密度、费米-狄拉克分布函数和载流子浓度。图 2-13(d)中的上部阴影面积(即电子浓度分布)比下部面积(空穴浓度分布)大很多,且符合质量作用定律 $np = n_i^2$。

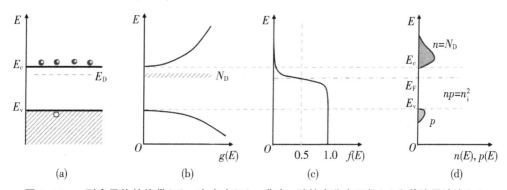

图 2-13　n 型半导体的能带(a)、态密度(b)、费米-狄拉克分布函数(c)和载流子浓度(d)

### 2.3.3.2　p型晶体硅

当在晶体硅中掺入了Ⅲ族杂质原子(如硼)时,由于后者只有3个价电子,因此只能与周围3个硅原子形成共价键,所在价键中出现1个空位(称为空穴),此时硼原子可以从邻近硅原子处夺取电子成为负电中心 $B^-$,空穴受负电中心束缚。和施主杂质的情况类似的是,这个束缚力也很弱,只需要少许能量就能让空穴挣脱束缚,成为在晶体中自由运动的导电空穴。因为Ⅲ族元素在硅中能够接受电子而产生导电空穴,并形成负电中心,所以称其为受主杂质或者p型(position)杂质。

受主杂质引入受主能级($N_A$),位于禁带中靠近价带顶的位置,如图2-14(b)所示。空穴挣脱受主束缚的过程称为受主电离,在能带图上表示为向下跃迁到价带顶,因为空穴带正电荷,在电子的能带图中,得到能量的能级反而降低。同样,受主电离能 $\Delta E_A$ 也远小于硅禁带宽度,因此在室温条件下可完全电离。受主杂质未电离时是中性的,称为束缚态或中性态,电离后成为负电中心,并且价带产生大量的空穴。此时可导电空穴浓度远大于可导电电子浓度,空穴为多子,电子为少子,称为p型硅。

需要注意的是,受主电离的过程实际上还是电子的运动,是价带上电子得到能量 $\Delta E_A$ 后跃迁到受主能级上,再与束缚在受主能级上的空穴复合。而价带的位置上就产生了一个可以自由运动的导电空穴,同时也形成了一个不可移动的受主离子。

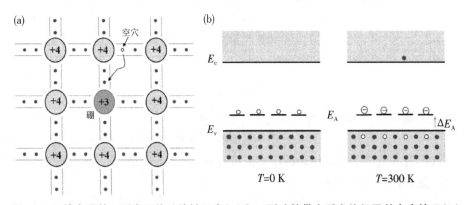

**图2-14　掺杂硼的p型半导体硅价键示意(a)和p型硅禁带中受主能级及其电离情况(b)**

图2-15显示了p型半导体的能带、态密度、费米-狄拉克分布函数和载流子浓度。图2-15(c)显示了p型半导体费米能级离价带顶更近。图2-15(d)中的下部面积(空穴浓度分布)比上部面积(电子浓度分布)大很多。

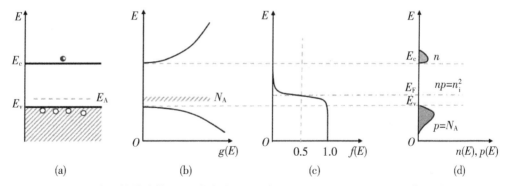

图 2-15　p 型半导体的能带(a)、态密度(b)、费米-狄拉克分布函数(c)和载流子浓度(d)

### 2.3.3.3　浅能级杂质电离能的简单计算

浅能级杂质的电离能很低，施主能级(受主能级)离导带(价带)很近，电子(空穴)受到正电中心(负电中心)的束缚很微弱，可以利用类氢模型来估算杂质的电离能。在硅中掺入 V 族杂质如磷原子时，在施主杂质处在束缚态的情况下，这个磷原子相比于周围的硅原子多了一个电子电荷的正电中心和一个被束缚着的价电子，这种情况类似于氢原子，于是可以用氢原子的模型来估计 $\Delta E_D$ 的数值。氢原子中电子的能量是

$$E_n = -\frac{m_0 q^4}{2(4\pi\varepsilon_0)^2 \hbar^2 n^2} \tag{2-45}$$

其中，$n = 1，2，3，\cdots$，为主量子数；$\varepsilon_0$ 为真空介电常数；$\hbar$ 为约化普朗克常数，等于 $h$ 除以 $2\pi$；$m_0$ 为电子质量。当 $n = 1$ 时，得到氢原子的基态电子能量 $E_1 = -\frac{m_0 q^4}{2(4\pi\varepsilon_0)^2 \hbar^2}$；当 $n = \infty$ 时，得到氢原子的电离能 $E_\infty = 0$。因此，氢原子基态电子的电离能为

$$E_0 = E_\infty - E_1 = \frac{m_0 q^4}{2(4\pi\varepsilon_0)^2 \hbar^2} = 1.36 \text{ eV} \tag{2-46}$$

如果考虑晶体内存在的杂质原子，其正负电荷是处在介电常数为 $\varepsilon = \varepsilon_0 \varepsilon_r$ 的介质中，其电子受到中心离子的引力减弱到原本的 $1/\varepsilon_r$，束缚能量减弱到 $1/\varepsilon_r^2$。再考虑到晶格周期势场对电子的影响，电子的惯性质量 $m_0$ 要由有效质量 $m_n^*$ 代替。

经过以上修正后的施主杂质电离能可以表示为

$$\Delta E_D = -\frac{m_n^* q^4}{2(4\pi\varepsilon_0 \varepsilon_r)^2 \hbar^2} = \frac{m_n^*}{m_0} \frac{E_0}{\varepsilon_r^2} \tag{2-47}$$

硅的相对介电常数 $\varepsilon_r$ 为 12，$m_n^*/m_0$ 一般小于 1，所以硅中施主杂质电离能肯定小于 0.1 eV。上述计算没有反映杂质原子的影响，所以类氢模型只是实际情况的一个近似，实际的杂质电离能还需要通过测量得到。

### 2.3.3.4　杂质的补偿作用

在半导体中常常会出现多种杂质混合的情况，并且可能有些杂质是施主杂质，而

另一些杂质是受主杂质，那么这个半导体最终会表现出怎样的电学性质？实际上，施主和受主杂质由于电性相反，电子和空穴在半导体中会互相抵消，最终由两种杂质的数量关系来决定半导体的电学性质。以 $N_D$ 表示施主杂质的浓度，$N_A$ 表示受主杂质的浓度，通常可以分成三种情况，分别为 $N_D \gg N_A$、$N_D \ll N_A$、$N_D \approx N_A$。

若 $N_D \gg N_A$，则施主杂质占据多数，导电电子的数量多于导电空穴，一部分的电子填充到受主能级上，而另一部分跃迁到导带底，忽略本征半导体极少数的自由电子，此时价带中电子的浓度为 $n = N_D - N_A$，如图 2-16（a）所示；若 $N_D \ll N_A$，则受主杂质占据多数，施主能级上的所有电子都跃迁到受主能级后，受主能级依然存在大量的空穴，这些空穴激发到价带顶成为导电空穴，忽略本征半导体极少数的自由空穴，此时空穴的浓度为 $p = N_A - N_D \approx N_A$，如图 2-16（b）所示；在 $N_D \approx N_A$ 的情况下，虽然杂质很多，但是不能向导带提供电子和空穴，这种现象被称为杂质的高度补偿。第三种情况对应的材料的导电性能很差，同时因为杂质很多难以改性，并且杂质很难做到局域均衡，所以性能很差，不适合作为半导体器件的原材料。

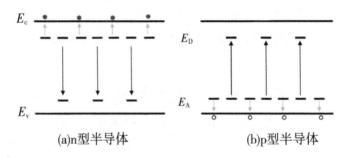

(a)n型半导体                    (b)p型半导体

**图 2-16　杂质补偿作用示意**

杂质的补偿作用也有一定的条件。首先，主要掺杂的元素和其余掺杂元素的浓度差值要远大于本征载流子浓度；其次，两种杂质需要全部电离。在太阳能光伏器件中，这两个条件往往都能够得到满足。利用杂质补偿作用，就可以根据需要通过离子注入或扩散等方式改变半导体中某一区域的导电类型，而不需要一味使用化学气相沉积法沉积来制作新的堆叠。具体到光伏电池的制造中，一般是在一整块 p 型硅（在工业上主要是用 p 型硅作为基底）晶片上直接通过离子注入或扩散等方式在其两面掺杂浓度更高的 p 型和 n 型杂质，形成 n⁺pp⁺ 结构，也就是 p-n 结。p-n 结的作用会在后面的章节进行说明。

### 2.3.4　杂质半导体的载流子浓度

#### 2.3.4.1　杂质能级的电离

当杂质只是部分电离时，一些杂质能级上仍然有电子占据。但是电子占据杂质能级的概率不能直接用式（2-30）所示的费米分布函数描述。这是因为杂质能级与能带中能级上的电子填充方式有所区别。在能带中的能级可以容纳自旋方向相反的两个电子，而杂质能级中只能被一个有任一自旋方向的电子占据或不被电子占据。例如，硅中磷掺杂形成施主杂质，磷原子中有 5 个价电子，其中 4 个电子在价键中具有成对的自旋，成束缚态，而第 5 个电子则可以取任一自旋方向留在施主能级上或是离开施主电离到导带。

经过修正，施主杂质能级被电子占据的概率可以表示为

$$f_D(E) = \cfrac{1}{1 + \cfrac{1}{g_D}\exp\cfrac{E_D - E_F}{kT}} \tag{2-48}$$

受主杂质能级被空穴占据的概率为

$$f_A(E) = \cfrac{1}{1 + \cfrac{1}{g_A}\exp\cfrac{E_F - E_A}{kT}} \tag{2-49}$$

其中，$g_D$ 和 $g_A$ 分别为施主能级和受主能级的基态简并度，通常称为简并因子。对于硅、锗、砷化镓等材料，$g_D = 2$，$g_A = 4$。

施主浓度 $N_D$ 和受主浓度 $N_A$ 即为杂质的量子态密度，因此可以得到施主能级上的电子浓度 $n_D$ 和受主能级上的空穴浓度 $p_A$：

$$n_D = N_D f_D(E) = \cfrac{N_D}{1 + \cfrac{1}{g_D}\exp\cfrac{E_D - E_F}{kT}} \tag{2-50}$$

$$p_A = N_A f_A(E) = \cfrac{N_A}{1 + \cfrac{1}{g_A}\exp\cfrac{E_F - E_A}{kT}} \tag{2-51}$$

$n_D$ 和 $p_A$ 也就是没有电离的施主浓度和受主浓度，那么电离施主浓度和电离受主浓度可以如下表示：

$$n_D^+ = N_D - n_D = N_D[1 - f_D(E)] = \cfrac{N_D}{1 + g_D\exp\left(-\cfrac{E_D - E_F}{kT}\right)} \tag{2-52}$$

$$p_A^+ = N_A - p_A = N_A[1 - f_A(E)] = \cfrac{N_A}{1 + g_A\exp\left(-\cfrac{E_F - E_A}{kT}\right)} \tag{2-53}$$

从以上几个式子可以发现，杂质能级和费米能级之间的距离决定了电子和空穴对施主能级和受主能级的占据情况，即施主杂质和受主杂质的电离程度。当 $E_D - E_F \gg kT$，即费米能级远在 $E_D$ 之下时，$n_D^+ \approx N_D$，即施主杂质几乎全部电离；反之，当费米能级远在 $E_D$ 之上时，施主杂质几乎没有电离。当 $E_D$ 与 $E_F$ 重合时，$n_D = 2N_D/3$，$n_D^+ = N_D/3$，有 1/3 的施主杂质电离。同理，当 $E_F$ 远在 $E_A$ 之上时，受主杂质几乎全部电离；反之，则基本没有电离。

### 2.3.4.2　n 型半导体的多子浓度

对于只含一种施主杂质的 n 型硅，按照半导体的电中性条件，有

$$n_0 = n_D^+ + p_0 \tag{2-54}$$

其中，左边为单位体积内的负电荷数，即导带中的电子浓度；右边为单位体积的正电荷数，实际上等于价带中空穴浓度和电离施主浓度之和。代入各项参数的表达式，可以得到

$$N_c \exp\left(-\frac{E_c - E_F}{kT}\right) = \frac{N_D}{1 + 2\exp\left(-\dfrac{E_D - E_F}{kT}\right)} + N_v \exp\frac{E_v - E_F}{kT} \tag{2-55}$$

式(2-55)中只有费米能级 $E_F$ 未知，理论上可以求得 $E_F$ 后计算出电子浓度 $n$ 和空穴浓度 $p$。但是直接从式(2-55)求得解析式是较为困难的，因此按照温度的不同，由低温至高温分为弱电离区、中间电离区、强电离区、过渡区和本征激发区，分别做处理求解。图 2-17 显示了 n 型硅电子浓度与温度的关系曲线。

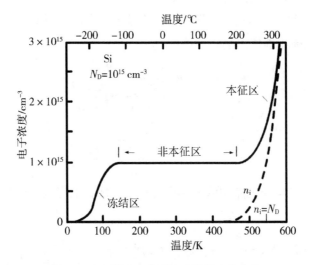

**图 2-17　n 型硅中电子浓度随温度的变化**

1）弱电离区。

温度较低时，大部分施主杂质没有电离，仍然被电子占据，只有少量杂质电离，形成少量电子进入导带。而低温时从价带跃迁至导带的电子数更少，可以忽略不计。此时，电中性条件变为 $n_0 = n_D^+$，即

$$N_c \exp\left(-\frac{E_c - E_F}{kT}\right) = \frac{N_D}{1 + 2\exp\left(-\dfrac{E_D - E_F}{kT}\right)} \tag{2-56}$$

因为 $n_D^+ \ll N_D$，所以 $\exp\left(-\dfrac{E_D - E_F}{kT}\right) \gg 1$，式(2-56)可简化为

$$N_c\exp\left(-\frac{E_c-E_F}{kT}\right)=\frac{1}{2}N_D\exp\frac{E_D-E_F}{kT} \tag{2-57}$$

取对数简化可得费米能级

$$E_F=\frac{E_c+E_D}{2}+\frac{kT}{2}\ln\frac{N_D}{2N_c} \tag{2-58}$$

代入式(2-55)可得电子浓度 $n$:

$$n=\left(\frac{N_cN_D}{2}\right)^{1/2}\exp\frac{-E_D}{2kT} \tag{2-59}$$

其中, $-E_D=E_c-E_D$ , 为施主杂质电离能。

2) 中间电离区。

随着温度的升高, 当 $2N_c>N_D$ 时, 式(2-58)中第二项为负值, $E_F$ 下降到 $(E_c+E_D)/2$ 以下。当温度升高使 $E_F=E_D$ 时, 施主杂质有 1/3 电离, 此时

$$n=N_c\exp\frac{-\Delta E_D}{2kT} \tag{2-60}$$

3) 强电离区。

温度继续升高, 大部分施主杂质电离, 电离施主浓度近似等于施主杂质浓度, $n_D^+\approx N_D$ , 这种情况称为强电离。此时 $E_D-E_F\gg kT$ 。同时, 此温度下本征激发的电子也可忽略不计, 导带中电子全部由施主杂质电离产生。这时, 有

$$N_c\exp\left(-\frac{E_c-E_F}{kT}\right)=N_D \tag{2-61}$$

费米能级表示为

$$E_F=E_c+kT\ln\frac{N_D}{N_c} \tag{2-62}$$

通常情况下, 若导带有效态密度 $N_c>N_D$ , 则式(2-62)第二项为负值。在一定温度 $T$ 时, $N_D$ 越大, $E_F$ 越向导带靠近。在一定 $N_D$ 时, 温度越高, $E_F$ 越向本征费米能级 $E_i$ 靠近。

施主杂质全部电离时, 电子浓度

$$n=N_D \tag{2-63}$$

这时, 电子浓度与温度无关。电子浓度等于杂质浓度的这一温度范围称为饱和区。

4) 过渡区。

对于半导体, 饱和区和完全本征激发区之间称为过渡区。这时, 负电荷除了施主杂质完全电离产生的导带电子, 还有一部分由价带本征激发跃迁至导带的电子。于是, 电中性条件变为

$$n_0=N_D+p_0 \tag{2-64}$$

由

$$n_i = N_c \exp\left(-\frac{E_c - E_i}{kT}\right) \tag{2-65}$$

可得

$$n_0 = n_i \exp\frac{E_F - E_i}{kT} \tag{2-66}$$

$$p_0 = p_i \exp\left(-\frac{E_F - E_i}{kT}\right) \tag{2-67}$$

将式(2-66)、式(2-67)代入电中性条件，得

$$N_D = n_i \left[ \exp\frac{E_F - E_i}{kT} - \exp\left(-\frac{E_F - E_i}{kT}\right) \right] = 2n_i \sinh\frac{E_F - E_i}{kT} \tag{2-68}$$

从而得到费米能级

$$E_F = E_i + kT\mathrm{arcsinh}\frac{N_D}{2n_i} \tag{2-69}$$

当 $N_D/2n_i$ 很小时，$E_F - E_i$ 也很小，即费米能级接近于本征费米能级 $E_i$，半导体更接近于本征激发情况。当 $N_D/2n_i$ 增大时，$E_F - E_i$ 也增大，半导体偏向于饱和区情况。

5）本征激发区。

继续升高温度，使本征激发产生的电子数目远大于施主杂质电离产生的电子，即 $n_0 \gg N_D$，$p_0 \gg N_D$。这时电中性条件为 $n_0 = p_0$。这种情况与未掺杂的本征半导体情况一样，因此称为杂质半导体进入本征激发区。这时费米能级 $E_F$ 接近禁带中线 $E_i$，而电子浓度随温度的升高迅速增加。

### 2.3.4.3　p型半导体的多子浓度

同理可对只含受主杂质的p型硅进行讨论，得到一系列公式。

弱电离区：

$$E_F = \frac{E_v + E_A}{2} + \frac{kT}{2}\ln\frac{N_A}{2N_v} \tag{2-70}$$

$$p = \left(\frac{N_A N_v}{2}\right)^{1/2} \exp\frac{-\Delta E_A}{2kT} \tag{2-71}$$

强电离(饱和)区：

$$E_F = E_v - kT\ln\frac{N_A}{N_v} \tag{2-72}$$

$$p = N_A \tag{2-73}$$

过渡区：

$$E_F = E_i - kT\mathrm{arcsinh}\frac{N_A}{2n_i} \tag{2-74}$$

#### 2.3.4.4　掺杂半导体中的少子浓度

室温下，杂质原子几乎全部电离，所以多子浓度等于杂质浓度，由 $n_i^2 = n_0 p_0$ 可得以下结论：

（1）$n$ 型半导体：多子浓度 $n_{n0} = N_D$，少子浓度 $p_{n0} = n_i^2 / N_D$；

（2）$p$ 型半导体：多子浓度 $p_{p0} = N_A$，少子浓度 $n_{p0} = n_i^2 / N_A$。

### 2.3.5　重掺杂简并半导体

#### 2.3.5.1　简并半导体

通常情况下，半导体的费米能级处在禁带中。对于 n 型半导体，在饱和区时有

$$E_F = E_C + kT \ln \frac{N_D}{N_c}, \quad N_A = 0 \tag{2-75}$$

$$E_F = E_C + kT \ln \frac{N_D - N_A}{N_c}, \quad N_A \neq 0 \tag{2-76}$$

当掺杂浓度很高时，会出现 $N_D > N_c$ 或 $(N_D - N_A) > N_c$ 的情况，此时 $E_F \geqslant E_c$，即费米能级与导带重合或进入导带内部。同样，对于 p 型半导体，当掺杂浓度很高时，费米能级与价带重合或进入价带。这种情况下，n 型半导体导带中的电子数目已经很多，$f(E) \ll 1$ 的条件不能成立。而 p 型半导体价带中的空穴数目也不满足 $1 - f(E) \ll 1$ 的条件。必须考虑泡利不相容原理的作用，不能再应用玻尔兹曼分布函数，而必须用费米–狄拉克分布函数来分析导带中电子和价带中空穴浓度的问题。这种情况称为载流子的简并化，发生载流子简并化的半导体称为简并半导体。

利用费米–狄拉克分布函数，计算得到简并半导体的电子浓度 $n$ 为

$$n = N_c \frac{2}{\sqrt{\pi}} F_{1/2} \left( \frac{E_F - E_c}{kT} \right) \tag{2-77}$$

其中，$F_{1/2}$ 称为费米积分，其定义为

$$F_{1/2}(\eta) = \int_0^\infty \frac{E^{1/2}}{1 + \exp(E - \eta)} dE \tag{2-78}$$

同样地，也可以利用费米–狄拉克分布函数得到简并半导体的价带空穴浓度为

$$p = N_v \frac{2}{\sqrt{\pi}} F_{1/2} \left( -\frac{E_F - E_v}{kT} \right) \tag{2-79}$$

#### 2.3.5.2　简并化条件

图 2-18 中分别画出了由玻尔兹曼分布函数和费米–狄拉克分布函数所得电子浓度 $n$ 与 $(E_F - E_c)/kT$ 的关系。两条曲线的差别反映了简并化的影响。当 $E_c - E_F = 2kT$ 时，$n$ 的值已经开始略有差距，$E_c = E_F$ 之后差距更大。因此可以把 $E_c$ 与 $E_F$ 的相对位置作为区分简并化和非简并化的标准。

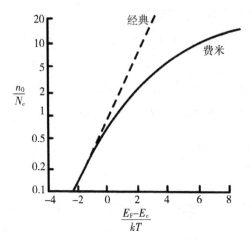

图 2-18  $n$ 与 $(E_F - E_c)/kT$ 的关系曲线

对于 n 型半导体，若 $E_c - E_F \leq 0$，则为简并；若 $0 < E_c - E_F \leq 2kT$，则为弱简并；若 $E_c - E_F > 2kT$，则为简并。

对于 p 型半导体，若 $E_F - E_v \leq 0$，则为简并；若 $0 < E_F - E_v \leq 2kT$，则为弱简并；若 $E_F - E_v > 2kT$，则为简并。

### 2.3.5.3  禁带变窄效应

在简并半导体中，杂质浓度高，因此杂质原子相互间靠得较近，导致杂质原子之间电子波函数发生交叠，使孤立的杂质能级分裂扩展为能带，称为杂质能带。杂质能带中的电子通过在杂质原子尖的共有化运动参加导电的现象称为杂质带导电。

杂质能级扩展为杂质能带会造成杂质电离能的降低。以硼掺杂的 p 型硅为例，当掺杂浓度大于 $3 \times 10^{18}$ cm$^{-3}$ 时，杂质电离能为零，电离率迅速上升到 1。这是因为杂质能带进入了导带或者价带，并与导带或价带相连，形成了新的简并能带，使能带的状态密度发生了改变。简并能带的尾部伸入禁带中，称为带尾。因为会导致禁带宽度由 $E_g$ 减小为 $E_g'$，所以重掺杂会引起禁带变窄效应，如图 2-19 所示。

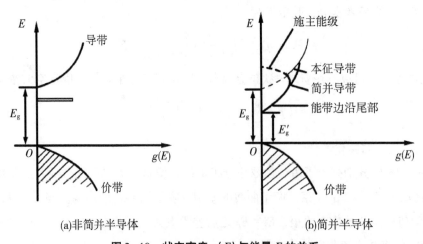

(a)非简并半导体        (b)简并半导体

图 2-19  状态密度 $g(E)$ 与能量 $E$ 的关系

### 2.3.6 深能级杂质

在硅中，除了Ⅲ、Ⅴ族杂质在禁带中产生浅能级，其他杂质也会在硅的禁带中留下杂质能级。这些杂质元素往往会留下多个杂质能级，有些杂质元素甚至会同时在禁带中留下施主能级和受主能级，并且这些能级通常较Ⅲ、Ⅴ族杂质离价带顶、导带底更远，所以称为深能级杂质。一般情况下，深能级杂质含量极少，且对半导体中导电电子、空穴浓度和导电类型的影响没有浅能级杂质显著，但对于载流子的复合作用比浅能级杂质强，因此这些深能级杂质也称为复合中心。下一节我们将提到，电子和空穴会通过这些能级复合，降低少数载流子寿命，在太阳电池制造过程中应尽量避免这类杂质和缺陷。

杂质能级和杂质原子的电子壳层结构、杂质原子的大小、杂质在半导体中的位置等因素有关，目前还没有完善的理论解释。

## 2.4 半导体中载流子的输运

室温条件下，半导体中载流子不断进行着无规则热运动，动态热平衡时载流子不产生净位移。当外界对半导体施加作用（如光照、电场等）时，会破坏热平衡的条件，称为非平衡状态，产生的额外载流子称为非平衡载流子（如光生电子－空穴对），有时也称为过剩载流子。只有在外界作用下，载流子才会发生净位移，外电场引起载流子漂移，光照会引起载流子浓度差，导致扩散，在这些过程中，半导体内部不断发生载流子的产生与复合，统称为载流子的输运。载流子的输运形成半导体内的电流。

### 2.4.1 准平衡状态下的载流子

半导体材料在受到光照、电场、磁场及温度变化等外界因素影响时，其载流子浓度会发生变化，从热平衡态变为非平衡态。非平衡状态非常复杂，很难进行定量分析。通常假设外界影响相对稳定，不会发生快速变化，即系统处于准平衡状态。

在准平衡状态下分析半导体材料载流子分布时，需要引入准费米能级和载流子有效温度的概念。载流子有效温度是指能带中的载流子自身达到平衡状态时的温度，分为电子有效温度 $T_n$ 和空穴有效温度 $T_p$。有效温度是关于位置 $x$ 的函数。对于硅太阳电池而言，在准平衡状态下，可以认为 $T_n$、$T_p$ 与半导体的温度 $T_s$ 和环境温度 $T_a$ 相差不是很大，一般情况下不做考虑，只需讨论准费米能级问题即可。

当半导体中的载流子处于热平衡状态时，整个半导体中有统一的费米能级。在非简并情况下：

$$n_0 = N_c \exp\left(-\frac{E_c - E_F}{kT}\right) \tag{2-80}$$

$$p_0 = N_v \exp\left(-\frac{E_F - E_v}{kT}\right) \tag{2-81}$$

热平衡状态下，半导体中的电子浓度和空穴浓度的乘积遵从质量作用定律，即

$$n_0 p_0 = N_c N_v \exp\left(-\frac{E_g}{kT}\right) = n_i^2 \qquad (2-82)$$

当外界作用打破半导体平衡态时，其内部不再具有统一的费米能级。不过，在一个能带范围内，载流子热跃迁十分活跃，很快就能达到热平衡状态。也就是说，当半导体的平衡被破坏时，可以认为导带上的电子和价带上的空穴基本上仍处于平衡态，仅导带与价带的载流子之间处于不平衡状态。因此，可以引入局部的费米能级，分别为导带附近的电子费米能级 $E_{Fn}$ 和价带附近的空穴费米能级 $E_{Fp}$。这种局部的费米能级称为准费米能级。于是，准平衡状态下的载流子浓度也可以用类似的公式来表示：

$$n = N_c \exp\left(-\frac{E_c - E_{Fn}}{kT}\right) = n_0 \exp\frac{E_{Fn} - E_F}{kT} = n_i \exp\frac{E_{Fn} - E_i}{kT} \qquad (2-83)$$

$$p = N_v \exp\left(-\frac{E_{Fp} - E_v}{kT}\right) = p_0 \exp\frac{E_F - E_{Fp}}{kT} = n_i \exp\frac{E_i - E_{Fp}}{kT} \qquad (2-84)$$

上述式子表明，非平衡载流子越多，准费米能级偏离 $E_F$ 越远。通常，多子的准费米能级与平衡时的费米能级偏离很小，而少子的准费米能级偏离会比较大。图 2-20 为准费米能级与平衡时的费米能级示意。

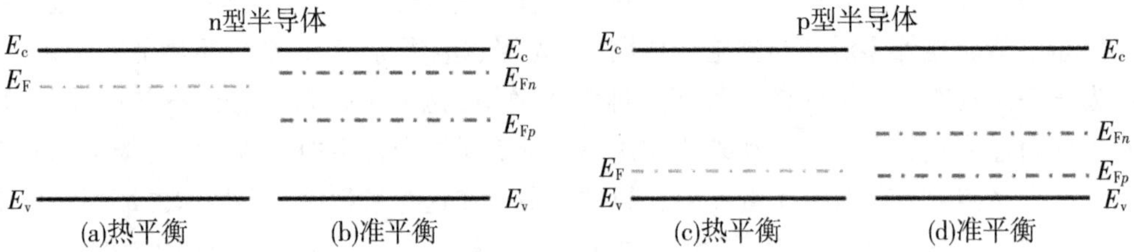

图 2-20　准费米能级偏离热平衡费米能级的示意

由式(2-83)和式(2-84)可以得到准平衡状态下电子浓度和空穴浓度的乘积：

$$np = n_0 p_0 \exp\frac{E_{Fn} - E_{Fp}}{kT} = n_i^2 \exp\frac{E_{Fn} - E_{Fp}}{kT} \qquad (2-85)$$

显然，$E_{Fn}$ 和 $E_{Fp}$ 的差距越大，$np$ 和 $n_i^2$ 相差也越大。因此，可以说电子和空穴准费米能级的分离是系统偏离热平衡状态的直接量度。

在准平衡态下，可以利用准费米能级和载流子有效温度对费米-狄拉克分布函数进行修正，从而求得电子和空穴的浓度：

$$f_c(k, x) \approx f_0(E, E_{Fn}, T_n) = \frac{1}{1 + \exp\dfrac{E - E_{Fn}}{kT_n}} \qquad (2-86)$$

$$f_v(k, x) \approx 1 - f_0(E, E_{Fp}, T_p) = \frac{1}{1 + \exp\dfrac{E - E_{Fp}}{kT_p}} \qquad (2-87)$$

## 2.4.2　载流子的产生

半导体在热、光或电等外界因素的作用下，价带电子会吸收外来能量，跃迁到导

带，在价带中留下等量空穴，形成电子-空穴对。

例如，在一定温度下，当没有光照时，一块半导体中电子浓度和空穴浓度分别为 $n_0$ 和 $p_0$，假设是 n 型半导体，则 $n_0 \gg p_0$。当用适当波长的光照射该半导体时，光子被吸收，从价带激发一个电子到导带，在价带留下一个空穴，产生的载流子称为非平衡载流子。这时把非平衡电子称为非平衡多数载流子，而把非平衡空穴称为非平衡少数载流子。p 型材料则相反。

光子的吸收产生了光生载流子，电子数等于空穴数。这种由电子带与带之间的跃迁所形成的吸收过程称为本征吸收。在许多光伏应用中，由于掺杂，光产生的载流子的数量比已经存在于太阳能电池中的大多数载流子的数量要少几个数量级，因此，在被照明的半导体中多数载流子的数目不会发生显著的变化。

然而，少数载流子的数量恰恰相反。掺杂半导体的少数载流子浓度极小，光场少数载流子的数量远多于暗场少数载流子，因此总的少数载流子的数量可以近似等于光场少数载流子数目。

吸收光和产生电子-空穴对是太阳电池运行的基础。本小节主要描述光子的能量通过电子-空穴对的产生转化为电能的过程。[6, 10, 11]

### 2.4.2.1  热平衡状态下载流子的产生

半导体中，晶格原子不停地热运动，会使一些相邻原子间的价键断裂，即该价键上的电子吸收能量挣脱束缚成为自由电子。如果用能带图表示，就是热能使价带上的电子跃迁到导带，并在价带留下一个空穴。因此，当温度升高时，晶格热运动加剧，热载流子浓度越大。

高能态的载流子处于亚稳定状态，因此热运动所产生的电子-空穴对最终会回到稳定的低能量状态。导带中高能态的电子弛豫到导带底，最后回到价带，同时消除了价带中的空穴，电子-空穴对的消失过程称为载流子的复合。在一定温度下，产生的载流子与复合的载流子总数相等，半导体硅处于动态热平衡状态，其载流子浓度仍满足热平衡判据，即

$$n_i^2 = np \tag{2-88}$$

非平衡载流子的浓度分别记为 $\Delta n$ 和 $\Delta p$，对于 n 型硅，其电子和空穴总浓度可以表示为

$$n_n = n_{n0} + \Delta n_n \tag{2-89}$$

$$p_n = p_{n0} + \Delta p_n \tag{2-90}$$

其中，$n_{n0}$、$p_{n0}$ 分别为平衡时 n 型半导体硅中的电子和空穴浓度。

### 2.4.2.2  光作用下载流子的产生

当光照射半导体，以光子通量密度(单位时间通过单位面积的光子数)为 $\Phi(x)$ 的光辐射在半导体内传播时，一部分光子将被吸收，被吸收的光子正比于光子辐射通量密度。

定义吸收系数 $\alpha$，则

$$\frac{\mathrm{d}\Phi(x)}{\mathrm{d}x} = -\alpha\Phi(x) \tag{2-91}$$

其中，负号表示光子被吸收造成的光子量减小。$\Phi(x)$ 的单位是 $\mathrm{cm}^{-2} \cdot \mathrm{s}^{-1}$。

定义光照射到半导体表面时的光子辐射通量为 $\Phi_0$，可知在半导体内部 $x$ 处的光子辐射通量为

$$\Phi(x) = \Phi_0 \mathrm{e}^{-\alpha x} \tag{2-92}$$

式(2-92)表明，光子通量密度随距离增大而指数衰减。对式(2-91)进行积分可得到单位长度内材料所吸收的光子数，为

$$\Phi(x) = \alpha(\lambda)\Phi_0 \mathrm{e}^{-\alpha(\lambda)x} \tag{2-93}$$

由此可见材料吸收光子的能力与其吸收系数相关。

设吸收的能量 $h\nu$ 大于禁带宽度的光子的辐射能量全部用于产生电子–空穴对，那么半导体中任何一处电子–空穴对的产生率 $G_L$ 为

$$G_{\mathrm{L}}(x) = \alpha(\lambda)\Phi_0 \mathrm{e}^{-\alpha(\lambda)x} \tag{2-94}$$

其中，$G_{\mathrm{L}}(x)$ 表示单位体积的半导体材料在单位时间内产生的电子–空穴对的数目，即电子–空穴对产生速度，单位为 $\mathrm{cm}^{-3} \cdot \mathrm{s}^{-1}$。分析式(2-94)可发现，越接近半导体材料表面，电子–空穴对产生率越高。

光照产生非平衡载流子，是晶体硅太阳电池工作的核心机制。入射光子的能量 $E_{\mathrm{ph}}$ 被价电子吸收，使其跃迁到导带。半导体中这种电子在能带间跃迁而形成的吸收过程称为本征吸收。此过程严格遵守能量守恒。显然，要发生本征吸收，光子能量必须等于或大于禁带宽度 $E_{\mathrm{g}}$，因此光吸收过程中发生电子跃迁的条件是光子能量大于等于半导体带隙，即

$$h\nu \geqslant h\nu_0 = E_{\mathrm{g}} \text{ 或 } \frac{hc}{\lambda} \geqslant \frac{hc}{\lambda_0} = E_{\mathrm{g}}$$

其中，$\nu_0$ 是频率吸收极限，$\lambda_0$ 是波长吸收极限，$E_{\mathrm{g}}$ 是能够引起本征吸收的最低限度光子能量。

对于 $E_{\mathrm{ph}}$ 与 $E_{\mathrm{g}}$，有以下结论：

(1)当 $E_{\mathrm{ph}} < E_{\mathrm{g}}$ 时，光子无法被吸收，实际中会透过材料。

(2)当 $E_{\mathrm{ph}} = E_{\mathrm{g}}$ 时，能量刚好足够激发 1 对电子–空穴对。

(3)当 $E_{ph} > E_{\mathrm{g}}$ 时，电子被激发到高能态位置，然后通过热弛豫回到导带边缘。光子被吸收但是有能量浪费。当能量大于 2 倍禁带宽度的光子，一般不可能激发 2 对载流子，多余的能量只能以发热的形式消耗。

光子的本征吸收中，电子从价带到导带的跃迁分为直接跃迁和间接跃迁。

半导体晶格振动的能量是不连续的，量子化的晶格振动称为声子。声子的特征是动量大、能量小。而光子的特征是能量大、动量小。电子吸收光子产生跃迁的过程必

须同时满足能量守恒和动量守恒，即跃迁前后电子的能量差应等于吸收光子的能量，动量差应等于吸收光子的动量。

图 2-21 为直接带隙和间接带隙半导体材料电子跃迁示意。对于直接带隙半导体，其导带底正对价带顶，即波矢 $k$ 相同，天然满足动量守恒，只要光子能量大于 $E_g$ 即可被吸收，称为直接跃迁。而间接带隙半导体导带底、价带顶所对应的 $k$ 并不一致，电子跃迁需要声子提供辅助以满足动量守恒，称为间接跃迁。

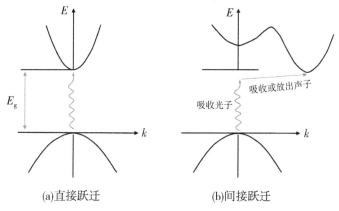

(a)直接跃迁　　　　　　　(b)间接跃迁

**图 2-21　半导体吸收光子后电子跃迁过程**

图 2-22 是几种半导体材料吸收光谱的比较。吸收谱线的共同点是都有一个与带隙宽度 $E_g$ 对应的能量阈值，光子能量小于 $E_g$ 时吸收系数很快地下降，形成本征吸收边。光子能量大于 $E_g$，吸收系数迅速上升，并且渐趋平缓。值得注意的是，硅、锗相对于其他材料，其吸收极限处边缘并不锐利。这是因为硅、锗为间接带隙半导体，光子能量在 $E_g$ 附近时需要声子辅助发生间接跃迁才能被吸收，因此吸收系数不高。但是随着光子能量的进一步增加（波长减小），硅和锗的吸收谱线呈现一个拐点，吸收系数又有快速的上升，与砷化镓等直接带隙半导体材料相当。这是因为当光子能量足够大时，可以引起电子从价带顶向天然满足动量守恒的导带更高能谷跃迁，不需要额外的声子辅助，这反映了电子从间接跃迁向直接跃迁的转变。

不同材料吸收光子的能力有所差别，即各材料吸收系数不同，因此了解材料的吸收系数有助于太阳电池的设计。吸收系数决定了特定波长的光在被吸收之前能穿透物质多深。如果某一材料光吸收比较差，光需要传播很长的距离才能被完全吸收，当材料不够厚时，部分光会直接穿过材料造成浪费。对光伏应用而言，这意味着要尽可能地吸收光子，直接带隙材料只需很薄，而间接带隙材料则需要更厚，往往相差在百倍以上。例如，GaAs 薄膜电池吸收层厚度只需 $3 \sim 5$ μm，而硅电池则需要 150 μm 左右。

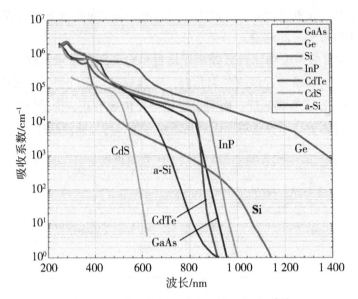

图2-22　半导体材料对光子的吸收系数[12]

如图2-23所示的吸收深度及载流子产生率的谱图更加明显地体现了材料吸收系数的差别。

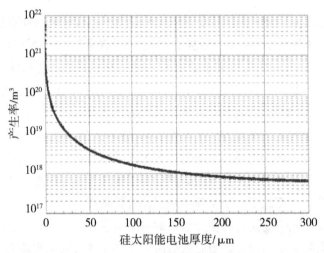

图2-23　标准太阳光谱(AM1.5G)入射到半导体硅后，内部载流子净产生率随距离的变化[12]

### 2.4.2.3　载流子的注入

半导体在外界作用下产生非平衡载流子的过程称为载流子的注入或激发；反之，半导体内载流子浓度积小于平衡载流子浓度积的情况称为载流子的抽取。在抽取情况下，载流子浓度通过载流子的产生来恢复平衡状态。

虽然掺杂半导体中多子浓度远大于少子浓度，但是载流子注入时对外界的作用的响应却恰恰相反，取决于少子。例如，电阻率为1 Ω·cm的n型硅，其内部电子和空穴浓度分别约为$5.5 \times 10^{15}$ cm$^{-3}$和$3.5 \times 10^{4}$ cm$^{-3}$，在小注入条件下，当有光照时，载流子浓度的变化量约为 $\Delta n_{\mathrm{n}} = \Delta p_{\mathrm{n}} = 10^{10}\ \mathrm{cm^{-3}}$。光注入下多子浓度几乎没有变化，而少子浓度却有 10 万倍的增加。

## 2.4.3　载流子的复合

外界作用促使半导体内部产生非平衡电子-空穴对，使其处于亚稳状态，外来作用消除后，导带中的电子最终会稳定到价带中能量较低的位置，占据一个空价带态，即消除一个空穴，这个过程叫作电子-空穴的复合。非平衡载流子通过各种途径复合消失，从而使半导体恢复平衡状态。载流子的产生和复合互为逆过程，产生时电子从价带跃迁到导带需要吸收能量，导带电子与价带空穴复合时也要以各种方式释放能量。

单位时间、单位体积内复合的电子-空穴对数目称为载流子复合率 $R$。净复合率 $U$ 为载流子复合率 $R$ 与载流子产生率 $G$ 之差。热平衡条件下，由热激发引起的热载流子产生率 $G_{\mathrm{th}}$ 和热载流子复合率 $U_{\mathrm{th}}$ 相等，与温度相关，因此载流子净复合率等于 0。当存在其他注入因素或复合因素时，产生率和复合率分别为所有注入因素的产生率和所有复合因素的复合率的总和。

电子从产生到复合的平均存在时间称为电子寿命 $\tau_n$，同样可定义空穴寿命，表示为 $\tau_p$。

在太阳电池中，非平衡载流子通常由光照产生，即光注入。光注入时，有

$$\Delta n = \Delta p \tag{2-95}$$

在一般情况（非聚光型太阳电池）下，注入的非平衡载流子浓度比平衡时的多数载流子浓度小得多，对 n 型材料，$\Delta n \ll n_0$，$\Delta p \ll n_0$，满足这个条件的注入称为小注入。需要注意的是，即使在小注入的情况下，非平衡少数载流子浓度还是比平衡少数载流子浓度大得多，它的影响就显得十分重要了，而相对来说，非平衡多数载流子的影响可以忽略。因此，实际上往往是非平衡少数载流子起着重要作用，通常说的非平衡载流子都是指非平衡少数载流子，一般关注少子寿命。

在 n 型半导体中，非平衡少子为空穴，浓度为 $\Delta p_{\mathrm{n}}$，单位时间、单位体积内的净复合率与空穴寿命之间的关系为

$$\tau_p = \frac{\Delta p_{\mathrm{n}}}{U} \tag{2-96}$$

即

$$U = \frac{1}{\tau_p}(p_{\mathrm{n}} - p_{\mathrm{n}0}) \tag{2-97}$$

同样，在 p 型半导体中，有

$$\tau_n = \frac{\Delta n_{\mathrm{p}}}{U} \tag{2-98}$$

$$U = \frac{1}{\tau_n}(n_{\mathrm{p}} - n_{\mathrm{p}0}) \tag{2-99}$$

根据复合的微观机制，非平衡载流子的复合大致可以分为两类，分别为直接复合与间接复合。直接复合也称为带-带复合或者带间复合，指电子直接从导带跳到价带（即自由电子跳进空穴）。直接复合又可分为辐射复合和俄歇复合。间接复合指电子和空穴在禁带内某个能级（复合中心）上复合，即缺陷复合。硅属于间接带隙半导体，和载流子的产生过程一样，复合也必须同时满足能量守恒和动量守恒，因此直接复合概率很低，主要复合过程是通过禁带中局域能态协助的间接复合。

根据复合过程发生的位置，又可以把它区分为表面复合和体内复合。在硅太阳电池中，体内复合包含了发射极区复合、p-n 结区复合和基区复合。

载流子的复合必然伴随着能量的降低，能量平衡要求降低的这部分能量必须释放出来，能量释放机制与复合机制同样重要。释放能量的方式有以下三种：

（1）发射光子。以这种方式释放能量的复合通常称为发光复合或辐射复合。

（2）发热。电子和空穴复合后，产生的能量以热能的方式释放，相当于多余的能量使晶格振动加强。

（3）传递。将能量传递给其他载流子，增加其动能，此类复合称为俄歇复合。

一个电子与一个空穴的复合导致两个载流子的湮灭消亡，使光照激发产生载流子的结果功亏一篑，直接损害光伏发电效率。因此，认识复合机制，从而设法抑制降低复合概率，对光伏技术十分重要。

### 2.4.3.1　辐射复合

辐射复合是指导带的电子直接与价带的空穴结合并释放光子，发射光子的能量与带隙相近。

辐射复合率 $R$ 正比于电子和空穴的浓度，即

$$R = r_{rad}np \tag{2-100}$$

其中，$r_{rad}$ 为辐射复合概率，也称为辐射复合系数（单位：$cm^3/s$）。热平衡时电子浓度和空穴浓度分别为 $n_0$ 和 $p_0$，此时载流子复合率等于产生率：

$$R_{th} = r_{rad}n_0p_0 = G_{th} \tag{2-101}$$

外场作用下，产生率 $G$ 增加，非平衡载流子使复合率 $R$ 也增加，达到一个新的非平衡态时 $G = R$。外场作用停止后，只有热产生率 $G_{th}$，此时复合率大于产生率，非平衡载流子浓度发生衰减，净复合率 $U_{rad}$ 可以表示为

$$U_{rad} = R - G_{th} = r_{rad}(np - n_i^2) \tag{2-102}$$

对于 n 型硅，有

$$U_{n,rad} = r_{rad}(np - n_i^2) = r_{rad}(n_{n0} + \Delta n)(p_{n0} + \Delta p) - r_{rad}n_{n0}p_{n0} \tag{2-103}$$

当半导体处于电中性时，$\Delta n = \Delta p$，有

$$U_{n,rad} = r_{rad}(n_{n0} + p_{n0} + \Delta p)\Delta p \tag{2-104}$$

小注入条件下，多子浓度几乎不变，$n \approx n_{n0}$，即 $n_{n0} \gg p_{n0}$、$n_{n0} \gg p$，式（2-104）可简化为

$$U_{n,\mathrm{rad}} \approx r_{\mathrm{rad}} n_{\mathrm{n0}} \Delta p \tag{2-105}$$

因此，n 型半导体中辐射复合的过剩少子（空穴）寿命 $\tau_{p,\mathrm{rad}}$ 为

$$\tau_{p,\mathrm{rad}} = \frac{1}{r_{\mathrm{rad}} n_{\mathrm{n0}}} \tag{2-106}$$

同样，可以得到在 p 型半导体中：

$$U_{p,\mathrm{rad}} \approx r_{\mathrm{rad}} p_{\mathrm{p0}} \Delta n \tag{2-107}$$

$$\tau_{n,\mathrm{rad}} = \frac{1}{r_{\mathrm{rad}} p_{\mathrm{p0}}} \tag{2-108}$$

由此可见，若复合概率 $r_{\mathrm{rad}}$ 是常数，则辐射复合的净复合率正比于过剩少子浓度，而少子寿命与多子浓度成反比。

辐射复合是光致跃迁的逆过程，是直接带隙半导体中主要的复合机理，在间接带隙半导体中可以忽略。聚光体和空间太阳能电池通常由直接带隙材料（砷化镓等）制成，以辐射复合为主。硅是间接带隙半导体，辐射复合很小，可以忽略。

#### 2.4.3.2　俄歇复合

载流子从高能级向低能级跃迁，发生电子-空穴复合时，把多余的能量传给另一个载流子，使这个载流子被激发到能量更高的能级，当它重新跃迁回低能级时，多余的能量不是辐射光子，而是以声子的形式释放，这种复合称为俄歇复合。显然，这是一种非辐射复合。

俄歇复合是"碰撞电离"的逆过程，涉及与第三个粒子的相互作用，所以不同于带间的直接复合。俄歇复合的复合率应与三个载流子浓度的乘积成正比，浓度越大，发生俄歇复合的概率越高。因此，俄歇复合在高掺杂或高级注入引起的载流子浓度高的情况下最为明显。俄歇复合过程有很多种，既可以在导带与价带之间发生，也可以在带隙中杂质和缺陷态之间发生。带间俄歇复合过程如图 2-24 所示。

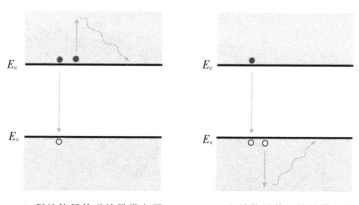

(a)释放能量传递给导带电子　　(b)释放能量传递给价带空穴

**图 2-24　带间俄歇复合过程**

涉及两个电子和一个空穴的电子俄歇复合率为

$$R_{n,\mathrm{Aug}} = r_{n,\mathrm{Aug}} n^2 p \tag{2-109}$$

涉及两个空穴和一个电子的空穴俄歇复合率为

$$R_{p,\text{Aug}} = r_{p,\text{Aug}} n p^2 \tag{2-110}$$

其中，$r_{n,\text{Aug}}$ 和 $r_{p,\text{Aug}}$ 分别为电子和空穴的俄歇复合系数（单位：$\text{cm}^6/\text{s}$）。

俄歇复合是碰撞电离的逆过程。复合发生的同时必然有电子碰撞晶格原子，产生电子-空穴对。根据细致平衡原理，热平衡时，俄歇复合率应等于产生率。因此，在非平衡情况下，净俄歇复合率为俄歇复合率减去平衡时的产生率，即

$$U_{\text{Aug}} = r_{n,\text{Aug}}(n^2 p - n_0^2 p_0) + r_{p,\text{Aug}}(np^2 - n_0 p_0^2) \tag{2-111}$$

对于 n 型半导体，电子是多子，空穴是少子，净俄歇复合率可以简化为电子俄歇复合率，同时考虑到在 n 型半导体中，$n \approx n_0$，故

$$U_{\text{Aug}} = r_{n,\text{Aug}}(n^2 p - n_0^2 p_0) \approx r_{n,\text{Aug}} n(np - n_i^2) \tag{2-112}$$

同样地，对于 p 型半导体，净俄歇复合率可以简化为空穴俄歇复合率：

$$U_{\text{Aug}} = r_{p,\text{Aug}}(np^2 - n_0 p_0^2) \approx r_{p,\text{Aug}} p(np - n_i^2) \tag{2-113}$$

当半导体中同时存在空穴俄歇复合和电子俄歇复合时，将式（2-112）和式（2-113）合并，可得净俄歇复合率的一般表达式：

$$U_{\text{Aug}} = (r_{n,\text{Aug}} n + r_{p,\text{Aug}} p)(np - n_i^2) \tag{2-114}$$

可见，掺杂半导体的掺杂浓度越高，即载流子浓度 $n$、$p$ 越高，俄歇复合率就越大。当然，由于半导体载流子浓度会随温度增高而增加，俄歇复合率也将随温度升高而增大。

在 n 型半导体中，$n \approx n_0 \approx N_D$，式（2-114）也可以简化为

$$U_{\text{Aug}} = r_{n,\text{Aug}}(n^2 p - n_0^2 p_0) \approx r_{n,\text{Aug}} N_D^2(p - p_0) \tag{2-115}$$

在小注入条件下，假定 $r_{n,\text{Aug}} \approx r_{p,\text{Aug}}$，可得

$$U_{\text{Aug}} = r_{p,\text{Aug}} N_D^2(p - p_0) = \frac{p - p_0}{\tau_{p,\text{Aug}}} \tag{2-116}$$

$$\tau_{p,\text{Aug}} = \frac{1}{r_{p,\text{Aug}} N_D^2} \tag{2-117}$$

以同样的方式可得在 $p$ 型半导体中：

$$U_{\text{Aug}} = r_{n,\text{Aug}} N_A^2(n - n_0) = \frac{n - n_0}{\tau_{n,\text{Aug}}} \tag{2-118}$$

$$\tau_{n,\text{Aug}} = \frac{1}{r_{n,\text{Aug}} N_A^2} \tag{2-119}$$

俄歇复合系数与掺杂类型和掺杂浓度有关，$r_{n,\text{Aug}} = (1.7 \sim 2.8) \times 10^{31}\ \text{cm}^6/\text{s}$，$r_{p,\text{Aug}} = (0.99 \sim 1.2) \times 10^{31}\ \text{cm}^6/\text{s}$。当掺杂浓度高于 $5 \times 10^{18}\ \text{cm}^{-3}$ 时，$r_{n,\text{Aug}}$ 和 $r_{p,\text{Aug}}$ 均为常数。

陷阱态或局域态也可以发生俄歇复合，载流子通过缺陷发生俄歇复合的过程如图 2-25 所示。

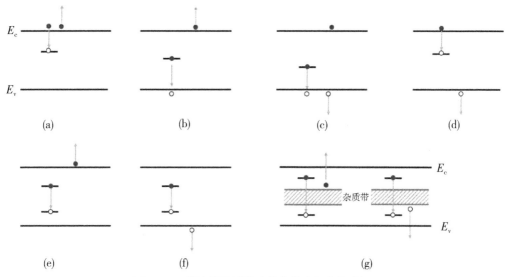

**图 2-25　载流子通过缺陷发生俄歇复合的过程**

若缺陷能级接近导带底 $E_c$，则导带电子与一个缺陷能级 $E_t$ 的电子发生碰撞，$E_t$ 的电子和一个价带空穴复合，并将能量传递给碰撞的导带电子。导带电子被激发后，获得额外的动能并以声子的形式弛豫到导带底。当缺陷能级位于价带顶 $E_v$ 附近时，发生俄歇复合的过程与导带底的情况类似。

一般而言，带间俄歇复合在窄禁带半导体中及高温情况下起着重要作用，而与杂质和缺陷有关的俄歇复合过程常常是影响半导体发光器件的发光效率的重要原因。

### 2.4.3.3　缺陷复合

半导体中的杂质和缺陷会在禁带中形成一定的能级，成为载流子的产生-复合中心（简称复合中心）。通过缺陷能级产生的载流子复合-产生过程对太阳电池极其重要，该理论首先由肖克利（Shockley）、里德（Read）、霍尔（Hall）和萨支唐（Chih-Tang Sah）提出，因此该类复合也被称为 SRH 复合[13,14]。对于复合中心来说，SRH 复合可分为四个微观过程，分别为电子俘获、电子发射、空穴俘获及空穴发射，如图 2-26 所示，其中的（a）和（b）、（c）和（d）互为逆过程，$E_t$ 表示复合中心的能级。

为了具体求出非平衡载流子通过复合中心复合的复合率，首先必须对这四个基本跃迁过程做出确切定量的描述。用 $n$ 和 $p$ 分别表示导带电子和价带空穴浓度。设复合中心浓度为 $N_t$，一个复合中心能级被电子占据的概率由费米-狄拉克函数 $f_t$ 表示，则尚未被电子占据的复合中心浓度为 $N_t(1-f_t)$。在非简并的情况下，平衡状态下电子能量的费米-狄拉克分布函数为

$$f_t(E_t) = \frac{1}{1+\exp\dfrac{E_t-E_F}{kT}} \tag{2-120}$$

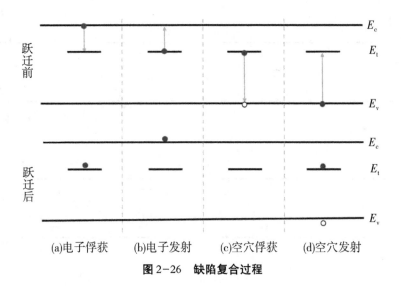

图 2-26　缺陷复合过程

（a）电子俘获　（b）电子发射　（c）空穴俘获　（d）空穴发射

（1）电子俘获，即复合中心能级 $E_t$ 从导带俘获电子，如图 2-26（a）所示。电子俘获速率 $r_a$ 与导带电子数和未被电子占据的复合中心浓度成正比，可以表示为

$$r_a = v_t \sigma_n n N_t (1 - f_t) \tag{2-121}$$

其中，$v_t = \sqrt{3kT/m_n^*}$ 为电子的热运动速率，室温下约为 $10^7$ cm/s；$\sigma_n$ 为复合中心对电子的俘获截面，其物理意义是复合中心俘获一个电子的能力，是电子需移动至离复合中心多近的距离才能被俘获的量度（在硅中，俘获截面的量级为 $10^{-17} \sim 10^{-13}$ cm$^2$）；$v_t \sigma_n$ 称为电子的俘获系数 $B_n$（单位：cm$^3$/s），表示单位时间内一个具有截面积 $\sigma_n$ 的电子以热速度 $v_t$ 扫过的空间范围，若此空间范围内存在复合中心，则电子将被俘获。

（2）电子发射，一个电子从复合中心发射到导带，如图 2-26（b）所示。发射速率正比于已填满电子的复合中心浓度，表示为

$$r_b = e_n N_t f_t \tag{2-122}$$

其中，$e_n$ 为电子从复合中心发射到导带的发射概率。

当处于热平衡状态且无外部注入时，电子俘获和发射的速率应该相等，因此可以求得发射概率为

$$e_n = \frac{v_t \sigma_n n (1 - f_t)}{f_t} = v_t \sigma_n n_i \exp\frac{E_t - E_i}{kT} = v_t \sigma_n n_1 \tag{2-123}$$

其中，$n_1$ 为电子陷阱系数：

$$n_1 = n_i \exp\frac{E_t - E_i}{kT} \tag{2-124}$$

恰好是费米能级与复合中心能级重合时的平衡电子浓度。

（3）空穴俘获，已填满电子的复合中心从价带俘获一个空穴，即一个电子从复合中心发射到价带，如图 2-26（c）所示。复合中心对空穴的俘获速率为

$$r_c = v_t \sigma_p p N_t f_t \tag{2-125}$$

其中，$\sigma_p$ 为复合中心对空穴的俘获截面，$v_t \sigma_p$ 为空穴的俘获系数 $B_p$。

（4）空穴发射，空穴从复合中心发射到价带，即价带上的一个电子跃迁到复合中心，如图 2-26（d）所示。空穴发射速率为

$$r_{\mathrm{d}} = e_p N_{\mathrm{t}} (1 - f_{\mathrm{t}}) \tag{2-126}$$

其中，$e_p$ 为空穴发射概率。

同样，处于热平衡且无外部注入时，空穴俘获速率等于发射速率，可得发射概率为

$$e_p = \frac{v_{\mathrm{t}} \sigma_p p f_{\mathrm{t}}}{1 - f_{\mathrm{t}}} = v_{\mathrm{t}} \sigma_p n_{\mathrm{i}} \exp \frac{E_{\mathrm{t}} - E_{\mathrm{i}}}{kT} = v_{\mathrm{t}} \sigma_p p_1 \tag{2-127}$$

其中，$p_1$ 为空穴陷阱系数，恰好等于费米能级与复合中心能级重合时的平衡空穴浓度。

由式（2-123）和式（2-127）可知，当复合中心能级靠近导带底时，电子发射率增加；当复合中心能级靠近价带顶时，空穴发射率增加。

至此已经求得 4 个过程的数学表达式，现在再利用这些表达式求出非平衡载流子的净复合率。在稳定情况下，这 4 个过程必须保持复合中心上的电子数不变，即 $n_{\mathrm{t}}$ 为常数。由于（1）和（4）两个过程会造成电子在复合中心上的积累，而（2）和（3）两个过程会造成复合中心上电子减少，要维持 $n_{\mathrm{t}}$ 数目不变，必须满足稳定条件

$$r_{\mathrm{a}} + r_{\mathrm{d}} = r_{\mathrm{b}} + r_{\mathrm{c}} \tag{2-128}$$

也可以写成

$$r_{\mathrm{a}} - r_{\mathrm{b}} = r_{\mathrm{c}} - r_{\mathrm{d}} \tag{2-129}$$

这表示单位体积、单位时间内导带减少的电子数等于价带减少的空穴数。也就是说，导带每损失一个电子的同时价带也损失一个空穴，电子和空穴通过复合中心成对地复合，复合中心只是起到一个媒介的作用，其上的电子数目并不随复合过程而增减。因此，式（2-129）所表示的正好是电子-空穴对的净复合率：

$$U_{\mathrm{SRH}} \equiv r_{\mathrm{a}} - r_{\mathrm{b}} = r_{\mathrm{c}} - r_{\mathrm{d}} \tag{2-130}$$

将前文所述 4 个过程的数学表达式代入式（2-130），可得

$$U_{\mathrm{SRH}} = \frac{v_{\mathrm{t}} \sigma_n \sigma_p N_{\mathrm{t}} (np - n_{\mathrm{i}}^2)}{\sigma_p (p + p_1) + \sigma_n (n + n_1)} \tag{2-131}$$

这就是半导体通过浓度为 $N_{\mathrm{t}}$、能级为 $E_{\mathrm{t}}$ 的复合中心复合的普遍理论公式，称为肖克利-里德-霍尔方程。

显然，在热平衡条件下，$np = n_{\mathrm{i}}^2$，净复合率为 0，这是理所当然的。

半导体注入非平衡载流子后，$n_n p_n > n_{\mathrm{i}}^2$ 或 $n_p p_p > n_{\mathrm{i}}^2$，净复合率 $U_{\mathrm{SRH}} > 0$。将 $n = n_0 + \Delta n$，$p = p_0 + \Delta p$ 及 $\Delta n = \Delta p$ 代入式（2-130），得

$$U_{\mathrm{SRH}} = \frac{v_{\mathrm{t}} \sigma_n \sigma_p N_{\mathrm{t}} (n_0 \Delta p + p_0 \Delta n + \Delta p^2)}{\sigma_p (p_0 + \Delta p + p_1) + \sigma_n (n_0 + \Delta n + n_1)} \tag{2-132}$$

非平衡载流子的寿命为

$$\tau_{\mathrm{SRH}} = \frac{\Delta p}{U_{\mathrm{SRH}}} = \frac{\sigma_p (p_0 + \Delta p + p_1) + \sigma_n (n_0 + \Delta p + n_1)}{v_{\mathrm{t}} \sigma_n \sigma_p N_{\mathrm{t}} (n_0 + p_0 + \Delta p)} \tag{2-133}$$

在硅太阳电池中，光注入是小注入，即 $p \ll (n_0 + p_0)$，因此这里只讨论小注入条件，可在上式中忽略 $p$ 项，此时，寿命只取决于 $n_0$、$p_0$、$n_1$、$p_1$ 的值，根据前文所述，我们可以将载流子浓度用能级表示出来：

$$n_0 = N_c \exp\left(-\frac{E_c - E_F}{kT}\right) \tag{2-134}$$

$$p_0 = N_v \exp\left(-\frac{E_F - E_v}{kT}\right) \tag{2-135}$$

$$n_1 = n_i \exp\frac{E_t - E_i}{kT} = N_c \exp\left(-\frac{E_c - E_t}{kT}\right) \tag{2-136}$$

$$p_1 = n_i \exp\left(-\frac{E_i - E_t}{kT}\right) = N_v \exp\left(-\frac{E_t - E_v}{kT}\right) \tag{2-137}$$

因为 $N_c$ 和 $N_v$ 数值接近，所以 $n_0$、$p_0$、$n_1$、$p_1$ 的大小分别由 $E_c - E_F$、$E_F - E_v$、$E_c - E_t$、$E_t - E_v$ 决定。当这些能量间隔远大于 $kT$ 时，$n_0$、$p_0$、$n_1$ 及 $p_1$ 之间往往高低悬殊，有若干数量级之差，实际中只需考虑最大值，最大限度地简化问题。在硅太阳电池中，使用中度掺杂的硅作为基底，其费米能级相对靠近导带（n 型）或价带（p 型）。

可见，在 n 型硅中，$n_0$ 远大于 $p_0$、$n_1$、$p_1$，再次简化式（2-132）和式（2-133），得到 n 型硅中的空穴寿命及复合率，为

$$\tau_{p,\text{SRH}} \approx \frac{1}{v_t \sigma_p N_t} \tag{2-138}$$

$$U_{n,\text{SRH}} \approx v_t \sigma_p N_t (p_n - p_{n0}) = \frac{p_n - p_{n0}}{\tau_{p,\text{SRH}}} \tag{2-139}$$

在 n 型硅中，电子是多子，在俘获中心俘获空穴时有足够的电子供其俘获，因此少子必定全部参与复合，空穴寿命 $\tau_p$ 与电子浓度无关，复合率仅受限于空穴数量。

同样，p 型硅中的电子寿命及复合率为

$$\tau_{n,\text{SRH}} \approx \frac{1}{v_t \sigma_n N_t} \tag{2-140}$$

$$U_{p,\text{SRH}} \approx v_t \sigma_n N_t (n_p - n_{p0}) = \frac{n_p - n_{p0}}{\tau_{n,\text{SRH}}} \tag{2-141}$$

将式（2-138）和式（2-140）代入式（2-132），可得到半导体中 SRH 净复合速率的统一表达式，为

$$U_{\text{SRH}} = \frac{np - n_i^2}{\tau_{n,\text{SRH}}(p + p_1) + \tau_{p,\text{SRH}}(n + n_1)} \tag{2-142}$$

在许多类型的硅太阳电池中，SRH 复合是主要的复合机理。复合速率将取决于材料中缺陷的数量。因此，当半导体掺杂时，太阳电池中的缺陷增加，会增加 SRH 的复合速率。

### 2.4.3.4 表面复合

前文在讨论非平衡载流子寿命时，只考虑了半导体内部的复合过程。实际上，少

数载流子寿命在很大程度上受半导体样品的形状和表面状态的影响。从半导体的晶界内延伸到表面,晶格结构中断,表面出现悬挂键,半导体加工过程中造成的表面损伤或由内应力产生的缺陷和晶格畸变,以及晶体生长过程中引入的非本征杂质等因素,都将形成表面能级,从而引入表面缺陷态,这些表面态都可以成为表面复合中心。图2-27 为硅表面或界面悬挂键示意。

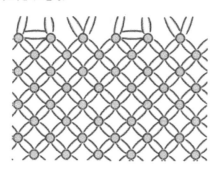

**图 2-27　晶体硅表面悬挂键示意**

表面复合也是间接复合,即缺陷复合,其复合过程与体内复合类似。在悬挂键处形成高浓度的缺陷,可以认为在半导体表面的禁带中形成一个密集的或连续分布的陷阱能级,电子和空穴通过这些表面陷阱能级复合。

表面缺陷态分布在二维平面上,考虑厚度为 $x$ 的表面薄层中单位时间单位面积内载流子表面复合的总数,可用下式表示:

$$U_{\text{sur}}\Delta x = \frac{v_{\text{t}}\sigma_{\text{sn}}\sigma_{\text{sp}}N_{\text{st}}(n_{\text{s}}p_{\text{s}} - n_{\text{i}}^2)}{\sigma_{\text{sp}}(p_{\text{s}} + p_1) + \sigma_{\text{sn}}(n_{\text{s}} + n_1)} \tag{2-143}$$

其中, $n_{\text{s}}$ 和 $p_{\text{s}}$ 分别为表面薄层区域中电子和空穴浓度:

$$n_{\text{s}} = n_0 + \Delta n_{\text{s}} \tag{2-144}$$

$$p_{\text{s}} = p_0 + \Delta p_{\text{s}} \tag{2-145}$$

$N_{\text{st}}$ 为表面缺陷密度,即表面薄层区域单位面积的复合中心总数; $\sigma_{\text{sn}}$ 和 $\sigma_{\text{sp}}$ 分别为表面电子和空穴俘获截面。

因为表面复合失去非平衡载流子的过程可以认为是非平衡载流子以一定速度垂直于表面流出,所以可以引入一个半导体表面载流子复合速度 $S_{\text{r}}$ 来表征表面复合的强弱。

半导体表面空穴复合速度 $S_{\text{pr}}$ 为

$$S_{\text{pr}} = \frac{U_{\text{sur}}}{p_{\text{s}}} \tag{2-146}$$

半导体表面电子复合速度 $S_{\text{nr}}$ 为

$$S_{\text{nr}} = \frac{U_{\text{sur}}}{n_{\text{s}}} \tag{2-147}$$

表面复合速度具有速度量纲,单位为 cm/s,其方向从表面指向空间。

影响表面复合的因素有：①表面粗糙度；②表面积与总体积的比例，同样的表面状况，样品越小，寿命越短；③表面的清洁度、化学气氛。例如，表面粗糙的样品，比如用金刚砂粗磨过的样品，非平衡载流子的寿命很短；细磨后再经过适当化学腐蚀抛光的样品，非平衡载流子的寿命要长得多。除此之外，实验表明，对于同样的表面情况，样品越小，寿命越短。可见，半导体表面确实有促进复合的作用。

表面复合严重影响太阳电池的光电转换效率。在电池设计中，通常在半导体表面覆盖介质钝化层，以降低表面复合。

### 2.4.3.5 半导体的有效少子寿命

由于各种复合之间相互独立，因此总的复合率是每种复合率的总和[10, 15]：

$$U_{bul} = U_{rad} + U_{Aug} + U_{SRH} \tag{2-148}$$

其中，$U_{rad}$ 为辐射复合率，$U_{Aug}$ 为俄歇复合率，$U_{SRH}$ 为缺陷复合率，总和 $U_{bul}$ 为对应的总体复合率。少子寿命为

$$\frac{1}{\tau_{bul}} = \frac{1}{\tau_{rad}} + \frac{1}{\tau_{Aug}} + \frac{1}{\tau_{SRH}} \tag{2-149}$$

考虑到表面复合，实际测得的寿命应是体内复合和表面复合的综合结果。设这两种复合是单独平行地发生的，相应的少子寿命表示为

$$\frac{1}{\tau} = \frac{1}{\tau_{bul}} + \frac{1}{\tau_{sur}} \tag{2-150}$$

利用表面复合速度 $S$ 表征表面复合强度，有效少子寿命也可以表示为

$$\frac{1}{\tau} = \frac{1}{\tau_{bul}} + \frac{2S}{W} \tag{2-151}$$

其中，$W$ 为半导体厚度。

需要注意的是，式(2-151)成立需要满足低表面复合速率的要求：

$$\frac{SW}{D_n} < \frac{1}{4} \tag{2-152}$$

其中，$D_n$ 为扩散系数。

目前，光伏产业所使用的硅片厚度约为 200 μm，扩散系数 $D_n$ 为 30 cm²/s，故式(2-150)成立所需的条件为 $S < 375$ cm/s。硅片越薄，此式成立所允许的表面复合速率越高。

## 2.4.4 载流子的漂移和扩散

半导体中的两种载流子——电子和空穴，在常温下都会处于不停息的热运动中，但这种运动一般不会产生任何定向的电荷输运。

以下两种情况会产生载流子的定向流动输运：①外加电场驱动下，载流子的漂移运动；②自身浓度分布不均造成的载流子由高浓度向低浓度的扩散运动。

#### 2.4.4.1 载流子的热运动

在一定温度下，半导体内部的大量载流子，永不停息地做着无规则的、杂乱无章的运动，称为热运动。同时，晶格上的原子也在不停地围绕格点做热振动。半导体还掺有一定杂质，一般处于电离状态，还带有电荷。载流子在半导体中运动时，便会不断地与热振动着的晶格原子或者电离了的杂质离子发生作用，或者说发生碰撞，碰撞后载流子速度的大小和方向发生改变。用波的概念描述，就是电子波在半导体中传播时遇到了散射。因此，载流子运动速度的大小和方向不断地改变着。

载流子的无规则热运动也正是它们不断遭到散射的结果。

所谓自由载流子，实际上其只在两次散射之间的运动才是真正的自由运动，其连续两次散射间自由运动的平均路程称为平均自由程，平均时间称为平均自由时间。需要注意的是，我们讨论的载流子移动速率是平均速率，跟晶格温度相关。载流子的热速率在平均速率附近呈正态分布。

当没有外加压力(浓度梯度或电场)时，电子虽然永不停息地做热运动，但是宏观上在任何方向上都没有载流子的整体净移动，所以并不产生电流。

#### 2.4.4.2 载流子的漂移和漂移电流

在半导体上施加电场时的载流子传输称为载流子的漂移运动。载流子从电场不断获得能量而加速，因此其漂移速度与电场有关。另外，载流子在晶体场中不断遭到散射，失去原来的方向或损失能量，然后重新加速，再散射和再加速不断地进行，散射作用使载流子漂移速度不会无限地增大。如图 2-28 所示，无电场时载流子以恒定速度沿随机方向移动，载流子净位移为零。有电场时载流子在随机运动的同时受到电场力的作用，在两次碰撞之间为加速运动，载流子净位移不为零。净位移是随机热运动与漂移运动共同造成的。

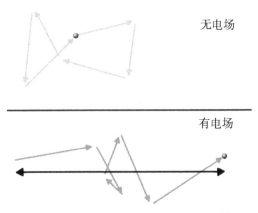

无电场

有电场

**图 2-28　无电场和有电场时载流子的运动状态**

在外力和散射的双重作用下，载流子以一定的平均速度沿力的方向漂移，这个恒定速度称为漂移速度($v_\mathrm{D}$)。恒定电场 $F$ 作用下，漂移速度为

$$v_{\mathrm{D}} = \mu F \tag{2-153}$$

其中，比例系数 $\mu$ 称为载流子迁移率。其物理意义为单位电场强度作用下，载流子的平均漂移速度，或是载流子对外电场反应快慢的物理量，单位为 $\mathrm{cm}^2/(\mathrm{V} \cdot \mathrm{s})$。原则上迁移率是关于电场的函数，但在弱场下迁移率与电场无关，可看成常数。太阳电池通常工作在低电场条件。

电子和空穴的漂移电流密度为

$$J_n = q(n_0 + \Delta n) v_n = qn\mu_n F \tag{2-154}$$

$$J_p = q(p_0 + \Delta p) v_p = qp\mu_p F \tag{2-155}$$

则漂移电流为

$$J = J_n + J_p = (nq\mu_n + pq\mu_p) F \tag{2-156}$$

迁移率与半导体电阻率 $\rho$ 有以下的简单关系：

$$\rho = \frac{1}{nq\mu_n + pq\mu_p} \tag{2-157}$$

对于两种掺杂半导体，分别近似有

$$\rho_n = \frac{1}{nq\mu_n} \tag{2-158}$$

$$\rho_p = \frac{1}{pq\mu_p} \tag{2-159}$$

### 2.4.4.3 载流子的扩散和扩散电流

当固体中粒子(原子、分子、电子、空穴等)浓度在空间分布不均匀时，将发生扩散运动。载流子从高浓度向低浓度的扩散运动是载流子的重要输运方式。光入射到半导体材料，半导体对光的吸收沿入射方向衰减，在表面吸收深度的范围内激发大量的电子-空穴对，产生从表面向内部、光生载流子由高到低的浓度梯度。

扩散运动遵从菲克第一定律：某种粒子的扩散通量(单位时间通过单位截面积的扩散粒子数)正比于该粒子的浓度梯度值。该比例系数称为扩散系数，记为 $D$，其单位为 $\mathrm{cm}^2/\mathrm{s}$。如前所述，不仅电子，空穴也可看作一种粒子，会发生扩散并遵循扩散定律。扩散系数取决于载流子移动的速度和散射长度。

因为电子和空穴都是带电粒子，所以它们的扩散运动也必然伴随着电流的出现，形成所谓的扩散电流。对于一维扩散，电子和空穴的扩散电流密度分别为

$$J_{n,\mathrm{diff}} = qD_n \frac{\mathrm{d}n(x)}{\mathrm{d}x} \tag{2-160}$$

$$J_{p,\mathrm{diff}} = -qD_p \frac{\mathrm{d}p(x)}{\mathrm{d}x} \tag{2-161}$$

其中，$D_n$、$D_p$ 分别为电子、空穴扩散系数，空穴扩散电流负号表示空穴浓度梯度沿 $x$ 方向逐渐减小。

定义扩散长度为载流子从产生到复合之间移动的平均长度，可以理解为平均自由程。少数载流子寿命和扩散长度强烈地依赖于半导体中复合过程的类型和大小。单晶

硅太阳电池的寿命可以高达 1 ms，扩散长度通常为 100 ～ 300 μm。

半导体中少数载流子电子和空穴的扩散长度 $L_n$ 和 $L_p$ 分别为

$$L_n = \sqrt{D_n \tau_n} \tag{2-162}$$

$$L_p = \sqrt{D_p \tau_p} \tag{2-163}$$

其中，$\tau_n$ 和 $\tau_p$ 是电子和空穴的寿命，单位为 s，$D_n$ 和 $D_p$ 是电子和空穴的扩散系数。

重掺杂的半导体材料复合率更高，少数载流子电子和空穴的寿命更短，根据上述式子可知其扩散长度更短。

在热平衡条件下，既没有净电子流也没有净空穴流，此时材料中载流子分布不均匀导致扩散流与漂移流平衡，材料迁移率和扩散系数间满足爱因斯坦关系：

$$\frac{D_n}{\mu_n} = \frac{k_0 T}{q} \tag{2-164}$$

$$\frac{D_p}{\mu_p} = \frac{k_0 T}{q} \tag{2-165}$$

考虑无外场条件下一块半导体内部载流子的扩散。平衡条件下材料内部是处处保持电中性的，即其中各种电荷，包括两种载流子和杂质离子的电荷，全部相互平衡抵消，而一旦载流子的扩散发生，与之平衡的杂质离子却不能跟随，这种平衡即被打破，扩散发生的区域就会积累电荷，形成电场，这个电场又要驱动载流子的漂移，不难理解这个驱动的方向一定是抵抗载流子进一步扩散的，而且其强度随扩散进行而增大，直到能够完全阻止载流子净流动，在微观上就是载流子扩散流量与其反向漂移流量相等。爱因斯坦由此建立了一个方程。电场形成的同时还造成材料内部相关区域电位变化，给载流子带来附加静电势能，影响载流子的平衡浓度分布。不仅是上述关系，半导体 p-n 结功能的原理和理论处理，包括光伏发电原理，其实皆源于同样思路。

#### 2.4.4.4　载流子的输运方程

若半导体中非平衡载流子浓度不均匀，又有外加电场的作用，将同时产生扩散电流和漂移电流，叠加在一起构成半导体的总电流：

$$J_n = qD_n \frac{\mathrm{d}n(x)}{\mathrm{d}x} + qn\mu_n F \tag{2-166}$$

$$J_p = -qD_p \frac{\mathrm{d}p(x)}{\mathrm{d}x} + qp\mu_p F \tag{2-167}$$

通过对非平衡载流子的漂移运动和扩散运动的讨论可知，迁移率是反映载流子在电场作用下运动难易程度的物理量，而扩散系数反映存在浓度梯度时载流子运动的难易程度。爱因斯坦从理论上找到了扩散系数和迁移率之间的定量关系。受限于篇幅，具体公式推导不在此进行详细的讲述。

## 2.5　半导体 p-n 结

在晶体硅中，掺入受主杂质可使其成为 p 型半导体，掺入施主杂质可使其成为

n 型半导体，两种类型半导体紧密接触时会在界面形成 p-n 结。了解 p-n 结的能带结构、载流子分布和输运是理解硅太阳电池工作机理的基础。

## 2.5.1 p-n 结的形成及其能带

均匀掺杂的 n 型和 p 型硅，掺杂浓度分别为 $N_D$ 和 $N_A$。室温时杂质全部电离，则 n 型硅中分布着浓度为 $n_n$ 的电子和 $p_n$ 的空穴，p 型硅中分布着浓度为 $n_p$ 的电子和 $p_p$ 的空穴。n 型硅和 p 型硅接触时形成 p-n 结，硅 p-n 结的形成包含以下过程，如图 2-29 所示。

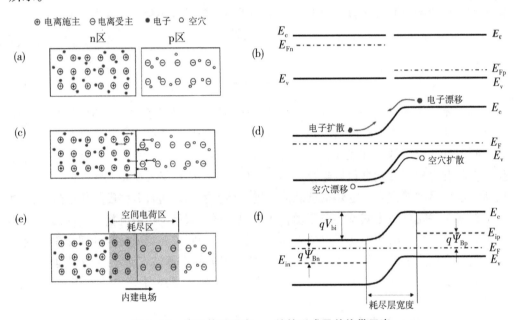

**图 2-29　半导体硅突变 p-n 结的形成及其能带示意**

（1）扩散。n 区电子浓度高于 p 区，p 区空穴浓度高于 n 区，形成电子从 n 区向 p 区，空穴由 p 区向 n 区的扩散。这两种扩散的共同点是多数载流子从 p-n 结的一端流向另一端成为少数载流子。

（2）空间电荷。p-n 结两侧原本处处电中性，载流子的扩散使界面附近 n 区留下无法移动的带正电荷的电离施主，p 区留下带负电的电离受主。通常把 p-n 结附近的这些电离施主和受主所带电荷称为空间电荷，它们所在的区域称为空间电荷区，如图 2-29（e）所示。空间电荷区内形成一个 n 区指向 p 区的电场，称为内建电场。空间电荷区的电子或空穴几乎全部流失或复合殆尽，所以这一层也称为耗尽层。

（3）载流子漂移。在内建电场作用下，载流子做漂移运动，电子从 p 区向 n 区，空穴由 n 区向 p 区，与扩散运动的方向相反。因此，内建电场起着阻碍电子和空穴继续扩散的作用。

（4）动态平衡。随着扩散运动的进行，空间电荷逐渐增多，空间电荷区扩展，也就是说内建电场逐渐增强，扩散运动被抑制，漂移运动逐渐加强。在无外加电压的情况下，载流子的扩散和漂移最终将达到动态平衡，即从 n 区向 p 区扩散多少电子，就有同样多的电子在内建电场作用下返回 n 区。因此，扩散电流和漂移电流大小相等、方向相反，相互抵消，电子运动的净电流为零。同样地，空穴运动的净电流也为零。此时空间电荷数量一定，空间电荷区保持一定宽度，不再扩展，存在一定的内建电场，p-n 结称为热平衡状态下的 p-n 结。

按照能带理论，n 型硅中电子浓度大，准费米能级 $E_{Fn}$ 位置较高；p 型硅中空穴浓度大，准费米能级 $E_{Fp}$ 位置较低，如图 2-29(b)。当两者形成 p-n 结时，按照费米能级的定义，电子从费米能级高的 n 区流向费米能级低的 p 区，空穴从 p 区流向 n 区，即电子和空穴发生扩散运动。随着扩散运动的进行，n 区能带和 $E_{Fn}$ 不断下移，p 区能带和 $E_{Fp}$ 不断上移，直到形成 p-n 结的半导体内部有统一的费米能级 $E_F(E_{Fn} = E_{Fp})$。

形成动态平衡后，导带和价带弯曲形成势垒，如图 2-29(f) 所示。图中 $E_{in}$ 和 $E_{ip}$ 是 n 型和 p 型硅中的本征费米能级，$\psi_{Bn} = (E_{in} - E_{Fn})/q$ 和 $\psi_{Bp} = (E_{ip} - E_{Fp})/q$ 分别为 n 型和 p 型区的静电势（也称费米势或势垒高度），$\psi_D = \psi_{Bn} + \psi_{Bp}$ 为总静电势。热平衡时，总静电势就是空间电荷区两端的电势差，即 p-n 结的内建电场 $V_{bi}$。

## 2.5.2　热平衡状态下的 p-n 结

### 2.5.2.1　p-n 结的势垒高度

热平衡条件下，当没有外界作用时，由电场引起的载流子漂移电流 $J_{drift}$ 与浓度梯度引起的载流子扩散电流 $J_D$ 抵消，通过 p-n 结的电流为零。

考虑电子电流：

$$J_n = nq\mu_n F + q D_n \frac{dn}{dx} = n\mu_n \frac{dE_F}{dx} \qquad (2-168)$$

或者

$$\frac{dE_F}{dx} = \frac{J_n}{n\mu_n} \qquad (2-169)$$

由此可知，热平衡时有

$$\frac{dE_F}{dx} = 0 \qquad (2-170)$$

即热平衡时，净电子电流密度和净空穴电流密度等于零的条件是费米能级为与 $x$ 无关的常数，不存在梯度变化。当电流密度一定时，载流子浓度越大的地方，费米能级 $E_F$ 随位置的变化越小。

由图 2-29(f) 可知，p-n 结势垒区的高度正好等于 n 区和 p 区费米能级之差：

$$V_{bi} = E_{Fn} - E_{Fp} \qquad (2-171)$$

n 区和 p 区的平衡电子浓度分别为

$$n_{n0} = n_i \exp\frac{E_{Fn} - E_i}{kT} \qquad (2-172)$$

$$n_{p0} = n_i \exp\frac{E_{Fp} - E_i}{kT} \qquad (2-173)$$

取对数相除可得

$$\ln \frac{n_{n0}}{n_{p0}} = \frac{1}{kT}(E_{Fn} - E_{Fp}) \qquad (2-174)$$

因为 $n_{n0} \approx N_A$，$n_{p0} \approx n_i^2 / N_A$，所以

$$V_{bi} = \frac{1}{q}(E_{Fn} - E_{Fp}) = \frac{kT}{q}\ln \frac{n_{n0}}{n_{p0}} = \frac{kT}{q}\ln \frac{N_D N_A}{n_i^2} \qquad (2-175)$$

式(2-175)表明，接触电势 $V_{bi}$ 与 p-n 结两端的掺杂浓度、温度和材料的禁带宽度有关。在一定温度下，突变结两边掺杂浓度越高，$V_{bi}$ 越大。若 $N_A = 10^{17}\ \mathrm{cm}^{-3}$，$N_D = 10^{15}\ \mathrm{cm}^{-3}$，则室温下硅 p-n 结的 $V_{bi}$ 为 0.7 V。

### 2.5.2.2 突变结和单边突变结

根据内部杂质的分布情况可以将 p-n 结分为突变结和缓变结。一般情况下，利用合金法形成的 p-n 结为突变结，利用扩散形成的 p-n 结多为缓变结。但是当扩散掺杂浓度很高时，可以近似地认为 p 区到 n 区的掺杂浓度分布是突然变化的，即突变结。硅太阳电池通常采用扩散法制造 p-n 结，且表面杂质浓度很高，可利用突变结模型进行分析。太阳电池中发射极厚度很薄，所以可以进一步将硅太阳电池 p-n 结近似为单边突变结。突变结及单边突变结的空间电荷分布、电场分布和电势分布如图 2-30 所示。

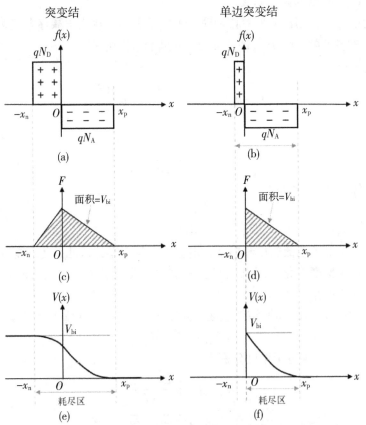

图 2-30 突变结和单边突变结的空间电荷分布、电场分布及电势分布

### 2.5.2.3　p-n 结的载流子分布

图 2-31(a)和(b)显示了 p-n 结中电势和电势能分布，取 p 区电势为零，则势垒区任一点电势 $V(x)$ 为正值，且越接近 n 区电势越高，到势垒区边界 $-x_n$ 时电势最高，等于 $V_{bi}$。对于电子而言，p 区势垒区边界 $x_p$ 处比 n 区势垒区边界的电势能高 $qV_{bi}$。势垒区内点 $x$ 处的电势能为 $E(x) = -qV(x)$，比 n 区高 $qV_{bi} - qV(x)$。

对非简并材料，点 $x$ 处的电子浓度 $n(x)$ 可以表示为

$$n(x) = N_c \exp\frac{E_F - E_x}{kT} \qquad (2-176)$$

因为

$$E(x) = -qV(x) \qquad (2-177)$$

$$n_{n0} = N_c \exp\frac{E_F - E_{cn}}{kT} \qquad (2-178)$$

所以

$$n(x) = n_{n0}\exp\frac{E_{cn} - E_x}{kT} = n_{n0}\exp\frac{qV(x) - qV_{bi}}{kT} \qquad (2-179)$$

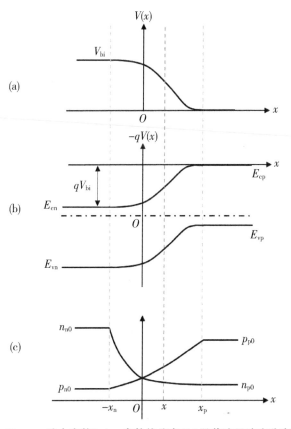

图 2-31　p-n 结中电势(a)、电势能分布(b)及载流子浓度分布(c)

在 n 区势垒区边界，即 $x = -x_n$ 时，$V(x) = V_{bi}$，所以 $n(x_n) = n_{n0}$。在 p 区势垒区边界，$V(x) = 0$，则

$$n(x_p) = n_{n0}\exp\left(-\frac{qV_{bi}}{kT}\right) = n_{p0} \qquad (2\text{-}180)$$

同理可求得点 $x$ 处的空穴浓度 $p(x)$ 为

$$p(x) = p_{n0}\exp\frac{qV_{bi} - qV(x)}{kT} \qquad (2\text{-}181)$$

当 $x = -x_n$ 时，$V(x) = V_{bi}$，得到 $p(-x_n) = p_{n0}$，即 n 区中平衡少数载流子空穴的浓度。当 $x = x_p$ 时，$V(x) = 0$，则

$$p(x_p) = p_{n0}\exp\frac{qV_{bi}}{kT} = p_{p0} \qquad (2\text{-}182)$$

式(2-182)所表示的 p-n 结中电子和空穴的浓度分布如图 2-31(c)所示。也可以理解为，维持两个位置处同种载流子浓度存在差值的原因是存在电势差，且浓度之比与这一电势差之间对应着一个 e 指数的关系。这一关系不仅适用于 p-n 结的两端中性区位置，也适用于空间电荷区(或耗尽区)。

## 2.5.3 准平衡状态下的 p-n 结

当 p-n 结处于平衡状态时，内建电场作用下形成的漂移电流等于自由载流子浓度差形成的扩散电流，p-n 结内部净电流为零。当 p-n 结受到外界作用(如受光照或外加电压)时，外界作用将破坏 p-n 结内电子/空穴扩散电流和漂移电流间的平衡，使 p-n 结处于非平衡状态。

本小结讨论存在外加偏压，且偏压不是很大的情况下的 p-n 结特性，即准平衡状态下的 p-n 结。

### 2.5.3.1 外加偏压下 p-n 结能带结构变化

不同偏置下 p-n 结耗尽区宽度、能带弯曲及内部载流子运动变化如图 2-32 所示。若对 p 区加一个相对于 n 区为正的电压 $V_F$(即 p 区接正极，n 区接负极)，则外加电压 $V_F$ 称为正向偏压，如图 2-32(b)所示；反之如图 2-32(c)所示，为反向偏压。

首先需要明确，耗尽区内载流子浓度很小，电阻很大，而耗尽区外的 n 型和 p 型中性区内载流子浓度很大，电阻较小。因此可以认为电压完全加在耗尽区。正向偏压与内建电场方向相反，导致 p-n 耗尽区宽度减小，总电势减小了 $V_F$，因此，p-n 结势垒高度降低为 $q(V_{bi} - V_F)$。同时，势垒区电场减弱，破坏了载流子扩散运动和漂移运动的平衡，削弱了电子和空穴的漂移运动，使扩散流大于漂移流，产生了电子从 n 区向 p 区，以及空穴从 p 区向 n 区的净扩散电流。

同样可以得到，当 p-n 结加反向偏压 $V_R$ 时，因为与内建电场同向，所以 p-n 结耗尽区宽度增加，总静电势增强了 $V_R$，势垒高度变为 $q(V_{bi} + V_R)$。势垒区电场增强抑制了电子和空穴的扩散，使漂移流大于扩散流，产生了电子从 n 区到 p 区，以及空穴从 n 区到 p 区的净漂移电流。

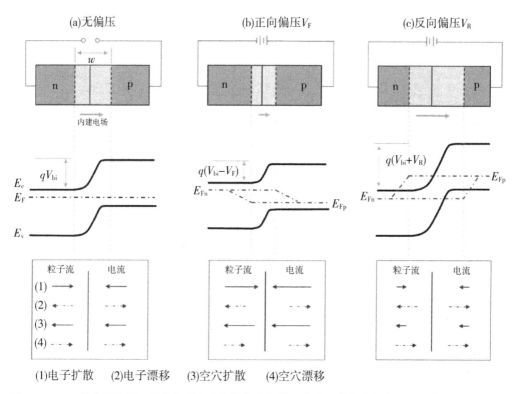

**图 2-32** p-n 结在无偏压、正向和反向偏压状态下耗尽区宽度、费米能级变化以及载流子扩散和漂移电流的变化

注意，对于能带结构图，当无外加偏压时，电子和空穴共用同一个费米能级，且是一根平直的线；当施加了正向偏压 $V_F$ 时，n 型区的电势能被整体抬高，造成电子和空穴的费米能级劈裂，费米能级在耗尽区和过渡区中形成一个"反平行四边形"的结构，到中性区则分别恢复为电子(n 区多子端)和空穴(p 区多子端)的费米能级，此二者的能量差就等于 $qV_F$；同理，当施加了反向偏压 $V_R$ 时，费米能级在耗尽区和过渡区中形成一个"正平行四边形"的结构，到中性区则分别恢复为电子和空穴的费米能级，此二者的能量差就等于 $qV_R$。

### 2.5.3.2 外加偏压时 p-n 结的电流－电压特性

正向偏压时，p-n 结势垒降低为 $q(V_{bi} - V_F)$，n 区中有大量电子越过耗尽区界面，扩散到 p 区成为非平衡少子，导致少子的注入。这些过剩的电子(少子)在 p 区边扩散边复合，在大于一个扩散长度的范围内全部复合，形成一个扩散区。同样，p 区中的空穴扩散到 n 区，在 n 区内形成一个空穴(少子)扩散区。电子和空穴在 p 型区、n 型区及耗尽区这三个区域不断地发生复合而消失，损失的电子和空穴将分别通过与 n 型区和 p 型区接触的电极从电源得到补充。

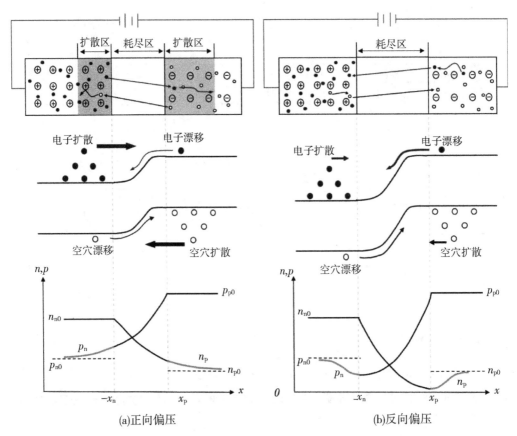

**图2-33  正向和反向偏压下 p-n 结内载流子运动、能带变化及载流子浓度分布**

反向偏压与内建电场同向，此时 p-n 结势垒高度变为 $q(V_{bi} + V_F)$，增强了漂移，使漂移流大于扩散流。n 区边界处的少子空穴被强电场驱向 p 区，内部少子补充到边界处(少子来源于体内的热激发产生)。同样，p 区边界处的电子被电场驱向 n 区，内部少子补充到边界(少子来源于体内的热激发产生)，形成了反向偏压下的电子扩散电流和空穴扩散电流，称为少数载流子的抽取或吸出。p-n 结中总的反向电流等于空间电荷区边界处少数载流子扩散电流之和。因为少子浓度很低，扩散长度不变，所以反向偏压时少子的浓度梯度很小，产生的电流也很小。当反向偏压很大时，边界处的少子浓度可以认为是零。少子浓度梯度不再随电压变化，因此扩散电流也不随电压变化，所以在反向偏压下，p-n 结电流较小且趋于不变。

前文推导得到平衡态 p-n 结两侧载流子的浓度关系为

$$p_{p0} = p_{n0} \exp \frac{qV_{bi}}{kT} \tag{2-183}$$

$$n_{n0} = n_{p0} \exp \frac{qV_{bi}}{kT} \tag{2-184}$$

可知耗尽区两侧载流子浓度差取决于 p-n 结的电势差 $V_{bi}$，当外加偏压使电势差改变

时，耗尽区两侧的载流子浓度差也将随之改变。约定外加偏压正向时为正值，反向为负值，上述式子可以改写为

$$p_p = p_n \exp \frac{qV_{bi} - V}{kT} \tag{2-185}$$

$$n_n = n_p \exp \frac{qV_{bi} - V}{kT} \tag{2-186}$$

在小注入情况下，多子浓度改变很小，因此 n 区和 p 区耗尽区边界处的电子和空穴浓度为

$$p_p = p_{p0} \tag{2-187}$$

$$n_n = n_{n0} \tag{2-188}$$

将上述小注入条件代入式(2-185)和式(2-186)，可以得到耗尽区边界处的少子浓度：

$$p_n(-x_n) = p_{n0} \exp \frac{qV}{kT} \tag{2-189}$$

$$n_p(x_p) = n_{p0} \exp \frac{qV}{kT} \tag{2-190}$$

由图 2-33 可知，在耗尽区边界 $-x_n$ 和 $x_p$ 处，正向偏压下，少子浓度 $p_n$、$n_p$ 高于平衡值 $p_{n0}$、$n_{p0}$，而在反向偏压下低于平衡值，这就是 p-n 结正向可以导通，反向可以截止的原因。

1) n 型区和 p 型区电流-电压特性。

在理想化假设下，耗尽区内不产生电流，全部电流来自 n 型和 p 型中性区。中性区不存在电场，利用稳态连续性方程和边界条件可得到

$$n_p - n_{p0} = n_{p0}(e^{\frac{qV}{kT}} - 1)e^{-(x-x_p)/L_n} \tag{2-191}$$

$$p_n - p_{n0} = p_{n0}(e^{\frac{qV}{kT}} - 1)e^{-(x-x_n)/L_p} \tag{2-192}$$

其中，$L_n$、$L_p$ 分别为 p 区中少子电子和 n 区中少子空穴的扩散长度：

$$L_n = \sqrt{D_n \tau_n}, \; L_p = \sqrt{D_p \tau_p} \tag{2-193}$$

于是在 $x = x_p$ 和 $x = -x_n$ 处，电子和空穴的扩散电流密度为

$$J_n(x_p) = qD_n \frac{dn_p}{dx}\bigg|_{x_p} = q \frac{D_n n_{p0}}{L_n}(e^{\frac{qV}{kT}} - 1) \tag{2-194}$$

$$J_p(-x_n) = qD_p \frac{dp_p}{dx}\bigg|_{-x_n} = q \frac{D_p p_{n0}}{L_p}(e^{\frac{qV}{kT}} - 1) \tag{2-195}$$

式(2-189)和式(2-190)计算的少子浓度如图 2-34 所示。该图表明，注入的少子离开边界后，便不断与多子复合。电子和空穴的扩散电流表示如图 2-34 中的(c)和(d)所示。n 区的空穴电流随距离 $x$ 的增加呈指数形式增大(少子扩散电流)，p 区的电子电流则随着距离 $x$ 的增加呈指数形式衰减(少子扩散电流)。

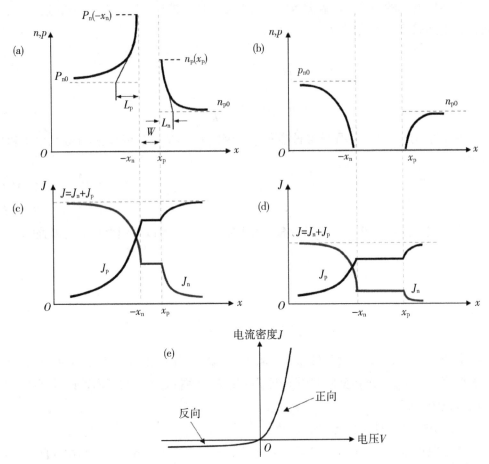

（a）、（b）正向和反向偏压时注入的少子浓度分布；（c）、（d）正向和反向偏压时电子、空穴的扩散电流；（e）电流-电压特性曲线。

**图 2-34  理想情况下 p-n 结的电学特性**

考虑电流的连续性，且假定耗尽区不产生电流，那么在耗尽区的边界，一端的多子漂移电流密度等于另一端的少子扩散电流密度。通过 p-n 结器件的电流可以写成耗尽区与 p 型端交界处（$x_p$）的电子扩散电流和耗尽区与 n 型端交界处（$-x_n$）的空穴扩散电流的总和

$$J_D = J_n(x_p) + J_p(-x_n) = J_s(e^{\frac{qV}{kT}} - 1) \tag{2-196}$$

其中，

$$J_s \equiv q \frac{D_n n_{p0}}{L_n} + q \frac{D_p p_{n0}}{L_p} \tag{2-197}$$

$J_s$ 定义为饱和电流密度，是一个与外加电压无关的常量。

式（2-196）是在理想情况下（不考虑耗尽区电流）推导出的 p-n 结器件方程，称为理想二极管方程，也称为肖克利方程，曲线如图 2-34（e）所示。正向偏压下，电流随着电压的增大呈指数形式增加，如图 2-34（e）中的第一象限所示。反向偏压下，

$V<0$，当 $qV>3kT$ 时，总电流为

$$J_{\mathrm{D}} = -J_{\mathrm{s}} \qquad (2-198)$$

由此可见，此时的饱和电流密度与正向电流密度方向相反，称为反向饱和电流密度。反向饱和电流密度也可以利用掺杂浓度表示

$$J_{\mathrm{s}} = q\frac{D_{\mathrm{n}}}{L_{\mathrm{n}}}\frac{n_{\mathrm{i}}^2}{N_{\mathrm{A}}} + q\frac{D_{\mathrm{p}}}{L_{\mathrm{p}}}\frac{n_{\mathrm{i}}^2}{N_{\mathrm{D}}} \qquad (2-199)$$

2）耗尽区电流 – 电压特性。

上述耗尽区不产生电流的假设只是理想情况，实际上，半导体 p-n 结耗尽区必然存在载流子的产生或复合、表面效应和大电流注入等因素，从而影响电流电压特性，使其偏离理想的肖克利方程。对太阳电池而言，这些因素中最主要的是载流子的产生、复合以及表面效应。在此先讨论耗尽区载流子的产生和复合。

（1）反向偏压下耗尽区产生电流。

反向偏压时，耗尽区电场加强，由于热激发通过复合中心产生的电子－空穴对来不及复合就被强电场扫出，因此耗尽区自由载流子浓度远小于平衡载流子浓度。也就是说，耗尽区内通过复合中心的载流子产生率远大于复合率，具有净产生率，从而形成另一个反向电流，也称为耗尽区产生电流。

载流子从耗尽区中抽出，为了恢复平衡，复合中心必然产生载流子。这种情况与过剩载流子注入半导体中，为了恢复平衡而进行的载流子复合过程相似。因此可以认为净产生率等于净复合率。由第 2.4.2 小节可知，净产生率

$$G = -U = \frac{n_{\mathrm{i}}}{\tau_{\mathrm{gd}}} \qquad (2-200)$$

$$\tau_{\mathrm{gd}} = \frac{2}{v_{\mathrm{t}}\sigma_0 N_{\mathrm{t}}} \qquad (2-201)$$

其中，$\tau_{\mathrm{gd}}$ 为耗尽区内的产生寿命，也称为产生时间。

耗尽区内自由载流子的产生形成的产生电流密度 $J_{\mathrm{gd}}$ 为

$$J_{\mathrm{gd}} = \int_0^w qG\mathrm{d}x \approx qGw = \frac{qn_{\mathrm{i}}w}{\tau_{\mathrm{gd}}} \qquad (2-202)$$

其中，$w$ 为耗尽区宽度。

因此，在反向偏压下，p-n 结电流近似等于中性区反向饱和电流和耗尽区产生电流之和，即

$$\begin{aligned} J_{\mathrm{R}} &= J_{\mathrm{s}} + J_{\mathrm{gd}} = q\frac{D_{\mathrm{n}}n_{\mathrm{p}0}}{L_{\mathrm{n}}} + q\frac{D_{\mathrm{p}}p_{\mathrm{n}0}}{L_{\mathrm{p}}} + \frac{qn_{\mathrm{i}}w_{\mathrm{D}}}{\tau_{\mathrm{gd}}} \\ &= q\frac{D_{\mathrm{n}}}{L_{\mathrm{n}}}\frac{n_{\mathrm{i}}^2}{N_{\mathrm{A}}} + q\frac{D_{\mathrm{p}}}{L_{\mathrm{p}}}\frac{n_{\mathrm{i}}^2}{N_{\mathrm{D}}} + \frac{qn_{\mathrm{i}}w_{\mathrm{D}}}{\tau_{\mathrm{gd}}} \end{aligned} \qquad (2-203)$$

这表明反向电流已偏离理想二极管方程。

（2）正向偏压下耗尽区复合电流。

正向偏压时，从 n 区注入 p 区的电子和 p 区注入 n 区的空穴在耗尽区复合了一部分，构成了另一股正向电流，即耗尽区复合电流。复合电流正比于复合率 $U_{\mathrm{der}}$：

$$U_{der} = \frac{1}{2} \nu_t \sigma_0 N_t n_i (e^{\frac{qV}{2kT}} - 1) \tag{2-204}$$

耗尽区复合电流

$$J_{rd} = -\int_0^w qU_{der}dx = \frac{qn_i w (e^{\frac{qV}{2kT}} - 1)}{2\tau_{rd}} \tag{2-205}$$

其中，$\tau_{rd}$ 为耗尽区有效复合寿命

$$\tau_{rd} = \frac{1}{\nu_t \sigma_0 N_t} \tag{2-206}$$

此时，p-n 结的总电流是 n 型和 p 型中性区的扩散电流和耗尽区复合电流总和，有

$$J_F = J_n(x_p) + J_p(-x_n) + J_{rd} = J_s(e^{\frac{qV}{kT}} - 1) + \frac{qn_i w}{2\tau_{rd}} (e^{\frac{qV}{2kT}} - 1) \tag{2-207}$$

在 $V > 3kT/q$ 的情况下，有

$$J_F = J_s(e^{\frac{qV}{kT}}) + \frac{qn_i w}{2\tau_{rd}} e^{\frac{qV}{2kT}} \tag{2-208}$$

由此可见，扩散电流正比于 $e^{\frac{qV}{kT}}$，复合电流正比于 $e^{\frac{qV}{2kT}}$。

对于实际 p-n 结，可将上式改为

$$J_F = J_s(e^{\frac{qV}{nkT}} - 1) \tag{2-209}$$

反向饱和电流仍由式(2-199)计算，指数项中的 $n$ 为二极管理想因子，也称为品质因子，其值范围为 1～2。当中性区扩散电流起支配作用时，$n$ 趋近于 1；当耗尽区复合电流占支配地位时，$n$ 趋近于 2。经过理想因子修正后的 p-n 结电流-电压特性曲线如图 2-35 所示。

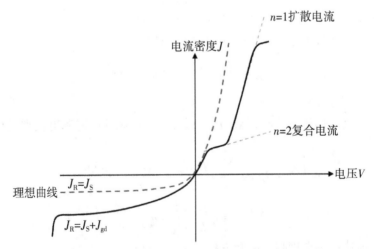

图 2-35  理想肖克利曲线及经过理想因子修正后的 p-n 结电流-电压曲线

可以看到，在正向偏压下，相对于理想 $J-V$ 曲线，实际 $J-V$ 曲线随电压的增大经历了复合电流主导（$n=2$）、扩散电流主导（$n=1$），再到大注入（$n=2$）和线性区

（电阻特性）的变化。反向电压下，考虑到产生电流，实际 $J-V$ 曲线对应的电流密度总是大于理想情况，当反向偏压大到一定程度时，反向电流陡然增大，称为 p-n 结的击穿。发生的原因是载流子数目的突然增加，击穿电压随掺杂浓度增大而下降。硅半导体 p-n 结的击穿电压一般在几伏到上百伏范围内。太阳电池在正常工作范围不会发生击穿，因此对电池性能基本无影响。上述无光照下的实际 $J-V$ 曲线，也叫作暗场 $J-V$ 曲线，是后续分析太阳电池各种功率损失机制的重要参考。

## 参考文献

[1] 施敏，李明逵. 半导体器件物理与工艺[M]. 王明湘，赵鹤鸣，译. 苏州：苏州大学出版社，2014.

[2] 黄昆，韩汝琦. 固体物理学[M]. 北京：高等教育出版社，1988.

[3] 刘恩科，朱秉升，罗晋升. 半导体物理学[M]. 北京：电子工业出版社，2017.

[4] 周世勋. 量子力学教程[M]. 北京：高等教育出版社，2009.

[5] SMITH R A. Semiconductor[M]. London：Cambridge University Press，1979.

[6] ANTONIN L，STEVEN H. 光伏技术与工程手册[M]. 王文静，周春兰，赵雷，译. 北京：机械工业出版社，2003.

[7] STREETMAN B G，BANERJEE S K. Solid state electronic devices [M]. 7th ed. Sydney：Pearson，2015.

[8] THURMOD C D. The standard thermodynamic functions for the formation of electrons and holes in Ge, Si, GaAs, and GaP[J]. Journal of the electrochemical society，1975，122(8)：1133.

[9] ALTERMATT P P. The influence of a new bandgap narrowing model on measurement of the intrinsic carrier density in crystalline silicon. Proceedings of the 11th Int. Photovoltaic Sci. Eng. Conf. , September 19 -21, 1999[C]. Sapporo：Springer，1999.

[10] SZE S M，NG K K. Physics of semiconductor devices[M]. Hoboken：John Wiley & Sons，2007.

[11] PETER W. Physics of solar cells：from principles to new concepts[M]. Berlin：John Wiely & Sons，2005.

[12] PV Education[EB/OL]，https：//www. pveducation. org/pvcdrom/pn-junctions/absorption-coefficient.

[13] SHOCKLEY W，READ W T. Statistics of the recombination of holes and electrons[J]. Phys. Rev. ，1952，87：835.

[14] HALL R N. Electron hole recombination in germanium[J]. Phys. Rev. ，1952，87：387.

[15] 王文静，李海玲，周春兰，等. 晶体硅太阳电池制造技术[M]. 北京：机械工业出版社，2013.

[16] 施敏，伍国珏. 半导体器件物理[M]. 耿莉，张瑞智，译. 西安：西安交通大学出版社，2008.

[17] GROVE A S. Physics and technology of semiconductor devices[M]. New York：John Wiley & Sons，1967.

# 第3章 太阳电池基础

## 3.1 太阳电池工作原理

图 3-1 显示了 p-n 结太阳电池结构示意，受光面包含一个浅 p-n 结、栅线电极及防反射涂层，背光面为覆盖整面的电极。太阳电池工作原理的基础是半导体的光生伏特作用，当能量大于半导体禁带宽度的一束光照射到 p-n 结表面时，光子将在离表面 $1/\alpha$ 的深度内被吸收并产生电子–空穴对，$\alpha$ 为吸收系数。如 $1/\alpha$ 大于 p-n 结厚度，入射光在结区及附近的空间激发电子–空穴对。[1, 2]

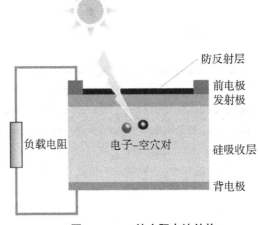

**图 3-1　p-n 结太阳电池结构**

产生在空间电荷区内的光生电子和空穴在内建电场的作用下分离，p-n 结附近的光生电子和空穴首先需要扩散到结区内，然后通过内建电场作用分离。内建电场作用下的漂移电流依赖于少数载流子，因此需要从 p 区"抽取"电子漂移到 n 区，n 区的空穴漂移到 p 区，形成 n 区至 p 区的光生电流。需要注意的是，光照由表及里，过程中有吸收衰减，因此光生载流子浓度有一定梯度，导致电子和空穴都由 p-n 结表面向内部扩散运动，引起的净扩散电流非常微小，与内建电场驱动的漂移电流相比可以忽略不计。

从另一个角度看，光激发的电子–空穴对有很高的概率就地复合，而内建电场及时地将它们分开，分开的方式为 p 区的电子被驱使到 n 区，n 区的空穴到 p 区。如果电池的发射极和基极连接在一起（即如果太阳能电池短路），那么光生载流子流过外电路产生电流。

　　p-n 结内建电场跨度不过微米级别，何以能驱动整个器件产生宏观电流？

　　实际上，这个驱动力是由浓度梯度来传递的：在 n 区，内建电场推送过来的电子不断堆积，自然形成由内部向表面逐渐降低的浓度梯度；同样，p 区由于空穴的堆积，形成内部向背面的空穴浓度梯度。这种梯度造成了整体上电子和空穴在原方向上的继续流动。图 3-2 以光照下太阳电池载流子浓度分布与输运来概括说明上述机制。

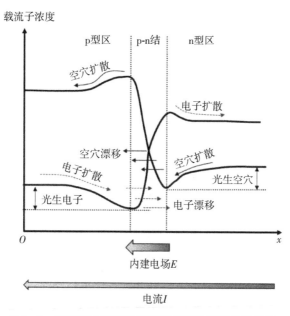

图 3-2　光照下太阳电池载流子浓度分布与输运示意

　　结合能带图进一步理解太阳电池的工作原理，如图 3-3 所示，光生载流子漂移并堆积形成一个与热平衡结电场方向相反的电场 $-qV$，因此产生与光生电流方向相反的正向结电流，使势垒降低为 $q(V_{bi} - V)$。当光生电流和正向结电流大小相等时，p-n 结两端建立稳定的电势差，即光生电压。

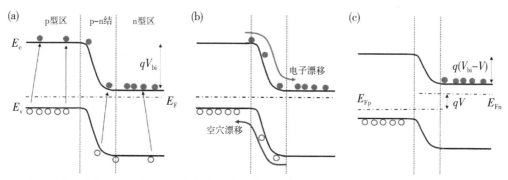

(a)光照产生电子-空穴对；(b)电子和空穴的漂移；(c)p-n 结内形成稳定的电势差。

图 3-3　光照下 p-n 结由非平衡到平衡的过程

　　定义"收集概率"来描述器件某一区域光生载流子经过 p-n 结后被有效收集的概

率,该参数可直接对标光生电流。光生载流子收集概率的大小取决于其传输距离,只有距离 p-n 结的长度小于其扩散长度的电子(空穴)才能被有效分离。收集概率还取决于器件的表面特性,表面复合越小,载流子能够被有效收集的概率越大(图 3-4)。在耗尽区产生的电子-空穴对,会被该区的电场迅速分离收集,因此耗尽区载流子的收集概率为 1。离结区越远,收集的概率就越低。

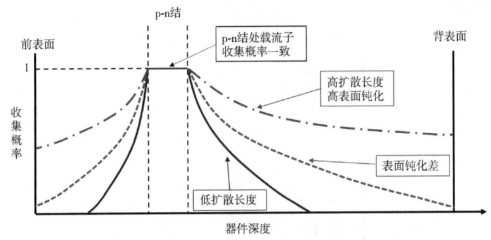

图 3-4 不同条件(表面钝化和扩散长度)载流子收集概率随器件深度的变化

太阳电池中收集概率与载流子产生率(见第 2.4.2 小节)确定后即可得到该电池的光生电流。光生电流为器件中某一点的光生速率乘以该点的收集概率,并对整个器件进行厚度积分。在任意光生载流子产生率[$G(x)$]和收集概率[$CP(x)$]下,光生电流密度($J_L$)的方程为

$$J_L = q\int_0^W G(x)CP(x)\,\mathrm{d}x$$

$$= q\int_0^W \left\{\int \alpha(\lambda)H_0\exp[-\alpha(\lambda)x]\,\mathrm{d}\lambda\right\}CP(x)\,\mathrm{d}x \tag{3-1}$$

其中,$q$ 是电子电荷,$W$ 为器件的厚度,$\alpha(\lambda)$ 为吸收系数,$H_0$ 是每个波长的光子数。

值得注意的是,电池中各区域的载流子收集概率并非均匀,这将导致光生电流的光谱依赖性。例如,器件表面收集概率要比内部低,而波长较短的蓝光在硅表面零点几微米内即可被完全吸收。因此,如果前表面钝化较差导致收集概率很低,就会造成蓝光范围对光电流贡献较小,甚至完全没有贡献。

## 3.2 太阳电池光谱特征

### 3.2.1 量子效率

量子效率(quantum efficiency, QE)是太阳电池收集的载流子数与入射到太阳电池

上的光子数的比值。量子效率可以作为波长或能量的函数给出。依据不包含和包含光的反射影响分为外量子效率(external quantum efficiency，EQE)和内量子效率(internal quantum efficiency，IQE)，其定义为

$$EQE = \frac{I_{sc}(\lambda)}{qAQ(\lambda)} \quad (3-2)$$

$$IQE = \frac{EQE(\lambda)}{1 - R(\lambda) - T(\lambda)} \quad (3-3)$$

其中，$Q$ 为单位时间、单位面积入射光子数，$R$ 为反射率，$I_{sc}$ 为短路电流，$A$ 为电池面积，$R(\lambda)$ 和 $T(\lambda)$ 分别为电池表面对某一波长($\lambda$)光的反射率和透射率。内量子效率便于排除外界因素，直接考察电池内部本身对各波段光的响应；外量子效率则将表面反射这一重要因素包括进来，体现电池对外来光照的总响应。

理想情况下量子效率是 3-5 中的方形(量子效率等于 1)，但大多数太阳电池的量子效率由于复合效应而降低，影响收集概率的机制，也影响量子效率。例如，前表面钝化影响在表面附近产生的载流子，由于蓝光在非常靠近表面的地方被吸收，高的前表面复合会影响蓝光部分的量子效率。同样，绿光在太阳能电池的主体中被吸收，低扩散长度将影响太阳能电池主体的收集概率，并降低光谱中绿光部分的量子效率。量子效率可以看作由一个个单一波长的光收集概率(转为电路中迁移电子)组成的轮廓。

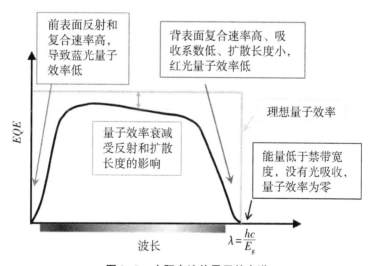

**图 3-5 太阳电池外量子效率谱**

反射和透射对硅太阳电池外量子效率的影响非常明显，会覆盖掉电池内部的信息。因此，通常会扣除反射和透射光，专门考察电池内部载流子的传输与收集效率。通过测量器件的反射和透射，可以对外量子效率曲线进行修正，得到内量子效率曲线。图 3-6 显示了表面复合和扩散长度对太阳电池内部量子效率的影响。发射极厚度为 1 $\mu m$，基极厚度为 300 $\mu m$，当发射极、基极扩散长度分别为 10 $\mu m$ 和 100 $\mu m$，前、后表面复合速率都为 1000 cm/s 时，得到如图 3-6(b)所示的内量子效率曲线。

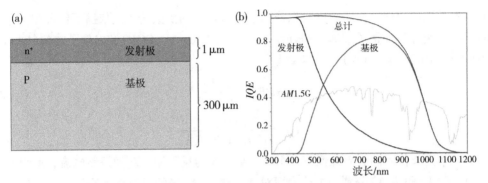

**图 3-6　典型 p 型硅基底太阳电池结构及相应的扩散长度、复合速率所对应的量子效率谱**

　　进一步提取单一参数在内量子效率谱上的体现。图 3-7 给出了发射极扩散长度（单位：μm）和基极扩散长度对 *IQE* 的影响。短波段的光主要在电池前表面被吸收，因此 *IQE* 谱中的短波方向主要反映发射极的信息，如图 3-7(a) 所示，当发射极扩散长度减小时，短波段响应明显降低。当然，我们也可以从发射极厚度的角度考虑内量子效率的变化，产生在表面一层的光生载流子必须扩散到势垒区，然后在势垒区电场

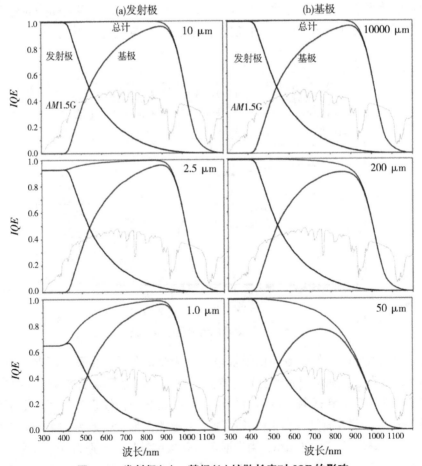

**图 3-7　发射极(a)、基极(b)扩散长度对 *IQE* 的影响**

作用下实现分离。如果发射区太厚，大于载流子的扩散长度，那么产生于发射极的载流子无法扩散到势垒区形成电流，势必降低量子效率。因此，太阳电池的设计要求发射极尽可能薄。长波长的光在离表面较远的基极被吸收，因此 *IQE* 谱中的长波方向主要反映基极的信息。在第 2 章中，我们提到，单晶硅是间接带隙半导体材料，光吸收系数较低，因此需要比较大的厚度才能实现长波光的充分吸收，基极对扩散长度的要求较发射极更高，如图 3-7(b) 所示。

图 3-8 显示了前后表面复合速率对 *IQE* 的影响。与扩散长度类似，前表面复合速率影响短波范围的量子效率，后表面复合速率则主要影响长波范围的量子效率。

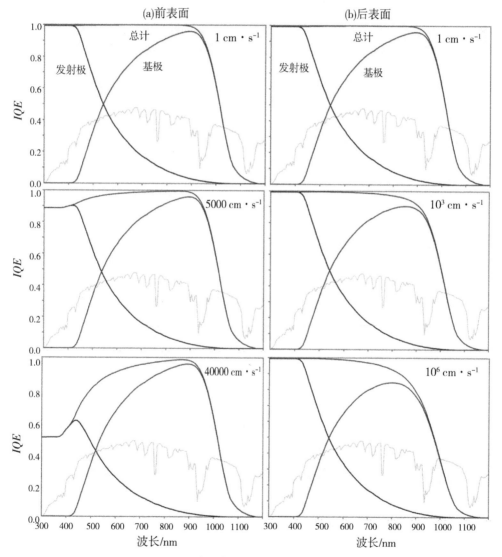

图 3-8　前后表面复合速率对 *IQE* 的影响

### 3.2.2 光谱响应

光谱响应在概念上与量子效率相似。量子效率给出了太阳电池输出的电子数与入射到器件上的光子数的比较，而光谱响应是太阳能电池产生的电流与入射到太阳能电池上的光功率的比值。光谱响应曲线如图 3-9(a) 所示。理想的光谱响应在长波段存在极限，因为半导体不能吸收能量低于带隙的光子。这个极限与量子效率谱中的极限相同。然而，不同于理想 $QE$ 曲线的方形，理想器件的光谱响应也会随着波长减小而降低。这是因为随着波长降低，光子能量增加，然而每个被吸收的光子仍然只能激发1 对电子-空穴对，任何高于带隙的能量值都不会被太阳电池利用，而是以热能的形式耗散。因此，在这些波长下，光子与功率的比率反而降低了。单 p-n 结太阳电池既不能充分利用高能的入射能量，也不能吸收低能量的光，这是一个重大的能量损失。

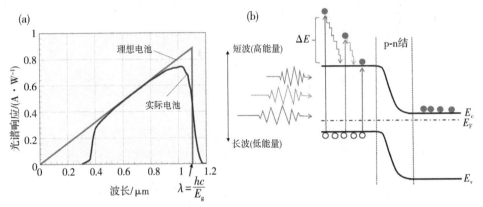

(a) 理想和实际情况下太阳电池的光谱响应；(b) 不同波长(能量)光子被 *p-n* 结吸收示意。

**图 3-9　太阳电池对不同波段太阳光的响应**

## 3.3　太阳电池输出特性

### 3.3.1　太阳电池 $I-V$ 曲线

首先将太阳电池作为理想的 p-n 结二极管，即忽略耗尽区的复合电流和太阳电池的寄生电阻等因素。显然，无光照时，太阳电池的 $I-V$ 曲线与普通 p-n 结二极管相同；当电池受到光照时，相当于在 p-n 结两端加上了正向电压 $V$，因此特性曲线与正向偏压下的 p-n 结二极管类似。[3-5]

太阳电池工作时有两个电流流经 p-n 结：一是太阳电池 p-n 结在光照下产生的光生电流 $I_L$，它从 p-n 结输出流向负载；二是光生电压 $V$ 作用下的 p-n 结正向电流 $I_F$，它从负载两端输出流向 p-n 结。这两个电流方向相反。$I_L$ 和 $I_F$ 的差值即为流经外电路上负载的电流。因为太阳电池是作为能源对负载提供电能的，所以将光照下 p-n 结产生的光电流流向负载的方向作为正方向，如图 3-10(a) 中等效电路所示。

光照下，p-n 结的光生电压是正向偏压，按照理想二极管方程式，正向偏压作用下，通过 p-n 结的正向电流密度 $J_F$ 为

$$J_F = J_0 (e^{\frac{qV}{kT}} - 1) \qquad (3-4)$$

其中，$J_0$ 为反向饱和电流密度：

$$J_0 = q \frac{D_n n_i^2}{L_n N_A} + q \frac{D_p n_i^2}{L_p N_D} \qquad (3-5)$$

式(3-4)等号两边乘以太阳电池面积 $A$，可得 p-n 结正向电流的表达式，为

$$I_F = J_F \cdot A = I_0 (e^{\frac{qV}{kT}} - 1) \qquad (3-6)$$

于是通过负载的电流 $I$ 为

$$I = I_L - I_F = I_L - I_0 (e^{\frac{qV}{kT}} - 1) \qquad (3-7)$$

这就是太阳电池 p-n 结上的 $I-V$ 关系式，是太阳电池的理想 $I-V$ 特性，图 3-10(b)中分别画出了无光照和有光照时的 $I-V$ 曲线，受到光照时，其特性曲线与正向偏压下的 p-n 结二极管电流-电压特性相似[6]。为了方便观察，通常把二极管的 $I-V$ 曲线从第四象限翻转到第一象限，如图 3-10(c)所示。无光照的暗场曲线通常作对数处理，如图 3-10(d)所示。对数处理的暗场曲线对太阳电池的性能分析非常重要，后文将会讨论暗场曲线中串并联电阻、复合电流、二极管理想因子等参数的分析提取。需要注意的是，我们说式(3-7)是理想的，是因为在推导过程中只考虑了负载电阻，而忽略了太阳电池本身的串联、并联电阻和电容的影响，这些因素将在后文中逐一讨论。

除非电压低于 100 mV，一般 $e^{\frac{qV}{kT}} \gg 1$。此外，在低电压下，产生的光电流 $I_L$ 远大于 $I_0$，因此在光照下，曲线方程可以简化为

$$I = I_L - I_0 e^{\frac{qV}{kT}} \qquad (3-8)$$

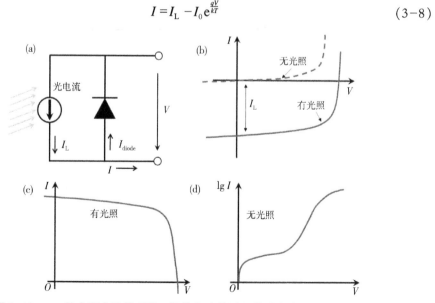

图 3-10 p-n 结太阳电池的理想二极管电路模型及其对应的 $I-V$ 特性曲线

### 3.3.2 电池特性参数及光电转换效率

通过式(3-8)绘制出如图3-11所示的 $I-V$ 曲线，并在图中标记和讨论曲线上的相关点。功率曲线有一个表示为 $P_{MP}$ 的最大值，在该点下，太阳电池可得到最大的功率输出。它也被表示为 $P_{MAX}$ 或最大功率点($MPP$)，发生在 $V_{MP}$ 电压和 $I_{MP}$ 电流下。太阳电池的最大能量转换效率为

$$\eta_c = \frac{P_{MP}}{P_i} = \frac{I_{MP}V_{MP}}{P_i} \tag{3-9}$$

其中，$P_i$ 为入射太阳光功率。通常用 $I-V$ 曲线中的三个参数来直观表示太阳电池的性能，即短路电流 $I_{sc}$（或短路电流密度 $J_{sc}$）、开路电压($V_{oc}$)和填充因子($FF$)。本小节将对这三个参数进行详细描述。

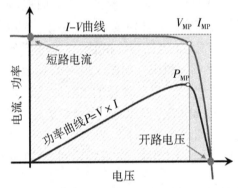

图3-11 太阳电池 $I-V$ 特性曲线及相应的电池性能参数

#### 3.3.2.1 短路电流

根据式(3-7)，经过负载的电流为

$$I = I_L - I_0(e^{\frac{qV}{kT}} - 1) \tag{3-10}$$

当太阳电池外电路短路时，太阳电池上的电压为 $V=0$，这时的电流称为太阳电池的短路电流，通常写成 $I_{sc}$，图3-11中的 $I-V$ 曲线用箭头指示了短路电流。

因为 $V=0$，所以由 $V$ 产生的正向电流 $I_F=0$。对于理想的太阳电池，在大多数中等阻损机制下 $I_L \gg I_0$，此时短路电流近似等于光生电流，即

$$I_{sc} \approx I_L \tag{3-11}$$

因此，短路电流是太阳电池可能产生的最大电流。

短路电流取决于以下几个因素：

(1)太阳电池的面积。为了消除对电池面积的依赖，通常会使用电流密度-电压($J-V$)曲线展示电池的性能，短路时用短路电流密度 $J_{sc}$ 描述：

$$J = J_{sc} - J_0(e^{\frac{qV}{kT}} - 1) \tag{3-12}$$

(2)光子的数量(即入射光源的功率)。太阳电池的 $I_{sc}$ 直接依赖于光强，将在第3.3节中讨论。

（3）入射光的光谱。因此，在测试电池效率时采用标准的 *AM*1.5 光谱。

（4）太阳电池的光学特性（吸收和反射）。将在第 6 章中详细讨论。

（5）太阳电池的收集概率，主要取决于基体材料的少子寿命和表面钝化。

在比较同一材料类型的太阳电池时，最关键的参数是材料扩散长度和表面钝化。在表面完全钝化且载流子产生率均匀的电池中，短路电流密度方程近似为

$$J_{sc} = qG(L_n + L_p) \tag{3-13}$$

其中，$G$ 为载流子产生率，$L_n$ 和 $L_p$ 分别为电子和空穴扩散长度。尽管式（3-13）做了一些假设，而这些假设并不适用于大多数太阳电池的实际情况，但它表明了短路电流强烈地依赖于载流子产生率和扩散长度。在 *AM*1.5 光谱下，硅太阳电池的最大可能电流密度为 46 mA/cm²。[7,8] 实验室器件测量的短路电流密度已经超过42 mA/cm²。

对于不同的半导体材料，尤其是禁带宽度不一样的材料，其将太阳光转化为电流的能力是不一样的，图 3-12 给的就是理想电池器件，根据其能带计算的不同太阳光谱所能转化的短路电流。从中可以看到，禁带宽度大的材料其对应的理论短路电流密度更小，如硅（1.12 eV）和钙钛矿（一般为 1.5～1.6 eV），其对应的理论最高短路电流密度分别为约 46 mA/cm² 和约 27 mA/cm²。

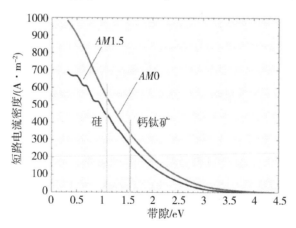

**图 3-12　材料带隙值对电池极限电流密度的影响**

### 3.3.2.2　开路电压

从式（3-7）可得光生电压为

$$V = \frac{kT}{q}\ln\left(\frac{I_L - I}{I_0} + 1\right) \tag{3-14}$$

当太阳电池与外电路接上的负载断开时，即在 p-n 结开路的情况下，负载电阻无穷大，p-n 结两端的电压即为开路电压 $V_{oc}$，此时流经负载的电流 $I = 0$，可得开路电压为

$$V_{oc} = \frac{kT}{q}\ln\left(\frac{I_L}{I_0} + 1\right) \tag{3-15}$$

通常 $I_L \gg I_0$，因此式(3-15)可以简化为

$$V_{oc} = \frac{kT}{q}\ln\frac{I_L}{I_0} \tag{3-16}$$

观察上面的方程，似乎 $V_{oc}$ 随温度升高呈线性上升趋势。然而，实际情况并非如此，根据式(3-16)，可以发现，$V_{oc}$ 还取决于反向饱和电流 0 和光生电流 $I_L$，随着温度的增加，由于固有载流子浓度 $n_i$ 的变化，$I_0$ 会迅速增加，导致 $V_{oc}$ 随着温度的增加反而有所降低。我们知道，$I_0$ 取决于 p-n 结中的复合，因此开路电压 $V_{oc}$ 也可以作为电池器件中复合程度的量度。在标准测试条件(一个太阳、$AM$1.5)下，高质量单晶材料上的硅太阳电池开路电压最高可达 764 mV，而在多晶硅上的商用器件开路电压通常在 600 mV 左右，根本原因就是多晶硅内的复合无法降到跟单晶硅同一水平。

$V_{oc}$ 也可以通过载流子浓度来测定：

$$V_{oc} = \frac{kT}{q}\ln\frac{(N_A + \Delta n)n}{n_i^2} \tag{3-17}$$

其中，$kT/q$ 为热电压，$N_A$ 为掺杂浓度，$\Delta n$ 为过剩载流子浓度，$n_i$ 为本征载流子浓度。从载流子浓度中测定的 $V_{oc}$ 也称为隐态 $V_{oc}(iV_{oc})$。

$V_{oc}$ 同 $I_{sc}$ 一样也会受到带隙的影响，但趋势相反，开路电压随带隙增大而增大。在理想的器件中，$V_{oc}$ 受到辐射复合的限制，利用细致平衡原理确定 $J_0$ 的可能最小值。

二极管饱和电流密度的最小值为

$$J_0 = \frac{q}{k}\frac{15\sigma}{\pi^4}T^3\int_u^\infty \frac{x^2}{e^x - 1}\mathrm{d}x \tag{3-18}$$

其中，$q$ 是电子电荷，$\sigma$ 是斯特藩-玻尔兹曼常数，$k$ 是玻尔兹曼常数，$T$ 是温度，$u = \frac{E_g}{kT}$。

图 3-13(a)展示了二极管饱和电流和带隙的关系，将其中计算出的 $J_0$ 直接插入标准太阳能电池方程中[式(4-15)]，可确定 $V_{oc}$，图 3-13(b)显示的是开路电压同带隙之间的关系。在图 3-13(b)的右上方出现的饱和，是 $AM$1.5 短波段光照强度弱导致 $I_{sc}$ 非常低，在非常高的带隙中 $V_{oc}$ 会下降。

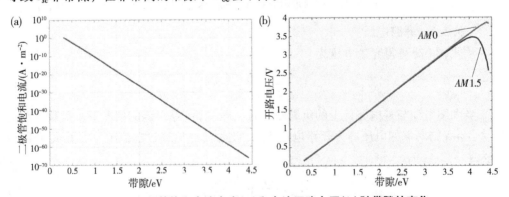

**图3-13 二极管饱和电流密度(a)和电池开路电压(b)随带隙的变化**

### 3.3.2.3　最大输出功率

按照式(3-7)可得负载上的输出功率为

$$P = IV = I_\mathrm{L}V - I_0(\mathrm{e}^{\frac{qV}{kT}} - 1)V \tag{3-19}$$

最大输出功率 $P_\mathrm{MP}$ 相对应的电流和电压分别称为最大功率点电压 $V_\mathrm{MP}$ 和最大功率点电流 $I_\mathrm{MP}$，这些参数可通过对输出功率 $P$ 求极值得到，即

$$\frac{\mathrm{d}P}{\mathrm{d}V} = 0 = (I_\mathrm{L} + I_0) - I_0\left(1 + \frac{qV}{kT}\right)\mathrm{e}^{\frac{qV}{kT}} \tag{3-20}$$

则

$$V_\mathrm{MP} = \frac{kT}{q}\ln\frac{1 + \dfrac{I_\mathrm{L}}{I_0}}{1 + \dfrac{qV_\mathrm{MP}}{kT}} \tag{3-21}$$

通常情况下，$I_\mathrm{L} \gg I_0$，即 $I_\mathrm{L}/I_0 \gg 1$，式(3-21)可以简化为

$$V_\mathrm{MP} \approx \frac{kT}{q}\ln\frac{\dfrac{I_\mathrm{L}}{I_0}}{1 + \dfrac{qV_\mathrm{MP}}{kT}} = V_\mathrm{oc} - \frac{kT}{q}\ln\left(\frac{qV_\mathrm{MP}}{kT} + 1\right) \tag{3-22}$$

对应的最大功率点电流 $I_\mathrm{MP}$ 为

$$I_\mathrm{MP} = I_\mathrm{L} - I_0(\mathrm{e}^{\frac{qV_\mathrm{MP}}{kT}} - 1) = I_\mathrm{L} + I_0 - I_0\mathrm{e}^{\frac{qV_\mathrm{MP}}{kT}} \tag{3-23}$$

式(3-22)可以改写为

$$I_\mathrm{L} + I_0 = I_0\mathrm{e}^{\frac{qV_\mathrm{MP}}{kT}}\left(1 + \frac{qV_\mathrm{MP}}{kT}\right) \tag{3-24}$$

由式(3-24)和式(3-23)又可导出 $I_\mathrm{MP}$ 的另一种表达式：

$$I_\mathrm{MP} = (I_\mathrm{L} + I_0)\left(1 - \frac{1}{1 + \dfrac{qV_\mathrm{MP}}{kT}}\right) \tag{3-25}$$

考虑到 $I_\mathrm{L} \gg I_0$，同时在室温(300 K)下，$kT/q \approx 26$ mV，通常太阳电池 $V_\mathrm{MP} \gg kT/q$，因此

$$1 + qV_\mathrm{MP}/kT \approx qV_\mathrm{MP}/kT \tag{3-26}$$

于是，式(3-25)近似表达为

$$I_\mathrm{MP} = I_\mathrm{L}\left(1 - \frac{1}{qV_\mathrm{MP}/kT}\right) \tag{3-27}$$

太阳电池的最大功率 $P_\mathrm{MP}$ 为

$$P_\mathrm{MP} = I_\mathrm{MP}V_\mathrm{MP} = I_\mathrm{L}\left(1 - \frac{1}{\dfrac{qV_\mathrm{MP}}{kT}}\right)V_\mathrm{MP} = I_\mathrm{L}\left(V_\mathrm{MP} - \frac{1}{q/kT}\right) \tag{3-28}$$

### 3.3.2.4　填充因子

太阳电池的光电转换效率为

$$\eta_c = \frac{P_{MP}}{P_i} = FF\frac{I_L V_{oc}}{P_i} \qquad (3-29)$$

其中，$P_i$为入射光功率，定义填充因子$FF$：

$$FF = \frac{V_{MP}I_{MP}}{V_{oc}I_L} \qquad (3-30)$$

由$I_L \approx I_{sc}$可得

$$FF \approx \frac{V_{MP}I_{MP}}{V_{oc}I_{sc}} \qquad (3-31)$$

由此可见，$FF$为太阳电池的最大功率与$V_{oc}$和$I_{sc}$乘积的比值，从图3-11看，$FF$是太阳电池"方形"的量度（即图中两个方块面积的比值），也是与$I-V$曲线相匹配的最大矩形的面积。

通过$V_{MP}$和$I_{MP}$可得到一个更常用的$FF$的经验表达式：

$$FF = \frac{v_{oc} - \ln(v_{oc} + 0.72)}{v_{oc} + 1} \qquad (3-32)$$

其中，

$$v_{oc} = \frac{q}{kT}V_{oc} \qquad (3-33)$$

上述方程表明，开路电压越高，$FF$可能越高。然而，在给定的材料系统中，很少会出现开路电压的巨大变化。例如，在一个太阳下，实验室设备制备的硅电池和典型商业太阳电池（电池产线）的最大开路电压大约相差120 mV，最大$FF$值分别为0.85和0.83。然而，对于由其他材料制成的太阳能电池来说，最大$FF$值会有显著的变化。例如，GaAs太阳能电池的$FF$可接近0.89，CZTSe、CZTS等薄膜太阳电池目前只能到0.7左右。

当然，上述方程只代表了可能得到的最大$FF$。在实际太阳电池中，由于寄生电阻损耗的存在，$FF$会更低。因此，$FF$的数值一般是通过测量$I-V$曲线来确定的，如式(3-31)所示。

## 3.4　影响太阳电池性能的因素

对电池性能造成影响的除了前面讲到的收集概率、光生速率等，还包括特征电阻（串联、并联电阻）、温度、光照强度等重要参数。[9,10]

### 3.4.1　特征电阻对太阳电池性能的影响

太阳电池的特性电阻（$R_{特性}$）是电池在其最大功率点的输出电阻。若负载的电阻等于太阳电池的特性电阻，则将最大功率传递给负载，太阳电池在其最大功率点运行。特性电阻在太阳能电池分析中是非常有用的，特别是在检查寄生损耗机制的影响时。特性电阻大小如图 3-14 所示。

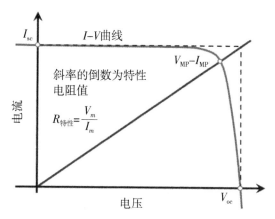

图 3-14　太阳电池特性电阻计算示意

当使用 $I_{MP}$ 或 $I_{sc}$ 时，$R_{特性}$ 的单位是 $\Omega$，这在组件或全电池区域是典型的。当使用电流密度（$J_{MP}$ 或 $J_{sc}$）时，$R_{特性}$ 的单位是 $\Omega \cdot cm^2$。例如，商用硅太阳电池是高电流和低电压器件。一个 156 mm×156 mm 的太阳能电池的电流大约为 9 A，最大功率点电压为 0.6 V，其特性电阻 $R_{特性}$ 为 0.067 $\Omega$。

只要功率损耗合理（小于 20%），该特性电阻还可表征出串联电阻和功率损耗比之间的关系：

$$R_{串阻} = f \times R_{特性}, \quad f = \frac{R_{串阻}}{R_{特性}} \tag{3-34}$$

其中，$f$ 为功率损失比，范围是 0～1；$R_{串阻}$ 和 $R_{特性}$ 的单位是一样的，为 $\Omega$ 或 $\Omega \cdot cm^2$。

例如，一个典型的太阳电池的 $R_{串阻} = 1\ \Omega \cdot cm^2$，$V_{MP} = 0.650\ V$，$J_{MP} = 36\ mA/cm^2$，则 $R_{特性} = 18\ \Omega \cdot cm^2$，功率损耗比为 1/18×100%≈5.5%。

同理，并联电阻与功率损耗的关系是

$$R_{并阻} = f \times R_{特性}, \quad f = \frac{R_{并阻}}{R_{特性}} \tag{3-35}$$

其中，$f$ 为功率损失比，范围是 0～1；$R_{并阻}$ 和 $R_{特性}$ 的单位是一样的，为 $\Omega$ 或 $\Omega \cdot cm^2$。

例如，一个典型的太阳能电池的 $R_{并阻} = 10000\ \Omega \cdot cm^2$，$V_{MP} = 0.650\ V$，$J_{MP} = 36\ mA/cm^2$，则 $R_{特性} = 18\ \Omega \cdot cm^2$，分数功率损耗为 18/10000×100% = 0.18%。

太阳电池中的寄生电阻会耗散功率从而降低太阳电池的效率。最常见的寄生电阻是串联电阻 $R_s$ 和并联电阻 $R_{sh}$。通常 $I-V$ 特性曲线是在二极管电路模型中，假设并联电阻 $R_{sh}$ 无穷大且串联电阻 $R_s$ 为零的理想情况下得到的。但在实际太阳电池中，$R_{sh}$ 并不是无穷大，$R_s$ 也不可能为零。为了分析这些电阻对太阳电池性能的影响，采

用如图 3-15 所示的等效电路模型，式(3-7)变为

$$I = I_L - I_0 \left[ \exp\frac{q(V + IR_s)}{kT} - 1 \right] + \frac{V + IR_s}{R_{sh}} \qquad (3-36)$$

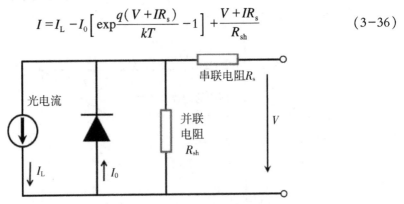

**图 3-15  包含串联电阻和并联电阻的太阳电池等效电路**

图 3-16 展示了串联电阻 $R_s$ 对太阳电池性能的影响。为了更为直观的展示，将并联电阻 $R_{sh}$ 设置为无穷大，对光场和暗场 $I-V$ 曲线及电池性能参数进行了模拟，表 3-1 为模拟得出的太阳电池性能参数。结合图 3-16(b) 和表 3-1 可知，$R_s$ 主要作用在高压区，对太阳电池 $FF$ 产生影响，而不会造成开路电压的衰退，因为在 $V_{oc}$ 点，外电路断开，整个电流流过太阳电池，即图 3-16(a) 等效电路中的二极管，所以通过串联电阻的电流为零。然而，在偏离 $V_{oc}$ 点的附近，$I-V$ 曲线受到串联电阻的强烈影响。估算太阳电池串联电阻的一种简单方法就是求开路电压点处 $I-V$ 曲线的斜率。在暗场曲线中也能发现，$R_s$ 增大后高压区偏离直线状态。

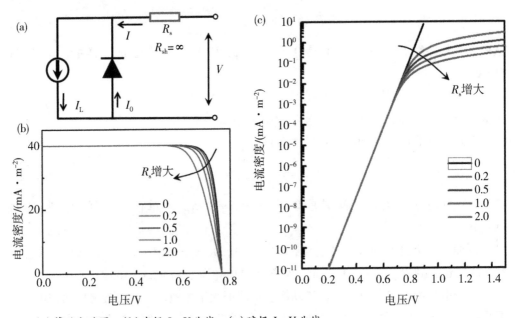

(a)等效电路图；(b)光场 $I-V$ 曲线；(c)暗场 $I-V$ 曲线。

**图 3-16  串联电阻对太阳电池 $I-V$ 曲线的影响**

表 3-1　随着 $R_s$ 的增大太阳电池性能参数的变化（$R_{sh}$ 为无穷大）

| $R_s/\Omega$ | 0 | 0.2 | 0.5 | 1.0 | 2.0 |
|---|---|---|---|---|---|
| $V_{oc}/V$ | 0.764 | 0.764 | 0.764 | 0.764 | 0.764 |
| $V_{MP}/V$ | 0.679 | 0.671 | 0.660 | 0.643 | 0.608 |
| $J_{sc}/(mA \cdot cm^{-2})$ | 40.00 | 40.00 | 40.00 | 40.00 | 40.00 |
| $J_{MP}/(mA \cdot cm^{-2})$ | 38.53 | 38.53 | 38.48 | 38.38 | 38.15 |
| $FF$ | 0.856 | 0.848 | 0.832 | 0.808 | 0.760 |
| $Eff/\%$ | 26.15 | 25.85 | 25.41 | 24.67 | 23.21 |

　　串联电阻是一个非常独特的参数，包含基极、发射极、金属栅极的体电阻，以及半导体和金属之间的接触电阻，在太阳电池中是无法完全消除串联电阻影响的。除此之外，串联电阻还取决于光照强度。在光场条件下，大多数载流子是在发射极内产生的，因此它们必须流经发射极才能到达金属栅极。但在黑暗（非照明）条件下，许多载流子无须经过发射极或是基极等高阻区域。因此，串联电阻在黑暗条件下最小，并随着光照强度的增加而增大。

　　并联电阻对 $I-V$ 曲线的影响如图 3-17 所示，对太阳电池性能参数的影响见表 3-2。在一定数值范围内，$R_{sh}$ 主要影响低压区，造成 $FF$ 的衰退，而对 $V_{oc}$ 和 $J_{sc}$ 影响较小。因此太阳电池并联电阻的值可以利用短路电流点附近的 $I-V$ 曲线斜率来估计。需要指出的是，当并阻大于一定数值后（如大于 5000 $\Omega$），虽然其在低压区影响明显，但是其电流密度变化小于 0.1 mA，基本不对电池效率造成影响。

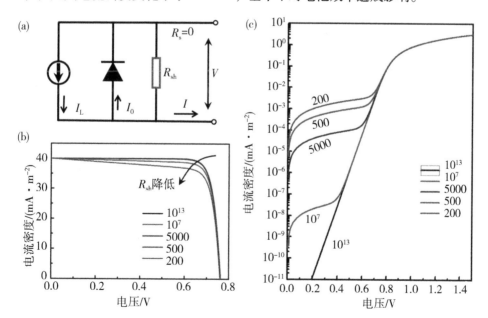

（a）等效电路图；（b）光场 $I-V$ 曲线；（c）暗场 $I-V$ 曲线。

**图 3-17　并联电阻对太阳电池 $I-V$ 曲线的影响**

表 3-2　随着 $R_{sh}$ 的降低太阳电池性能参数的变化 ( $R_s$ 为 0.2 Ω)

| $R_{sh}$/Ω | $10^{13}$ | $10^7$ | 5000 | 500 | 200 |
|---|---|---|---|---|---|
| $V_{oc}$/V | 0.764 | 0.764 | 0.764 | 0.763 | 0.761 |
| $V_{mpp}$/V | 0.671 | 0.671 | 0.671 | 0.670 | 0.668 |
| $J_{sc}$/(mA·cm$^{-2}$) | 40.00 | 40.00 | 40.00 | 39.99 | 39.97 |
| $J_{mpp}$/(mA·cm$^{-2}$) | 38.53 | 38.53 | 38.39 | 37.27 | 35.37 |
| $FF$ | 0.846 | 0.846 | 0.844 | 0.818 | 0.776 |
| $Eff$ /% | 25.85 | 25.85 | 25.76 | 24.95 | 23.61 |

　　与 $R_s$ 不同，$R_{sh}$ 通常是由制造缺陷造成的，而不是由太阳电池设计造成的。在电池中，并联电阻过低会形成光生电流的漏电通道，减少流过太阳电池（二极管）的电流，从而导致功率损失。在低光照水平下，光生电流变小，并联电阻过低引起的分流电流损失会更大。

### 3.4.2　温度对太阳电池性能的影响

　　像所有其他半导体器件一样，太阳电池对温度很敏感。温度对太阳电池性能的影响是多方面的。一方面，温度的升高会降低半导体的带隙，从而影响半导体吸收光子的频率范围，影响光生载流子和短路电流密度；另一方面，随着温度的升高，半导体中本征载流子浓度 $n_i$ 升高：

$$n_i = \frac{2}{h^3} (2\pi kT)^{3/2} (m_n^* m_p^*)^{3/4} \exp\left(-\frac{E_g}{2kT}\right) \tag{3-37}$$

又有

$$V_{oc} = \frac{kT}{q} \ln \frac{J_{sc}}{J_0} \tag{3-38}$$

因此，$n_i$ 升高会导致复合增加，反向饱和电流增大，从而导致开路电压的降低。

　　在太阳电池中，受温度升高影响最大的参数是开路电压。温度上升的影响如图 3-18 所示。对于硅而言，其开路电压随温度的变化大致为 −2.2 mV/℃，这意味着温度越低电池的 $V_{oc}$ 越高。

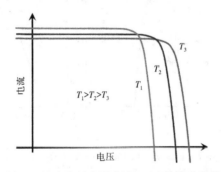

图 3-18　温度变化对太阳电池 $I-V$ 特性曲线的影响

同样，我们也可以得到温度和电流、$FF$、$P_{MP}$ 的影响，对于硅而言，$\mathrm{d}(\ln P_{MP})/\mathrm{d}T$ 的范围一般为 $-0.004\sim0.005$，且

$$\frac{\mathrm{d}(\ln I_{sc})}{\mathrm{d}T}\approx0.0006 \tag{3-39}$$

$$\frac{\mathrm{d}(\ln FF)}{\mathrm{d}T}\approx-0.0015 \tag{3-40}$$

### 3.4.3　光照强度对太阳电池性能的影响

改变入射到太阳电池上的光强会改变太阳能电池的所有参数，包括短路电流密度 $J_{sc}$、开路电压 $V_{oc}$、填充因子 $FF$、转换效率，以及串联、并联电阻。太阳电池上的光强度称为太阳数（几个太阳），其中一个太阳对应标准照明 $AM1.5$，或 $1\ \mathrm{kW/m^2}$。

太阳电池光照特性如图 3-19 所示。由图 3-19 可知，短路电流密度随入射光辐照度的增加呈线性上升：

$$I_{sc}\approx I_L\propto\Phi \tag{3-41}$$

开路电压随入射光辐照度的增加呈对数形式上升，之后趋于饱和，即

$$V_{oc}=\frac{kT}{q}\ln\frac{J_{sc}}{J_0}\propto\ln\Phi \tag{3-42}$$

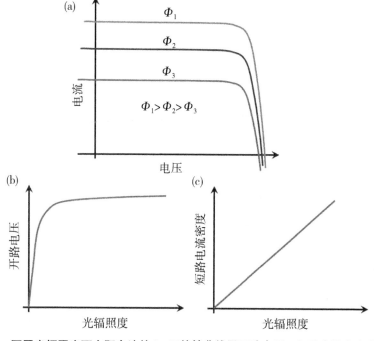

图 3-19　不同光辐照度下太阳电池的 $I-V$ 特性曲线及开路电压、短路电流密度变化趋势

## 3.5 双二极管等效电路模型

### 3.5.1 理想因子

#### 3.5.1.1 理想因子的来源

前面描述太阳电池 $I-V$ 曲线时，忽略耗尽区的复合电流，将太阳电池作为理想的 p-n 结二极管看待，因此与实验曲线有很大的偏离。现在考虑复合电流对 $I-V$ 曲线进行修正。具体推导过程已在第 2.5.3 小节中做了详细的描述，在此仅简略说明。

耗尽区电子电流 $J_{nd}$ 和空穴电流 $J_{pd}$ 连续性方程为

$$\frac{1}{q} \cdot \frac{\mathrm{d}J_{nd}}{\mathrm{d}x} = -(G_n - U_{nd}) \tag{3-43}$$

$$\frac{1}{q} \cdot \frac{\mathrm{d}J_{pd}}{\mathrm{d}x} = (G_p - U_{pd}) \tag{3-44}$$

其中，$G_n$、$G_p$ 分别为光生电子、空穴的产生率，$U_{nd}$ 和 $U_{pd}$ 分别为电子、空穴的净复合率。分别对式(3-43)或式(3-44)进行积分，可得总的复合电流 $J_d$，为

$$J_d = \int_0^w \frac{\mathrm{d}J_d(x)}{\mathrm{d}x}\mathrm{d}x = q\int_0^w [U_d(x) - G(x)]\mathrm{d}x \tag{3-45}$$

对于通过缺陷态复合中心为主的复合

$$\tau_{pder} = \frac{1}{\nu_t \sigma_p N_t} \tag{3-46}$$

复合率可以表示为

$$U_d = \frac{p_d n_d - n_i^2}{\tau_{nder}(p_d + p_1) + \tau_{pder}(n_d + n_1)} \tag{3-47}$$

为了简化计算，通常假设耗尽区内的复合主要是通过单一缺陷态复合中心完成的，电子与空穴的复合率相等。而且假设所有复合都是通过位于带隙中央的缺陷能级 $E_t = E_i$ 复合，此时

$$p_1 = p_i = n_i = n_1 \tag{3-48}$$

当耗尽区电子浓度等于空穴浓度时，复合率达到最大值，而且是常数。将 $p_d = n_d$ 代入上式，可得到耗尽区的净复合率，为

$$U_d = \frac{n_d - n_i}{\tau_{nder} + \tau_{pder}} \tag{3-49}$$

耗尽区中载流子服从由准费米能级 $E_{Fn}$、$E_{Fp}$，以及本征能级 $E_i$ 确定的载流子浓度关系式，即

$$np = n_i^2 \exp\frac{q(E_{Fn} - E_{Fp})}{kT} = n_i^2 \exp\frac{qV}{kT} \tag{3-50}$$

因此

$$n_{\mathrm{d}} = n_{\mathrm{i}} \exp \frac{qV}{2kT} \tag{3-51}$$

积分可得复合电流

$$J_{\mathrm{d}} = q\int_0^w U_{\mathrm{d}}\mathrm{d}x = \frac{qn_{\mathrm{i}}w(\mathrm{e}^{\frac{qV}{2kT}}-1)}{\tau_{\mathrm{d}}} = J_{02}(\mathrm{e}^{\frac{qV}{2kT}}-1) \tag{3-52}$$

其中，$U_{\mathrm{d}}$ 为耗尽区净复合率，$\tau_{\mathrm{d}} = 1/v_{\mathrm{t}}\sigma_0 N_{\mathrm{t}}$ 为耗尽区的有效复合寿命。

　　因此，太阳电池的电流可以统一写成

$$J = J_{\mathrm{sc}} - J_0(\mathrm{e}^{\frac{qV}{mkT}}-1) \tag{3-53}$$

其中，$m$ 称为理想因子(理想因子通常用 $n$ 表示，为了避免与表示电子的 $n$ 混合，本文统一用 $m$ 表示硅太阳电池中 p-n 结理想因子，后文同此)，当 SRH 复合对电流占主导作用时，$m$ 趋近于 2。当然，影响理想因子数值的不止 SRH 复合，表 3-3 列出了各种因素及其对应的理想因子数值。[11, 12]

表 3-3　理想因子数值及其来源

| 复合类型 | 理想因子($m$) | 描述 |
|---|---|---|
| 直接复合，带到带(低注入) | 1 | 复合受少数载流子制约 |
| 直接复合，带到带(高注入) | 2 | 复合受多子和少子共同制约 |
| 俄歇复合 | 2/3 | 复合需要两个多子和一个少子 |
| 耗尽区 SRH 复合 | 2 | 复合受两种载流子制约 |

### 3.5.1.2　理想因子-电压($m$-$V$)曲线

根据式(3-53)，理想因子 $m$ 可以表示为

$$m = \frac{q}{kT}\cdot\frac{\mathrm{d}V}{\mathrm{d}(\ln I)} \tag{3-54}$$

据此可以描绘出 $m$ 与 $V$ 的关系曲线，如图 3-20 所示。图 3-20(a)为太阳电池暗场 $I$-$V$ 曲线，由图 3-15 所示的等效电路模拟所得，图 3-20(b)为根据式(3-54)对图 3-20(a)数据处理所得的 $m$-$V$ 曲线。前文已经详细描述，由于受到串联和并联电阻的影响，暗场 $I$-$V$ 曲线并不是完美的指数型曲线。在 $m$-$V$ 曲线中体现为低电压区(0~0.4 V)和高电压区(0.8~1.6 V)内 $m$ 值的飙升，并不能代表真实的理想因子水平。只有在中压区域体现真实的理想因子数值。

　　显然，中压区域得到的 $m$ 值恒等于 1，这是因为图 3-15 的等效电路模型只考虑了低注入时的带间复合，即表 3-3 中的第一项。要更为精确地描述实际太阳电池性能，必须对图 3-15 的二极管电路模型及其电流-电压表达式(3-7)进行修正，即在下一小节中讨论的双二极管等效电路。

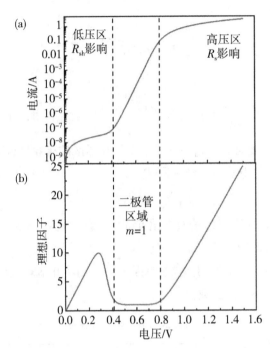

图 3-20   太阳电池暗场 $I$-$V$ 曲线及其对应的理想因子-电压($m$-$V$)曲线

## 3.5.2   双二极管等效电路

### 3.5.2.1   双二极管等效电路模型

对图 3-21(a)的等效电路进行修正,将 $m=1$ 和 $m=2$ 的因素分别用两个二极管表示,得到如图 3-21(b)所示的双二极管模型,此时太阳电池的电流可以表示为

$$J = J_L - J_{01}\exp\left(\frac{qV}{kT} - 1\right) - J_{02}\left(\exp\frac{qV}{2kT} - 1\right) \tag{3-55}$$

考虑串联电阻和并联电阻:

$$J = J_L - J_{01}\left[\exp\frac{q(V-JR_s)}{kT} - 1\right] - J_{02}\left[\exp\frac{q(V-JR_s)}{2kT} - 1\right] + \frac{V+JR_s}{R_{sh}} \tag{3-56}$$

进一步可以简化为

$$J = J_L - J_{01}\exp\frac{q(V-JR_s)}{kT} - J_{02}\exp\frac{q(V-JR_s)}{2kT} + \frac{V+JR_s}{R_{sh}} \tag{3-57}$$

图 3-21(c)中展示了太阳电池的光场 $I$-$V$ 数据,并分别利用单二极管和双二极管等效电路进行拟合。很明显,双二极管模型更加复合实际实验数据,表现为 $FF$ 有所降低,也就是说 $J_{02}$ 的存在会损害太阳电池的 $FF$。

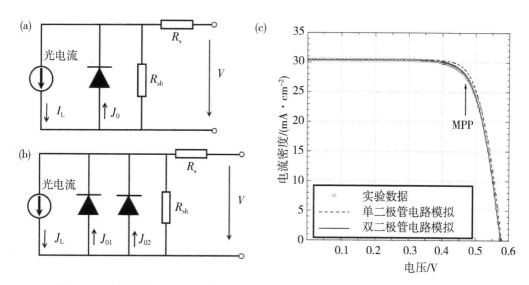

**图 3-21　太阳电池单/双二极管等效电路模型及其对太阳电池光场 $I$-$V$ 曲线的拟合**

类似地，图 3-22 中对太阳电池暗场 $I$-$V$ 和 $m$-$V$ 数据进行等效电路拟合。如图 3-22(a)所示，单二极管拟合所得 $I$-$V$ 曲线(虚线)在中压区的斜率恒定为 1，这是因为二极管模型只包含理想因子为 1 的 $J_{01}$ 项。而实际的太阳电池包含理想因子为 2 的复合项，由 $J_{01}$ 和 $J_{02}$ 共同作用。对应的图 3-22(b)中理想因子的值在 1～2 之间变化。

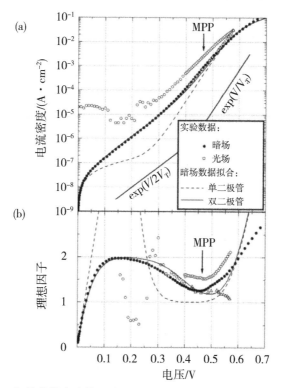

**图 3-22　单/双二极管等效电路模型对太阳电池暗态 $I$-$V$ 曲线和 $m$-$V$ 曲线的拟合[10]**

### 3.5.2.2 $J_{01}$对太阳电池性能的影响

如图3-23所示，仅考虑$J_{01}$对电池的影响(其他的参数选择最佳，即$R_s=0.2\ \Omega$，$R_{sh}$为无穷大，$J_{02}$极小)，从光场和暗场$I-V$图[图3-22(a)和(b)]中可以看到，随着$J_{01}$的下降(从$5\times10^{-12}\ A/cm^2$到$5\times10^{-15}\ A/cm^2$)，光场和暗场曲线几乎等间距的向右平移，使电池的开路电压稳步提升，从586 mV增加到764 mV(表3-4)。在半对数坐标系中，在暗场$I-V$曲线完全线性[图3-23(b)]，而从$m-V$曲线可以看到，在$0.1\sim0.9\ V$区间，$m=1$。

从表3-4中也可以看到，$J_{01}$的数值直接影响到电池的开路电压，也会直接影响到电池的最大$FF$。即对于硅基电池而言，如果开路电压确定了，其$FF$值上限就会确定，比如对于钝化良好的开路电压达到764 mV的电池，其$FF$最大也不可能超过85.6%。

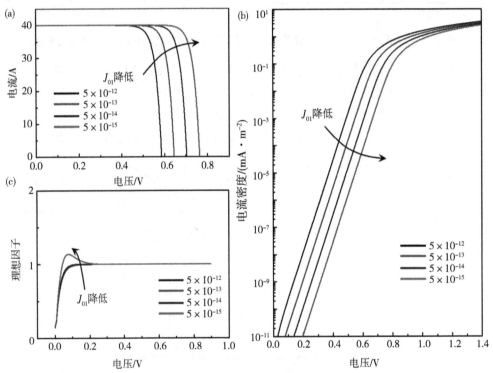

(a)光态$I-V$曲线；(b)暗态$I-V$曲线；(c)$m-V$曲线。

**图3-23 $J_{01}$对太阳电池性能曲线的影响**

**表3-4 不同$J_{01}$数值下模拟所得太阳电池的性能参数**

| $J_{01}/(mA \cdot cm^{-2})$ | $5\times10^{-12}$ | $5\times10^{-13}$ | $5\times10^{-14}$ | $5\times10^{-15}$ |
|---|---|---|---|---|
| $V_{oc}/V$ | 0.586 | 0.645 | 0.704 | 0.764 |
| $V_{MP}/V$ | 0.508 | 0.564 | 0.621 | 0.679 |

续表 3-4

| $J_{sc}/(\mathrm{mA \cdot cm^{-2}})$ | 40.00 | 40.00 | 40.00 | 40.00 |
|---|---|---|---|---|
| $J_{MP}/(\mathrm{mA \cdot cm^{-2}})$ | 38.08 | 38.29 | 38.42 | 38.54 |
| $FF$ | 0.825 | 0.837 | 0.847 | 0.856 |
| $Eff/\%$ | 19.35 | 21.60 | 23.87 | 26.15 |

### 3.5.2.3　$J_{02}$ 对太阳电池性能的影响

去掉并联电阻信息，图 3-24 和表 3-5 考虑了 $J_{02}$ 对电池的影响。从图 3-24(a)可以看出，$J_{02}$ 主要影响电池 $FF$，但是当 $J_{02}$ 较大(大于 $1 \times 10^{-8}$ A/cm²)时，也会造成开路电压的衰退。从图 3-24(b)的半对数坐标的暗场 $I-V$ 曲线可以看到，$J_{02}$ 的曲线在半对数坐标中的斜率相比 $J_{01}$ 要缓，其影响区间基本在中低压区域(不考虑并联电阻时)。当然，$J_{02}$ 足够大时也有可能覆盖 $J_{01}$，如在图 3-24 中，当 $J_{02}$ 为 $5 \times 10^{-8}$ A/cm² 时，中低压区域全部由 $J_{02}$ 主导，曲线斜率为 2。例如，在硅太阳电池的电流密度(约 40 mA/cm²)附近，如果是斜率为 1 的 $\exp(qV/kT)$ 项占主导，$J_{02}$ 只影响电池的 $FF$，但是随着 $J_{02}$ 的继续增大，电流密度点处 $\exp(qV/2kT)$ 占主导，当斜率为 2 时，$J_{02}$ 开始剧烈影响开路电压。但是通常情况下，$J_{02}$ 不会达到影响开路电压的程度。因此，对于高效电池而言(并联电阻基本达标)，分析太阳电池的 $FF$ 需要考虑 $J_{02}$ 和 $R_s$ 两个因素。

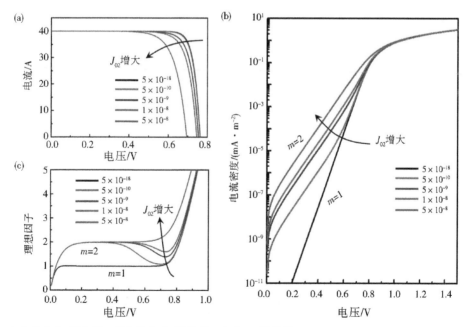

(a)光态 $I-V$ 曲线；(b)暗态 $I-V$ 曲线；(c) $m-V$ 曲线。

**图 3-24　$J_{02}$ 对太阳电池性能曲线的影响**

表 3-5　不同 $J_{02}$ 数值下模拟所得太阳电池的性能参数

| $J_{02}/(\text{mA} \cdot \text{cm}^{-2})$ | $5 \times 10^{-8}$ | $1 \times 10^{-8}$ | $5 \times 10^{-9}$ | $5 \times 10^{-10}$ | $5 \times 10^{-18}$ |
|---|---|---|---|---|---|
| $V_{oc}/\text{V}$ | 0.695 | 0.746 | 0.755 | 0.763 | 0.764 |
| $V_{MP}/\text{V}$ | 0.564 | 0.631 | 0.649 | 0.671 | 0.671 |
| $J_{sc}/(\text{mA} \cdot \text{cm}^{-2})$ | 40.00 | 40.00 | 40.00 | 40.00 | 40.00 |
| $J_{MP}/(\text{mA} \cdot \text{cm}^{-2})$ | 36.65 | 37.24 | 37.6 | 38.47 | 38.53 |
| $FF$ | 0.743 | 0.787 | 0.809 | 0.845 | 0.846 |
| $Eff/\%$ | 20.65 | 23.48 | 24.41 | 25.82 | 25.85 |

从图 3-24(c)中可以看到，在低压区，由于 $J_{02}$ 电压主导，因此 $m=2$；而到中高压区，$J_{01}$ 逐渐主导。$J_{02}$ 越大，$m=2$ 主导的区域越大，直到完全取代 $m=1$ 的部分。而实际上，我们最关心的是最大功率点 MPP 处的 $m$ 值，需要具体分析 MPP 在上述曲线中的位置。

考虑 $J_{01}$ 和 $J_{02}$ 共同作用对太阳电池性能的影响。如图 3-25 所示，当 $J_{02}$ 比较小时，电池效率主要受到 $J_{01}$ 的影响。随着 $J_{02}$ 的增大，逐渐覆盖 $J_{01}$ 项，开始影响电池效率。直到大于 $10^{-7}$ A/cm$^2$，电池效率几乎完全受到 $J_{02}$ 的主导。

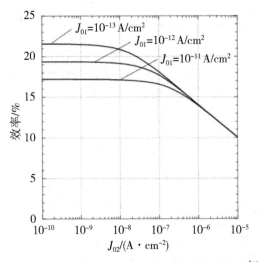

图 3-25　$J_{01}$ 和 $J_{02}$ 共同作用下太阳电池效率的变化[10]

### 3.5.3　$J_{02}$ 的来源

为了降低式(3-57)中 $\exp(qV/2kT)$ 项引起的复合电流 $J_{02}$ 对太阳电池的影响，必须了解其潜在机制。有三种可能的复合机制具有 $\exp(qV/2kT)$ 行为：高注入的 SRH 复合、p-n 结耗尽区 SRH 复合，以及边缘 SRH 复合。而在晶硅太阳电池中，一般光注入不会达到高注入级别，所以这里不考虑第一个机制。本小节分别讨论第二和第三

种机制的作用机理及其影响。[13−15]

### 3.5.3.1　耗尽区复合

在第 3.5.1 小节中，我们讨论了耗尽区复合形成的电流密度：

$$J_\mathrm{d} = J_{02}(\mathrm{e}^{\frac{qV}{2kT}} - 1) \tag{3-58}$$

并据此引入了理想因子的概念。

但是，在得到式(3-58)的结果时，为了简化计算，我们假设所有的复合都是通过位于带隙中央的缺陷能级 $E_\mathrm{t} = E_\mathrm{i}$ 完成，且耗尽区电子浓度等于空穴浓度，因此得到的是耗尽区内最大的复合率。实际上，耗尽区内各处复合速率并不相等。图 3-26 显示了 p-n 内各处载流子浓度、电势及 SRH 复合率的分布。显然，只有在 $x = 0$ 处，$n(x) = p(x)$ 时，复合率最大，此时有

$$U_\mathrm{d} = \frac{n_\mathrm{i}}{\tau_\mathrm{d}} \left( \exp \frac{qV}{2kT} - 1 \right) \tag{3-59}$$

如果 $J_{02}$ 只是由发生在 $x = 0$ 处的复合引起，$m$ 值等于 2。而在耗尽区边缘，如图 3-26 中的 $x = \pm 0.2$ 附近，$U_\mathrm{d}$ 表现为体 SRH 复合，与 $\exp(qV/kT)$ 成正比，因此 $J_{02}$ 由此区域的复合产生时，$m = 1$。实际上，$J_{02}$ 是复合率在耗尽区全域($|x| < 2$)的积分，其数值在 $1 \sim 2$ 之间。[14, 16, 17]

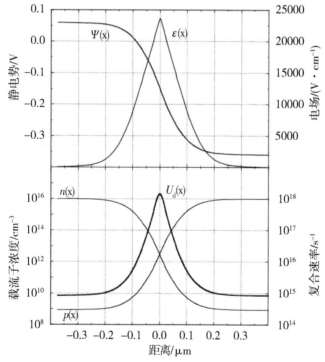

在 $x = 0$ 处，电子和空穴浓度相等，复合率达到最大值。[10]

**图 3-26　p-n 结内各处电势、电势能、载流子浓度以及 SRH 复合分布**

为了探讨耗尽区复合产生的对太阳电池的影响，理论模拟了耗尽区复合产生的

$J_{02}$(记为 $J_{0DR}$)及其相应的理想因子($m_{DR}$)。表 3-6 列出了不同模型计算的结果。DESSIS 是一个数值求解半导体微分方程的模拟程序,常用来计算得到 $J_{0DR}-V$ 曲线。相比于表中其他基于耗尽区复合的理论模型,DESSIS 不仅适用于突变 p-n 结,还能够模拟扩散缓变 p-n 结(在晶体硅太阳能电池中,大多数 p-n 结由扩散形成)。另外,DESSIS 模型在模拟过程中需要的假设条件最少,其结果与理论模型基本一致。$J_{0DR}$ 和 $m_{DR}$ 分别为 $2 \times 10^{-9}$ A/cm$^2$ 和 1.80。可见,耗尽区复合并不是 $m=2$ 即 $\exp(qV/2kT)$ 项的主要来源,结合图 3-24,$J_{0DR}$ 为 $2 \times 10^{-9}$ A/cm$^2$ 时对太阳电池的影响也不明显。

表 3-6  各理论模型计算所得耗尽区复合电流密度 $J_{0DR}$ 和理想因子 $m_{DR}$ 数值

| 理论模型 | 假设条件 | $J_{0DR}$/(mA·cm$^{-2}$) | $m_{DR}$ |
|---|---|---|---|
| "Text book" 模型 | 1~11 | $3 \times 10^{-8}$ | 2.15 |
| Sah 理想模型 | 1~10 | $4 \times 10^{-9}$ | 1.85 |
| Sah 普适模型 | 1~7 | $4 \times 10^{-9}$ | 1.85 |
| Nussbaum 模型 | 1~6 | $2 \times 10^{-9}$ | 1.80 |
| DESSIS 数值模拟 | 1~5 | $2 \times 10^{-9}$ | 1.80 |

综上,理论和计算机模拟的结合表明,耗尽区复合电流密度 $J_{0DR}$ 不太可能是晶硅太阳电池中 $\exp(qV/2kT)$ 复合电流的来源,因为只有在相当不可能的情况下,$m_{DR}$ 才会超过 1.85。进一步的结论是,除了短寿命衬底外,$J_{0DR}$ 不足以显著降低晶硅太阳电池的效率。

### 3.5.3.2  边缘复合

另一个可能引起 $\exp(qV/2kT)$ 复合电流的原因是太阳电池边缘的复合。Henry 等人研究了 Al$_{0.08}$Ga$_{0.92}$As 二极管中与 p-n 结连接的边缘复合电流。对不同尺寸二极管的 $I-V$ 和发光测量结果的分析表明,中低压下的复合电流与 $I_{02}\exp(qV/2kT)$ 非常接近,其中 $I_{02}$ 与二极管的周长呈线性关系。因此得出结论,$\exp(qV/2kT)$ 复合电流是由边缘处的复合造成的,而不是 p-n 结耗尽区复合。

Lyon 等发现,当 Be 掺杂 GaAs 二极管的 p-n 结与非钝化表面相连接时,中低压区复合电流与 $I_{02}\exp(qV/2kT)$ 非常接近,且 $I_{02}$ 线性依赖于周长,说明边缘复合是主要来源。而表面和边缘被良好钝化后,中低压区复合电流接近于 $I_{018}\exp(qV/2kT)$,且 $I_{018}$ 正比于 p-n 结面积,即耗尽区复合是主要来源,此时 $m_{DR}$ 约为 1.8,与表 3-6 中理论模拟结果接近。

图 3-27 对晶体硅太阳电池中 $\exp(qV/2kT)$ 复合电流的来源进行了探究。图 3-27(a)为测试电池结构,为了避免横向传输的影响,电池双面都全覆盖金属电极,保证样品内部载流子传导路径基本都是一维的。电池基底为 p 型 FZ 硅片,不制绒,正面磷扩散形成 p-n 结,然后化学镀镍、铜,烧结形成电极,背面蒸发铝并烧结形成欧姆接触。边缘隔离利用激光实现,在电池的背面刻划深凹槽,并沿着这些凹槽去掉外围硅片,形成未钝化并与 p-n 结相交的边缘区域。初始电池结构为边长 $L=3.8$ cm 的正

方形，然后以 0.4 cm 间隔缩小 L，直到 L = 1.0 cm。每隔一段时间测量暗场 $I-V$ 曲线。

　　分别对测试所得的电流除以周长和面积，得到图 3-27(b)的两种曲线，即电流/周长-电压($I/P-V$)和电流/面积-电压($J-V$)。从中可发现，在中低压($V<0.35$ V)区域，$I/P-V$ 曲线重叠，说明复合电流与样品周长呈线性关系。在此电压范围内，复合电流与 $\exp(qV/2kT)$ 近似成正比。更高的电压范围内($V>0.45$ V)，$J-V$ 曲线重叠，表明该范围内复合电流与面积正相关。另外，该段电流与 $\exp(qV/kT)$ 成正比，这一结果与基础太阳能电池的理论相一致，即中高压区域的复合电流密度来源于低注入的 SRH 复合。

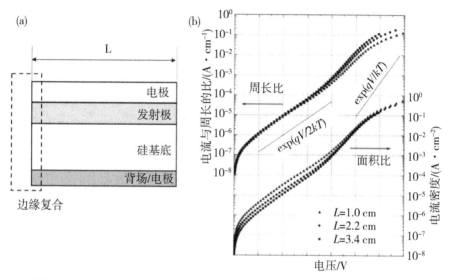

（a）测试电池结构；（b）对测试所得暗场 $I-V$ 数据除以周长($I/P-V$)和面积($J-V$)得到的曲线。[10]

**图 3-27　边缘复合对晶体硅太阳电池复合电流密度的影响**

　　因此可以得到结论，晶体硅太阳电池中，与 $\exp(qV/2kT)$ 相关的复合电流密度 $J_{02}$ 主要来源于边缘复合。

## 参考文献

[1] GROVE A S. Physics and technology of semiconductor devices[M]. New York：John Wiely & Sons，1967.

[2] 施敏，李明逵. 半导体器件物理与工艺[M]. 王明湘，赵鹤鸣，译. 苏州：苏州大学出版社，2014.

[3] PETER W. Physics of solar cells：from principles to new concepts[M]. Berlin：John Wiely & Sons，2005.

[4] ANTONIO L，STEVEN H. 光伏技术与工程手册[M]. 王文静，周春兰，赵雷，译. 北京：机械工业出版社，2003.

[5] 陈哲艮. 晶体硅太阳电池物理[M]. 北京：电子工业出版社, 2020.

[6] LINDHOLM F A, FOSSUM J G, BURGESS E L. Application of the superposition principle to solar-cell analysis[J]. IEEE Trans. Electron. Dev. , 1979, 26(2)：165 −171.

[7] SWIRHUN J S, SINTON R A, FORSYTH M K, et al. Contactless measurement of minority carrier lifetime in silicon ingots and bricks[J]. Progress in photovoltaics：research and applications, 2011, 19(3)：313 −319.

[8] HULSTROM R, BIRD R, RIORDAN C. Spectral solar irradiance data sets for selected terrestrial conditions[J]. Solar cells, 1985, 15(4)：365 −391.

[9] ADOLF G, JOACHIM K, BERNHARD V. Crystalline silicon solar cells[M]. New York：John Wiley & Sons, 1998.

[10] MCINTOSH K R. Lumps humps and bumps：three detrimental effects in the current-voltage curve of silicon solar cells[D]. Sydney：University of New South Wales, 2001.

[11] NUSSBAUM A. Generation recombination characteristic behavior of silicon diodes[J]. Physica status solidi A, 1973, 19：441 −450.

[12] GREEN M A. Silicon solar cells：advanced principles and practice[M]. Australia：Centre Photovoltaic Devices & Systems, 1995.

[13] HENRY C H, LOGAN R A, MERRIT F R. The effect of surface recombination on current in $Al_x Ga_x As$ hetero junctions[J]. Journal of applied physics, 1978, 49(6)：3530 −3542.

[14] SAH C T, NOYCE R N, SHOCKLEY W. Carrier generation and recombination in p-n junctions and p-n junction characteristics[J]. Proceedings of the Ire, 1957, 45(9)：1228 −1243.

[15] SHOCKLEY W. The theory of p-n junctions in semiconductors and p-n junction transistors[J]. Bell labs technical journal, 2013, 28(3)：435 −489.

[16] PALLARÈS J, MARSAL L F, CORREIG X, et al. Space charge recombination in p-n junctions with a discrete and continuous trap distribution[J]. Solid-State Electronics, 1997, 41(1)：17 −23.

[17] BUCKINGHUM M J, FAULKNER E A. On the theory of logarithmic silicon diodes[J]. The radio and electronic engineer, 1969, 38(1)：33 −39.

# 第4章 太阳电池的测试及分析

晶体硅太阳电池生产过程中，工艺环节及电池性能和外观监测是非常重要的步骤。以铝背场和 PERC 电池为例，图 4-1 展示了各测试方法在功能上的大致分类，以及在实际电池制备过程中对应的可能应用环节(以括号中数字表示)。其中，为了获取高效电池，需要在光和电两个方面都达到最佳的状态，而电学部分主要涉及少子寿命和电阻的测试。

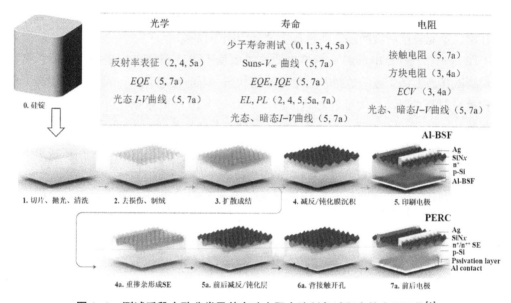

**图 4-1　测试手段大致分类及其在硅太阳电池制备过程中的应用环节[1]**

在光学方面，目前硅太阳电池前表面的陷光结构主要还是采用随机金字塔 + 减反膜的方式。因此，在实际制备过程中，制绒后及沉积减反/钝化膜后(图 4-1 中的环节 2、4、5a)会对其前表面的反射率进行测试，实现实时监控。最终的目标是在制备完电池后获得较高的短路电流，而这可以通过光场 $I-V$ 曲线的短路电流，以及外量子效率($EQE$)的测试进行分析。对于关系到目前电池最核心的电学性能的分析，主要就是少子寿命达标和串阻最小化。

对少子寿命的探测，从硅锭的生产就已经开始。高质量的硅片是获取高效电池的第一步，而后的各种钝化膜及钝化接触技术的应用，都是在保证电池最终成品后，依旧具有良好的少子寿命。因此少子寿命的监测基本贯穿电池制备的整个环节。然而根据测试方法的差异，Sinton 的少子测试只能在金属化之前进行测试，金属化之后的少子寿命探测则主要采用 Suns-$V_{oc}$、EL、PL 等方法实现。同时，常规的 $EQE$、$IQE$ 及

$I-V$ 曲线依旧可以在一定程度上反映出钝化质量是否达标。

在电阻方面，尤其是对于异质结电池，由于钝化层等的引入，会迅速地增大接触电阻，而同质结电池则不用特别考虑接触电阻问题。此外，掺杂层的掺杂量会影响到收集载流子的横向传输能力，也会增加串联电阻。因此，在串联电阻的测试方法方面，我们将重点介绍关于接触电阻和方块电阻的测试方法，同时也对用于描述掺杂轮廓线的 $ECV$ 进行描述。

按照测试方式，可以分为以下三种基本类型：

（1）全面积测量（full area measurement）。全面积测量是对整个太阳电池或大部分区域进行测量并给出一个整体的数据信息。通常需要测量速度足够快，可以对每一个经过生产线的电池片在线表征，所得数据直接用于统计并进行电池分选。典型的全面积测量有反射率测试、PL 测试、EL 测试等。全面积测量的缺点是测量结果为整体平均性能，不能显示局域问题，如电池中部分印刷不良等。

（2）扫描绘图（mapping）。扫描绘图技术依赖于逐点测量来扫描硅片表面，可以提供测试样品上每个点的数据并显示其缺陷状态，具有信息量大、精度高的优势。但是扫描绘图测量要消耗大量的时间，例如对 $1500 \times 1500$ 的数据点阵进行测量，每个点需要 0.1 s，而分辨率为 100 μm，那么测量整个样品的时间为 62 h。因此不适合在线表征。典型的扫描绘图测试有 μ-PCD、LBIC 等。由于时效性的需求，往往采用简化的线扫描方法。

（3）直接成像（lmaging）。直接成像法是类似于拍摄照片的测量技术，使用传感器阵列来同时采样多个点。成像技术的优点是可以在相当短的时间内获取大量的数据点，缺点是传感器的成本较高。由于低成本的硅 CCD 相机的出现，成像技术的应用场景正在增加。

## 4.1 太阳电池电流-电压特性曲线测试

电流-电压（$I-V$）特性曲线是体现太阳电池性能最直观有效的方式，是太阳电池最主要的测试内容。在第 3 章中，我们已经学习了 $I-V$ 曲线的来源，并说明了根据其计算太阳电池重要参数的方法。在这一节将进一步了解 $I-V$ 曲线的测试方法。

标准的 $I-V$ 特性曲线测试仪结构如图 4-2 所示，主要由太阳光模拟系统、测试电路和专用计算机系统三部分组成。太阳光模拟系统提供稳定的光照，专用计算机系统和测试电路进行 $I-V$ 曲线测量，并进行数据曲线的展示及输出。另外，测试仪还包括暗室、样品台、电池夹具、温度测量仪等配件。实物如图 4-3 所示。

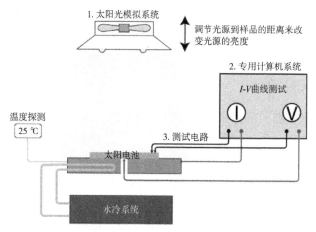

图 4-2　太阳电池 $I-V$ 特性曲线测试仪结构示意[2]

图 4-3　太阳电池 $I-V$ 特性曲线测试仪实物

太阳光模拟系统包括电光源、滤光器和光路部件等；测试电路主要是钳位电压式电子负载；专用计算机主要用于控制光学系统和处理数据等。实际上，现在的太阳模拟器通常包含测试电路和专用计算机；暗室用于阻挡外界光对 $I-V$ 测试的影响，有些仪器还会为其配备温度调节系统，结合温度测量仪，确保电池的温度在测试的标准范围内；样品台用于放置单片电池，大多数样品台都带有吸附装置用于固定电池，消除电池加工后翘曲对性能的影响因素。

无论是自然光还是太阳模拟器，其性能都存在空间不均匀性、时间不稳定性。室外阳光测试时在测试平面上的光照比较均匀（差异小于 1%），在短时间（几分钟）内的稳定性也比较好。长弧氙灯太阳模拟器也能获得较好的空间均匀性，但是灯的测试时间通常在 1~20 ms 范围内。多闪氙灯使用的是连续脉冲光源，每次闪光测量 $I-V$ 曲线上的一个点。连续氙灯模拟器的测试范围比较广，测试面积可达数平方米。

在光照下电池的 $I-V$ 曲线与温度相关，开路电压和输出功率会随温度而变化，所以在标准测试中规定了固定的温度值。正确的温度测量应该是电池 p-n 结的温度，但实际上只能测试电池或组件背表面的温度，这必然会引起测量误差，因此测试结果通常需要通过温度系数进行修正。测量时还需配置专门定标过的标准电池，用以测量和标定模拟太阳器的辐照度。

## 4.1.1　太阳光模拟器

测量系统中最重要的部件是模拟太阳光的光源，其光谱应尽量接近于地面太阳光谱，因此首先要了解太阳光的特性。第 1 章中已经详细描述了太阳光的特性以及光谱，在此做一简单回顾。

地面上的太阳光由两部分组成：一部分直接来自太阳照射，称为直接辐射；另一部分则来自大气层或周围环境的散射，称为天空辐射。两部分相加为太阳总辐射。如果没有云层反射或严重的大气污染，直接辐射占总辐射的 75% 以上。在室外测试太阳电池时，应在天气晴朗、天空没有浮云或严重的气流影响，太阳高度角变化较小的稳定阳光辐照条件下进行。表征太阳辐射性能的几个主要物理量如下：

（1）辐射照度。入射到单位面积上的太阳辐射功率，单位是 W/m² 或 mW/cm²。

（2）太阳光谱。对空间应用，规定的标准辐照度为 1367 W/m²；对地面应用，规定的标准辐照度为 1000 W/m²。实际上，地面上比较常见的阳光辐射照度是在 600～900 W/m² 范围内，只有在中午时才可能达到 1000 W/m²。在大气层以外，太阳光谱十分接近于 6000 K 的黑体辐射光谱，称为 AM0 光谱。在地面上，太阳光透过大气层后被部分吸收，这种吸收与大气层的厚度及组成有关。由于太阳高度角和气候条件随时间变化，因此照射到地面上的太阳光谱也随时间变化。为了测试太阳电池的性能，需要规定一个不随时间变化的标准的地面太阳光谱分布。现有的标准规定，在晴朗的气候条件下，当太阳透过大气层到达地面所经过的路程为大气层厚度的 1.5 倍、对应的太阳的天顶角为 48.19°时，其光谱为标准地面太阳光谱，称为 AM1.5 标准太阳光谱。

标准太阳光谱辐照度分布如图 4-4 所示。太阳光辐射（包括直射光和散射光）对应于 AM1.5 光谱分布，在与水平面成 37°的倾斜面上，总辐照度为 1000 W/m²。

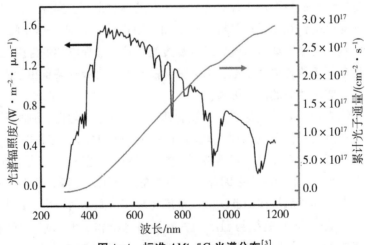

**图 4-4　标准 AM1.5G 光谱分布**[3]

#### 4.1.1.1　太阳光模拟器组成

为了实现 1000 W/m² 的辐照度、AM1.5 的太阳光谱、均匀而稳定的标准地面阳光条件，需要采用人造光源模拟太阳的辐照和光谱，通常称为太阳光模拟器。

太阳模拟器通常由光源及其供电电源、光学系统（透镜和滤光片）、控制部件组成，还可包含 $I-V$ 数据采集系统、电子负载及运行软件。按照太阳模拟器在测试循环中的运行方式，可分为稳态、单脉冲和多脉冲三种类型。单脉冲太阳模拟器可进一步分为在单次闪光期间获得整个 $I-V$ 特性的长脉冲系统和在单次闪光期间测得一个 $I-V$ 数据点的短脉冲系统。稳态太阳模拟器的特点是在工作时输出的光辐射强度稳定不变。这类连续发光的太阳模拟器比较适合小面积测试。如果制造大面积测试光源，其光学系统和供电系统结构会变得复杂。脉冲式太阳模拟器工作时辐射以毫秒量级的脉冲发光形式输出，可实现输出很强的瞬间辐射功率，而驱动电源的平均功率却可以很小，因此测量速度快、能耗低。测试工作需要在极短的时间内完成，这要求采用计算机进行数据采集和处理。脉冲式太阳模拟器按脉冲光输出波形又可分为矩形脉冲和指数衰减脉冲（也称为闪光脉冲）两种，如图 4-5 所示，后者不仅可以输出脉冲强光，而且比较容易调整辐照强度，从而便于测量串联电阻。脉冲式太阳模拟器适合大面积测试，如太阳电池组件测试。

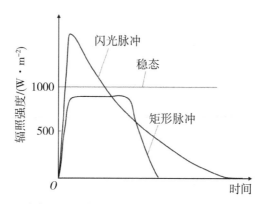

**图 4-5　稳态、矩形脉冲和闪光脉冲太阳光模拟器的输出波形**

#### 4.1.1.2　太阳光模拟器的光源

太阳模拟器的主要部件是光源、光学透镜系统及滤光装置。光源通常采用卤素灯和氙灯。

卤素灯：卤素灯的背面需配置镀有介质膜的反射镜，要求反射镜既能反射可见光，又能透射红外线。卤素灯输出光的色温为 3400 K，经反射镜反射后，加强了可见光，减弱了红外线，使其光谱接近太阳光谱。卤素灯的缺点是寿命短，一般为 100～200 h，需要经常更换。

氙灯：氙灯的光谱分布比较接近于太阳光谱，但必须用滤光片滤除 0.8～0.1 μm 范围内的红外线，使用不同的滤光片可获得与 AM0 或 AM1.5 接近的太阳光谱，适用于制造高精度的太阳模拟器。图 4-6 显示了氙灯光源光谱分布。氙灯模拟器的缺点是被照射表面上的辐照度均匀性较差，为了得到均匀的光斑需要配置复杂的光学系统，同时氙灯的驱动电源也比较复杂，价格昂贵。

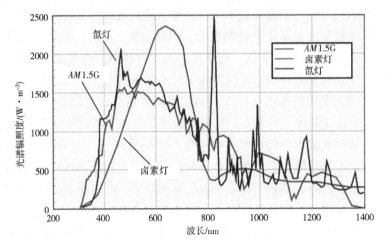

图 4-6　卤素灯、氙灯光源光谱分布与 AM1.5 太阳光谱分布比较

脉冲氙灯：脉冲氙灯的光谱特性比稳态氙灯更接近于太阳光谱，可在短时间内发射出很强的辐射光，高发光强度有利于增大测试距离，获得大面积的均匀光斑。现在的太阳模拟器多采用脉冲氙灯。

最常见的光源是短弧氙灯，安装滤波器加以处理可以接近 $AM1.5G$ 的光谱。4-7(a)图给出的是氙灯作为光源的太阳光模拟器基本结构。也有设备只使用带有二向色滤光器的卤素灯，灯丝比太阳的 6000 K 低很多，所以产生的光谱分布中红外光偏多，而紫外区域偏少，使测试结果有所偏差。相比于短弧氙灯，卤素灯具有更大的时间稳定性优势。

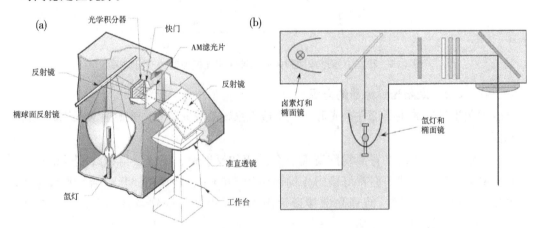

（a）单独短弧氙灯作为光源；（b）氙灯和卤素灯共同作为光源。

图 4-7　太阳电池 $I-V$ 测试光源模拟器结构

根据图 4-6 的光谱，我们可以发现氙灯在短波段的拟合相对较为准确，而在长波段，由于特征谱比较明显，起伏很大，很难准确地拟合到标准光谱，而卤素灯光谱在长波段较为平滑，非常适合模拟长波段的光。因此，氙灯和卤素灯的组合光源可以更好地去模拟太阳光，通常在 700 nm 左右处做切换，波长小于 700 nm 的部分使用氙灯，波长大于 700 nm 的部分用卤素灯模拟。其结构如图 4-7(b)所示。

### 4.1.1.3　太阳光模拟器的性能参数

太阳模拟器的主要性能参数包括有效辐照度、光谱范围、光谱匹配、辐照不均匀度和辐照时间不稳定度等。[4]

(1)有效辐照度。在电池 $I-V$ 性能测试过程中，光源辐照度可能会变化，有效辐照度是指采集所有数据过程中辐照度的平均值。

(2)光谱范围。IEC60904-9[4]中定义了 $AM$1.5 总辐照的太阳标准光谱分布。太阳模拟器的波长范围限定为 400～1100 nm，划分为 6 段，每段的辐照度对应总的辐照度都有一个确定的比值，见表 4-1。

表 4-1　IEC60904-9 总的太阳光谱辐照度分布[4]

| 编号 | 波长范围/nm | 波长 400～1100 nm 范围内的总辐照度百分比/% |
|---|---|---|
| 1 | 400～500 | 18.5 |
| 2 | 500～600 | 20.1 |
| 3 | 600～700 | 18.3 |
| 4 | 700～800 | 14.8 |
| 5 | 800～900 | 12.2 |
| 6 | 900～1100 | 16.1 |

(3)光谱匹配。太阳模拟器的光谱匹配是指与 IEC60904-9 中规定的 $AM$1.5 标准光谱辐照度的偏差。每个波段的光谱匹配是计算模拟器的光谱与太阳光谱比值得到的，即每个指定的波段内太阳模拟器实测的辐射与总辐射的百分比对应太阳光谱要求的辐射与总辐射的百分比的比值。

$$光谱失配度 = \frac{\dfrac{\int_{\lambda_1}^{\lambda_2} E_{sim}(\lambda)\,d\lambda}{\int_{400}^{1100} E_{sim}(\lambda)\,d\lambda}}{\dfrac{\int_{\lambda_1}^{\lambda_2} E_{std}(\lambda)\,d\lambda}{\int_{400}^{1100} E_{std}(\lambda)\,d\lambda}} \tag{4-1}$$

式(4-1)表示 $\lambda_1$ 到 $\lambda_2$ 波段内光谱的失配度，其中 $E_{sim}$ 为太阳光模拟器实测辐照度，$E_{std}$ 为标准太阳光辐照度。

(4)辐照不均匀度。测量测试面内不同位置点上的辐照度，得到整个测试面内用探测器测得的辐照度最大值和最小值。辐照不均匀度 $T_{不均匀}$ 按下式计算：

$$T_{不均匀} = (E_{最大} - E_{最小})/(E_{最大} + E_{最小}) \times 100\% \tag{4-2}$$

(5)辐照时间不稳定度。测试面上同一点的辐照度是随时间变化的。在一定的测试时间周期内，辐照时间不稳定度 $T_{不稳定}$ 按下式计算：

$$T_{不稳定} = (E_{最大} - E_{最小})/(E_{最大} + E_{最小}) \times 100\% \tag{4-3}$$

辐照时间不稳定度分为短期不稳定度（$STI$）和长期不稳定度（$LTI$）。

$T_{不均匀}$ 和 $T_{不稳定}$ 的表达式看起来完全一样，但是需要注意的是，$T_{不均匀}$ 中测量的是同一平面内不同点上在同一时间的辐照度，而 $T_{不稳定}$ 关注的是同一测量点上在某一时间范围内的辐照度。

#### 4.1.1.4 太阳模拟器等级及评定

根据前文所描述的光谱匹配、空间不均匀度和时间稳定度三个性能参数，可以对太阳模拟器等级进行分类，每类分为三个等级，分别为 A、B 和 C，因而每个模拟器以光谱匹配、测试面内的辐照不均匀度和辐照时间不稳定度为顺序的三个字母来标定等级（如 A、B、C）。分类的指标由表 4-2 给出。对于光谱匹配，比较表 4-1 中的 6 个间隔与表 4-2 中的数据，可得到相应的级别。

**表 4-2 太阳光模拟器等级定义[4]**

| 类别 | 光谱匹配度 | 辐照不均匀度 | 辐照时间不均匀度 | |
|------|-----------|-------------|------|------|
| | | | $STI$ | $LTI$ |
| A | 0.75～1.25 | −2%～2% | −0.5%～0.5% | −2%～2% |
| B | 0.6～1.4 | −5%～5% | −2%～2% | −5%～5% |
| C | 0.4～2.0 | −10%～10% | −10%～10% | −10%～10% |

### 4.1.2 太阳电池的测试

测试太阳电池的光电性能主要为测量其伏安特性。伏安特性与测试条件有关，因此必须在规定的标准测试条件（STC）下进行测量，或将测量结果换算到标准测试条件下的数值。标准测试条件包括标准太阳光（标准光谱和标准辐照度）和标准测试温度，温度可以人工控制。

标准规定地面标准阳光光谱采用 $AM$1.5 标准阳光光谱，总辐照度规定为 1000 W/m²，标准测试温度规定为 25 ℃。对于定标测试，标准测试温度的允许误差为 ±1 ℃；对于非定标准测试，温度允许误差为 ±2 ℃。若受测试条件的限制，只能在非标准条件下进行测试，则必须将测量结果换算到标准测试条件的数据。[5,6]

#### 4.1.2.1 标准太阳光

测试光源可选用太阳模拟等人造光源或自然太阳光。人工模拟光的光谱取决于光源的种类、滤光器和反光器系统。当采用人造光源时，辐照度应用标准太阳电池的短路电流标定值校准。标定值是指标准测试条件下太阳电池的短路电流与辐照度的比值。为了减小光失配误差，测试光源的光谱应尽可能接近标准太阳光光谱，选用与被测太阳电池光谱响应基本相同的标准太阳电池来校准。

如果采用对光谱无选择性的热电堆型辐射计测量辐照度，将对转换效率测量造成较大误差。这就要求测量额定性能时，应该选用具有与被测样品基本相同的光谱响应的标准太阳电池测量光源的辐照度。标准太阳电池的短路电流应预先在具有标准太阳光谱分布的光源下标定，其标定值是每单位辐照度所产生的短路电流[单位：$A/(W \cdot m^{-2})$]。

#### 4.1.2.2　标准温度

标准太阳光的照明是相当强烈的，很容易让电池测试环境偏离标准温度，导致电池性能出现误差。误差取决于材料的带隙(见第3.4.2小节)。图4-8(a)给出了硅电池 $I-V$ 曲线随温度的变化，可见温度的控制对电池效率的测试非常重要。通常利用水冷结合热电偶加热控制测试温度。如图4-8(b)所示，电池被放置在一个大的金属块上，通过水冷的方式对金属块进行降温，并插入热电偶以调整温度至所需的25 ℃。

对于部分或全部触点位于电池背面的电池，或用于双面照明的电池，需要更复杂的设计。一种常用的方法是闪光测试，测量速度很快，闪光时间短。虽然这在很大程度上消除了温度控制问题，但需要精密的电子设备来快速测量并与闪光灯同步。

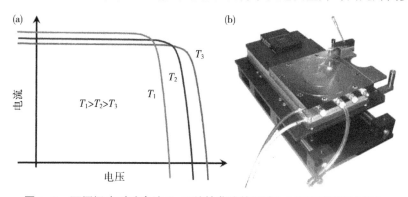

**图4-8　不同温度对硅电池 $I-V$ 特性曲线的影响(a)和控温测试台(b)**

#### 4.1.2.3　标准测试电路

在测量太阳电池的电压和电流时，为了减小接触电阻影响，应采用四引线法，即从被测件的端点单独引出电压线和电流线，应避免由电池汇流条和封装接线上的电压下降而产生的测量误差。若不采用四线制测量法，则会引入测量误差，如图4-9所示。

在此总结电池的测试标准如下：

(1)光谱：$AM$1.5(陆地用太阳电池)和$AM$0(太空用太阳电池)。

(2)光强：100 mW/cm$^2$(1000 W/m$^2$)，也叫作一个太阳光照强度。

(3)电池温度：25 ℃。

(4)四线测试：去除探针/电池接触电阻的影响。

构建一个同时满足上述所有条件的测试系统复杂且昂贵，大部分公司和实验室内部测试的条件只是近似。公司和研究机构通常将具有创纪录效率的电池送到认证实验室进行效率认证。这些效率随测试中心名称和测试日期将一起作为"效率认证证书"予以公布。

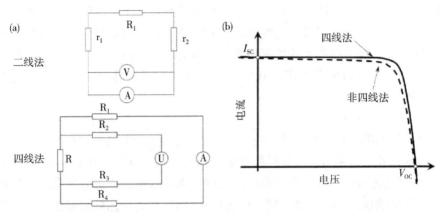

**图 4-9　二线、四线测量法电路图(a)及不采用四线制测量法引入的测量误差(b)**

### 4.1.3　$I-V$测试曲线的分析

在第 3 章中我们已经详细分析了太阳电池的各种 $I-V$ 曲线,包括光场、暗场 $I-V$ 曲线及其衍生出的理想因子-电压($m-V$)曲线,并阐述了串联和并联电阻、温度、光强、缺陷复合($J_{01}$)及边缘复合($J_{02}$)等在各性能曲线上的体现。在此不再赘述,只对光场、暗场 $I-V$ 曲线及 $m-V$ 曲线做总结描述。

#### 4.1.3.1　光场 $I-V$ 曲线

图 4-10 为太阳电池光场 $I-V$ 曲线,也是表征太阳电池性能最简单直观的方式。从曲线中可以准确获得 $V_{oc}$、$J_{sc}$、$FF$、$Eff$ 等参数,从而了解器件实际性能;另外,由点 $J_{sc}$ 和点 $V_{oc}$ 的曲线斜率可以大致得到串阻 $R_s$ 和并阻 $R_{sh}$ 的数值。但是也仅限于此,难以进一步得到用于分析器件的有效参数;且光场 $I-V$ 测试曲线受光源稳定性影响,存在一定程度的波动,从而干扰数值分析。例如,小电流测试不准确,而小电流区的信息是与 p-n 结的复合、并阻等直接相关的。

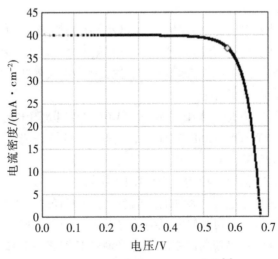

**图 4-10　太阳电池光场 $I-V$ 曲线[7]**

### 4.1.3.2　暗场 I - V 曲线

线性坐标下的暗场 I - V 曲线包含信息很少，通常在对数处理后进行分析，如图 4-11 所示。对数坐标下可以明显看到曲线分为几个区域：低压区域可以准确拟合 $R_{sh}$；理论上中压区应为斜率为 1 的直线，但是由于边缘复合、耗尽区 *SRH* 复合等 $m=2$ 的机制存在，会在中低压区形成斜率接近于 2 的直线。对曲线进行拟合可以得到 $R_s$、$R_{sh}$、$J_{01}$ 及 $J_{02}$ 等参数值，如图 4-12 所示。

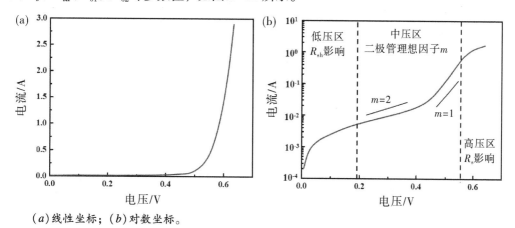

（*a*）线性坐标；（*b*）对数坐标。

**图 4-11　太阳电池的暗场 I - V 曲线**

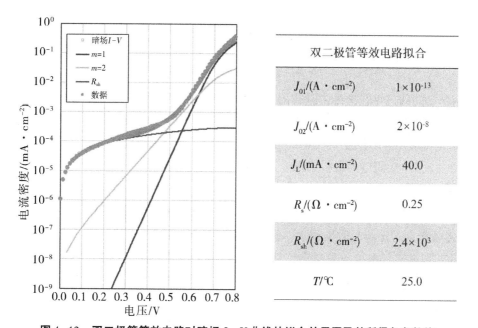

| 双二极管等效电路拟合 | |
|---|---|
| $J_{01}/(A \cdot cm^{-2})$ | $1 \times 10^{-13}$ |
| $J_{02}/(A \cdot cm^{-2})$ | $2 \times 10^{-8}$ |
| $J_L/(mA \cdot cm^{-2})$ | 40.0 |
| $R_s/(\Omega \cdot cm^{-2})$ | 0.25 |
| $R_{sh}/(\Omega \cdot cm^{-2})$ | $2.4 \times 10^3$ |
| $T/^\circ C$ | 25.0 |

**图 4-12　双二极管等效电路对暗场 I - V 曲线的拟合效果图及其所得各参数值**

但是，暗场 I - V 分析也有一定的局限性。暗场 I - V 分析方法是基于外推原则。一方面，在暗场条件下，器件在暗场条件下与光照条件下的工作方式并不一致，因此存在一定偏差，仅可作为参考；另一方面，拟合曲线由多个参数共同决定，存在多种的可能性。另外，在暗场 $I-V$ 和光照 $I-V$ 两种工作状态下，电流流动的路径并不一致，暗场 $I-V$ 估算的串联电阻是偏小的。

### 4.1.3.3 理想因子－电压（$m-V$）曲线

如图 4-13 所示的 $m-V$ 曲线是在 $I-V$ 曲线的基础上采用对数处理得到的，因此对参数变化非常敏感。实际分析电池性能时主要观察 MPP 位置，在图 4-13 中用圆圈圈出。$m$ 值越接近 1，表示在点 MPP 附近的复合越小，性能越接近理想 p-n 结；如果接近 2，表示复合显著。MPP 附近及高电压处的曲线越平，代表 $R_s$ 小，越陡则代表 $R_s$ 大。低电压区受 $R_{sh}$、$J_{02}$ 影响较显著（高峰），所以低电压区的理想因子没有参考意义，MPP 点附近受 $J_{01}$、$J_{02}$、$R_s$ 影响较显著。

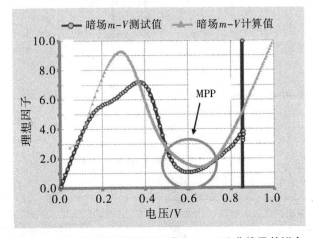

图 4-13　太阳电池理想因子－电压（$m-V$）曲线及其拟合

$m-V$ 曲线的不足之处：理想因子采用对数处理，受噪音干扰非常显著，更适合分析暗场 $I-V$，若分析光场 $I-V$，则会出现剧烈抖动而难以完全拟合某个参数，因此存在与暗场 $I-V$ 曲线一样的局限性。

### 4.1.3.4 太阳电池分析实例

以 Ag/MoO$_x$/n-Si 的接触为例，图 4-14 展示了不同的界面接触结构，测试暗场 $I-V$ 曲线，并对其进行拟合得到 $R_s$、$R_{sh}$、$J_{01}$、$J_{02}$ 等参数。图 4-14（a）中以 Ag/n-Si 的接触作为对比，$J_{01}$ 数值很大，完全覆盖了 $J_{02}$ 信息，说明界面复合极其严重。插入 MoO$_x$ 层后界面复合有效缓和，$J_{01}$ 降低至 $5 \times 10^{-12}$ A/cm$^2$，但是仍然存在一定的边缘复合，$J_{02}$ 较高。在边缘处引入 Al$_2$O$_3$ 钝化层，形成如图 4-14（d）所示的结构，降低边缘复合，拟合得到 $J_{02}$ 降低至 $5 \times 10^{-11}$ A/cm$^2$。利用叠加原理，可以根据暗场 $I-V$ 曲线及其拟合得到的性能参数推出光场 $I-V$ 曲线，如图 4-14（f）所示。也就是说，在不需要光场测试的情况下我们就可以得到某一材料或结构在太阳电池性能上的潜力。

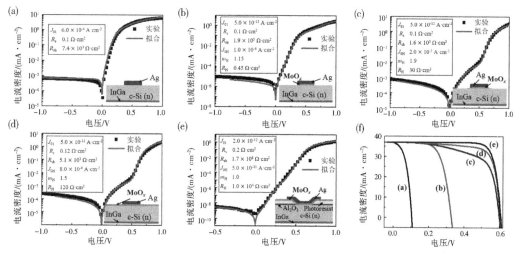

图 4-14　$MoO_x/n-Si$ 不同接触结构下测试所得暗场 $I-V$ 曲线及其相应的拟合参数[8]

　　但是需要注意的是，由于光场和暗场并不一定满足叠加原理，因此在一些特殊的情况下图 4-14(f) 的曲线会有比较大的误差。图 4-15 给出了基于 $MoO_x/n-Si$ 结构的 IBC 电池光场和暗场 $I-V$ 曲线的分析（光场需要进行 $J_{sc}$ 平移才能画半对数坐标）。可以看到，光场的曲线远远差于暗场，而从 $m-V$ 的分析可以更明显地看到光场下 $m$ 值普遍差于暗场。

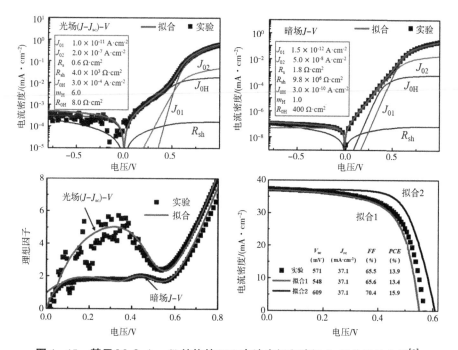

图 4-15　基于 $MoO_x/n-Si$ 结构的 IBC 电池光场和暗场 $I-V$ 曲线的分析[8]

## 4.2  $J_{\mathrm{sc}} - V_{\mathrm{oc}}$、Suns $- V_{\mathrm{oc}}$ 测试

### 4.2.1  $J_{\mathrm{sc}} - V_{\mathrm{oc}}$ 测试

$J_{\mathrm{sc}} - V_{\mathrm{oc}}$ 曲线是分离串联电阻影响分析太阳电池性能的有效方法[9]。改变电池测试光照强度，在每个光照水平下测得电池的 $J_{\mathrm{sc}}$ 和 $V_{\mathrm{oc}}$。图 4-16(a) 为太阳电池中在常规 $I-V$ 测试时的等效电路图，电流表达式为

$$I = I_{\mathrm{L}} - I_{01}\left(\exp\frac{V + IR_{\mathrm{s}}}{V_T} - 1\right) - \frac{V + IR_{\mathrm{sh}}}{R_{\mathrm{sh}}} \tag{4-4}$$

光照强度不变(一个太阳)，即 $I_{\mathrm{L}}$ 恒定，通过改变外界电压得到电流值，显然，关系式中包含串阻 $R_{\mathrm{s}}$ 的影响。

图 4-16(b) 显示了电池 $J_{\mathrm{sc}} - V_{\mathrm{oc}}$ 曲线测量时的等效电路。光照强度发生改变，即 $I_{\mathrm{L}}$ 不再恒定，而测试电路的 $V_{\mathrm{oc}}$，也就是说电路处于开路状态，电流在等效电路图中虚线框表示的范围内循环流动。电流关系式表示为

$$I_L = I_{01}\left(\exp\frac{V_{\mathrm{oc}}}{V_T} - 1\right) - \frac{V_{\mathrm{oc}}}{R_{\mathrm{sh}}} \tag{4-5}$$

对比式(4-4)和式(4-5)可以发现，$J_{\mathrm{sc}} - V_{\mathrm{oc}}$ 测试分离了串联电阻对太阳电池性能的影响。

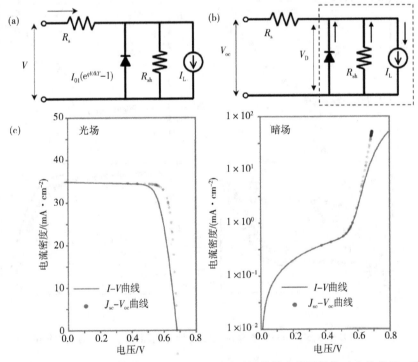

图 4-16  太阳电池常规 $I-V$ 测试，以及 $J_{\mathrm{sc}} - V_{\mathrm{oc}}$ 测试时的等效电路图及其对应的光场、暗场曲线

图 4-16(c)分别为光场和暗场条件下太阳电池的 $I-V$ 和 $J_{sc}-V_{oc}$ 测试曲线，其中点图为 $J_{sc}-V_{oc}$ 曲线。可以发现，其与光场曲线的差距体现在 $FF$ 的大小，而这个 $FF$ 差距正好是由串联电阻引起的。将光场 $I-V$ 曲线与 $J_{sc}-V_{oc}$ 进行比较，可以得到串联电阻 $R_s=\Delta V/J$。暗场测试下，两条曲线在低压区完全重合，而在高压区差距明显。在前文的讨论中我们知道，暗场 $I-V$ 曲线的高压区域主要受到串联电阻的影响。

由以上讨论可知，$J_{sc}-V_{oc}$ 测试可以有效地分离串联电阻和边缘复合等因素对太阳电池 $FF$ 的损害，对于电池性能分析有很重要的意义。但是，在测试方面有一定的挑战：

(1)每改变一次光照强度，都要测试 $I-V$ 曲线并提取开路电压和短路电流，相对来说测试难度较大。

(2)$V_{oc}$ 依赖于温度，当光照变化时，电池或组件的温度会有很大的变化。如何恒温测试是一个很大的挑战。

(3)当串联电阻较高时，$J_{sc}$ 会随光照变化，而高串联电阻在电池中比较常见。

(4)当在点 $V_{oc}$ 时，外部电流为零，但内部电流可能很大。例如，局部分流(并联电阻)可能会从周围区域引起相当大的电流，导致整个太阳能电池 $V_{oc}$ 的变化。

针对这些问题，研究人员开发了 Suns$-V_{oc}$ 技术，基本上解决了前三个问题。

## 4.2.2　Suns$-V_{oc}$ 测试

Suns$-V_{oc}$ 测量与 $J_{sc}-V_{oc}$ 测量非常相似，不同的是 Suns$-V_{oc}$ 使用一个缓慢衰减的闪光灯作为测试光源，通过一个单独的标准太阳电池来监测光照强度。测试得到光强和 $V_{oc}$ 随时间的变化，从而得到光强和 $V_{oc}$ 的对应关系。因为测量单元电压相对更为简单，所以 Suns$-V_{oc}$ 可以非常快速地完成测试。和 $J_{sc}-V_{oc}$ 测试一样，Suns$-V_{oc}$ 测量提供了不受串联电阻影响的二极管 $I-V$ 曲线。[10, 11]

在测试过程中，由于需要测试器件的开路电压，因此对于测试样品需要其至少有载流子的分离区(即 p-n 结)，同时两端必须是有电极接触的。因此金属化后的电池无法采用 Sinton 等测试少子寿命或是钝化性能，但是可以采用 Suns$-V_{oc}$ 进行测试分析。另外，通常做完扩散后的电池前躯体只要能有效分离形成压降差也是可以进行测试的。图 4-17(a)给出了目前常用来测试 Suns$-V_{oc}$ 的闪光测试系统示意。通过一个光强缓慢变化的闪光灯，实现光强变化。然后用光强探测器时实探测光强变化。用探针测出样品上的开路电压同光强的变化关系。

图 4-17(b)给出了测试结果，即闪光灯强度和测试样品开路电压同时间的变化关系，其中右边纵轴为光强度(suns)，而右边的坐标为 $V_{oc}$(单位：V)。Suns$-V_{oc}$ 并没有测试电池的 $J_{sc}$，从图 4-17(c)所示的测试界面可以看到，测试时需要手动输入参数。因为在温度恒定时，$J_{sc}$ 只与光强相关，所以可以根据标准电池所测光强得到不同点 $V_{oc}$ 点对应的 $J_{sc}$ 值，最终绘制 $J_{sc}-V_{oc}$ 曲线。Suns$-V_{oc}$ 测试可以获取 $V_{mp}$、$V_{oc}$，以及 $R_s$、$R_{sh}$ 等参数。同时根据测试数据给出忽略串联电阻的电池效率。

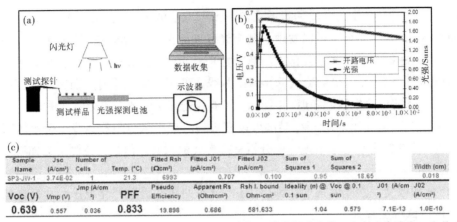

| Sample Name | Jsc (A/cm²) | Number of Cells | Temp. (°C) | Fitted Rsh (Ωcm²) | Fitted J01 (pA/cm²) | Fitted J02 (nA/cm²) | Sum of Squares 1 | Sum of Squares 2 | Width (cm) |
|---|---|---|---|---|---|---|---|---|---|
| SP3-JW-1 | 3.74E-02 | 1 | 21.3 | 6993 | 0.707 | 0.100 | 0.95 | 18.65 | 0.018 |

| Voc (V) | Vmp (V) | Jmp (A/cm²) | PFF | Pseudo Efficiency | Apparent Rs (Ohmcm²) | Rsh l. bound Ohm-cm² | Ideality (n) @ 0.1 sun | Voc @ 0.1 sun | J01 (A/cm²) | J02 (A/cm²) |
|---|---|---|---|---|---|---|---|---|---|---|
| 0.639 | 0.557 | 0.036 | 0.833 | 19.898 | 0.686 | 581.633 | 1.04 | 0.579 | 7.1E-13 | 1.0E-10 |

（a）测试原理示意；（b）测试所得光强和电池开路电压随时间的变化；（c）测试时输入和输出的参数截图。

**图 4-17　Suns-$V_{oc}$曲线的测试**

此外，还有一个值得注意的参数，即 $V_{oc}$@0.1 suns[图 4-17(c)]，即在 0.1 个标准太阳光强照射时的 $V_{oc}$，此时的注入量 $\Delta n \approx 10^{15}$ cm$^{-3}$，接近太阳电池器件的实际工作点。$V_{oc}$@0.1 suns 与 $V_{mp}$ 之间的差距大小可以用来评估器件的并联电阻、材料质量等。并联电阻很差的话，$V_{oc}$@0.1 suns 相比于 $V_{mp}$ 会低很多。

### 4.2.3　串联电阻的提取和分析

图 4-18 中给出了 Suns-$V_{oc}$测试设备及由其得到的 $I-V$ 曲线，这条曲线与电池光场 $I-V$ 曲线对比存在着一定电压差（$\Delta V$），这是由串联电阻引起的电压损失。因此可以通提取曲线上某点的 $\Delta V$ 信息获取该点对应的电阻，即 $R_s = \Delta V/J$。[12-14]

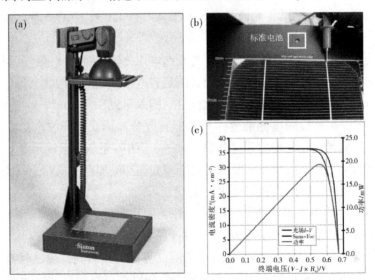

（a）设备实物；（b）测试方法（探针接触电池的栅线电极，框内为测试光强的标准电池）；（c）Suns-$V_{oc}$测试和光场测试得到的 $I-V$ 曲线对比。

**图 4-18　Sinton 公司的 Suns-$V_{oc}$测试设备**

另外，可以将图 4-17(b) 中的光强和开路电压一一对应，作出如图 4-19 所示的光强 - 电压关系曲线，利用双二极管模型对该曲线进行拟合，也可以得到复合电流密度 $J_{01}$ 和 $J_{02}$ 的数值：

$$J_{L}(\text{suns}) = J_0 \exp\left(\frac{qV_{oc}}{nkT} - 1\right) = J_{01} \exp\left(\frac{qV_{oc}}{kT} - 1\right) + J_{02} \exp\left(\frac{qV_{oc}}{2kT} - 1\right) \quad (4-6)$$

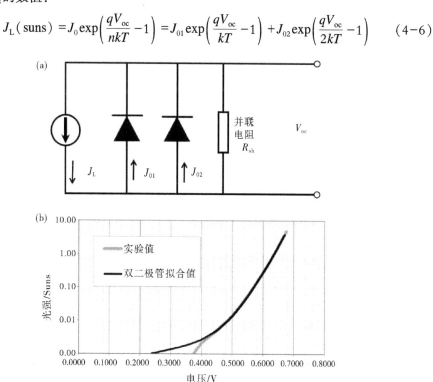

图 4-19　Suns $-V_{oc}$ 测试双二极管等效电路及其光强 - 开路电压曲线拟合

## 4.3　反射光谱和量子效率谱测试

### 4.3.1　反射光谱测量及分析

当一束光子遇到了折射系数发生变化的媒介时，一些光被反射，一些光折射进入到介质中。材料的折射系数都为复数，即

$$n = n_1 - \mathrm{i}K \quad (4-7)$$

其中，$n_1$ 为折射系数的实部，$K$ 是折射系数的虚部，也称为消光系数。

入射到平面的光的反射率 $R$ 表示为

$$R = \frac{(n-1)^2 + K^2}{(n+1)^2 + K^2} \quad (4-8)$$

测试过程中，我们需要清楚镜面反射与漫反射的差异。漫反射的反射率的测试需要利用积分球，积分球的测试原理如图 4-20 所示，将样品放置在积分球背面，光束照射在样品表面发生反射，积分球收集这些反射光。

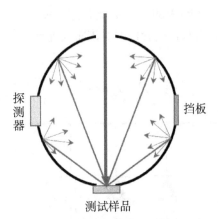

图4-20 积分球测试样品反射率示意

积分球内的反射表面是一个朗伯面(当入射照度一定时,从任何角度观察,其反射亮度是一个常数),从样品表面散射的光在积分球内表面发生多次反射,直到能够通过一个开口从积分球内部发射出来,或者被反射表面、积分球内的光学探测器或挡板吸收。这种多重反射使光很快就能达到稳定,在积分球内所有点处相等。因此,在积分球内某一位置放置探测器即可得到样品表面反射光的信息。

采用积分球测试具有以下的优点:

(1)对漫反射和镜面反射都能够有效地精确测量;

(2)对于表面不均匀的样品也能够均匀地探测反射;

(3)减少了样品和光束之间的偏振效应;

(4)采用特殊的积分球可以测试绝对效率。

对于硅太阳电池,可以使用紫外-可见分光光度计测试样品的反射谱。积分球的大小决定了束斑大小,也就是照在样品表面的光斑大小。这种方法的测试区域有限,对于表面均匀度较差的样品无法精确表征。另外一种方法是采用光斑对样品表面进行扫描,获得整个表面的反射率信息。

## 4.3.2 外量子效率(EQE)谱测试

光谱响应和量子效率曲线 $QE(\lambda)$ 是了解光伏器件中电流产生、复合和扩散机理的一种基本方法。在第3章中我们已经介绍了外量子效率($EQE$)和内量子效率($IQE$)的定义和计算方法:

$$EQE = \frac{测量的电子数}{入射的光子数}, \quad IQE = \frac{测量的电子数}{被吸收的光子数} \tag{4-9}$$

其中,$EQE$ 可以直接测量得到,$IQE$ 要通过结合反射光谱和透射光谱进行计算得到。

在实际测量中,采用专用的量子效率测试仪。其结构较为复杂,大体包含光源、单色光处理系统、信号处理系统和样品测试平台几大部分。光源产生的光经滤波,产生不同波长的单色光,经被检测太阳电池材料或器件后,产生电子信号,然后通过锁相放大器放大,获得材料或者器件在不同波长处的光-电转换效率(光谱响应)。

　　与 $I-V$ 测试相同，量子效率测试通常采用氙弧灯或者卤钨灯作为太阳模拟器，可采用高强度的白炽灯（钨灯）或者一个稳定的、低功率的氙弧灯。氙弧灯在可见光部分具有非常强的光（特别是蓝绿光部分），从而提高信噪比。

　　光的单色处理有几种方式，包括干涉滤波片、光栅单色仪和干涉计系统等。用单色滤光片测量，由于滤光片面积较大，可以保证被测电池能均匀地全部被单色光照射；用单色仪测量时，光斑小，只能照到某一部位进行绝对测量，误差较大。光路需要做特殊处理，使光束变成平行光，并且狭缝宽度不能太大，否则波长误差较大。

　　测试的方法分为直流方法和交流方法，前者需要使样品完全避光。交流测试方法的原理是使周期性变化的单色光（一般光经过斩波器之后变成周期性的光）在器件中产生交流光电流并转变成交流电压，随后通过锁相放大器测得。在测试过程中，可以用一个直流偏置白光使器件刚好处于设计的工作点附近（短路电流点），比如将偏置光的强度调整到一个太阳，测得的光电流经常为微安到安量级。由于这种方法不需要避光处理，并且信噪比较高，因此得到广泛使用。

　　采用锁相技术的交流方法原理如图 4-21 所示。首先将光用斩波器转变成一定频率的交变光，这个交变的单色光照到电池上，产生的交变电流信号和同样频率调制的参考信号通过相敏放大器后变成直流输出。标准探测器和测试电池的光电流要同时进行测试，计算机同时记录标准探测器和电池的光电流，通过获得的标准探测器在一定波长下的光电流对应的功率，计算电池的绝对效率。因为锁相放大器能抑制各种频率和相位的噪声，所以测量的准确度很高，而且被测电池可以不加任何屏蔽装置。

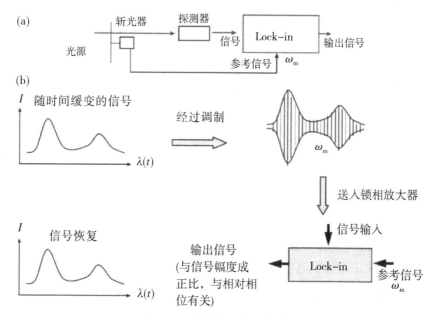

**图 4-21　锁相放大器工作过程**

　　交流测量方法还有一个重要的特点，它可以在已经照射交变光的太阳电池上叠加任意光强的恒定白光，起偏置作用。除了单色光产生的电子-空穴对，电池内部还有偏置光激发的大量电子-空穴对。当结区存在复合中心时，在有偏置光的情况下很快被填满，对附近的单色光产生的电子-空穴对不起作用。但是当没有偏置光的作用时，电池产生的部分电子-空穴对就将被复合掉，导致接收效率的下降。因此，对于某些特定类型的太阳电池，为了反映其实际使用情况，在测量光谱响应时应给电池一定的白光偏置。也就是除了交流测量所需的装置，还需要加一套偏置光源，这套光源的光强应能调节。

#### 4.3.2.1　基于滤波片的测试系统

图 4-22 显示了以滤波片为单色光处理方式的光谱响应测试系统，光源发出的宽带光经过干涉滤光片变成单色光后，引向测试器件。滤波片的轮可以在逻辑数字或者步进电动机控制下发生旋转，从而改变单色光波长。利用热电辐射计和校准的硅探测器测试单色光束的功率。

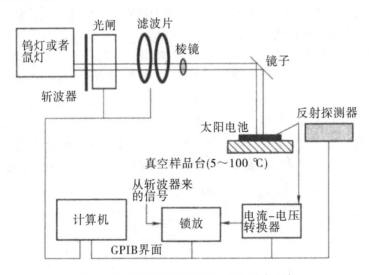

图 4-22　基于滤波片的光谱响应测试系统

这种测试系统功率高、光束面积大，因此适合包含多个电池的组件的光谱响应测试。测试时单色光能够照射到整个电池组件。但是，这种方法存在一个较为严重的问题，不同电池在同一波长照射之下的短路电流是不一样的，而组件中串联电池的总短路电流受到具有最低短路电流的单个电池的限制（等于这个最低值），从而使各个电池处于不同的偏压之下（并不是短路状态），在测试时需要给组件加上合适的偏压。

#### 4.3.2.2　基于光栅单色仪的光谱响应测试系统

图 4-23 是基于光栅单色仪的光谱响应测试系统示意图，通过改变光栅的角度，实现出射单色光波长的改变，然后通过对不同光产生的电流大小，和校准探测器的数据进行对比，获得每个波长下的量子效率。以单色仪为基础的测试系统的光源能够在经过离单色仪 3 mm 的出射光阑后在样品表面聚焦成 1 mm 的方形光斑，光强放大了近 1 倍。一般来说，相对于基于滤波片的测试系统，基于光栅的单色仪系统的光学输出较低，但是谱分辨率更高。

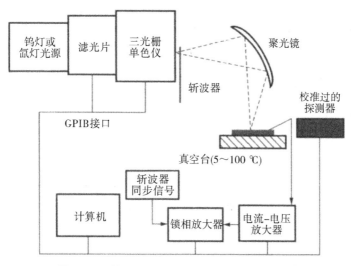

**图 4-23　基于光栅单色仪的光谱响应测试系统**

### 4.3.2.3　叠层太阳电池对的光谱响应测试

正如前面所述原因，以上两种系统一般在测试非晶硅或者聚光太阳电池时，还需要加上偏置光源。另外，对于多结叠层太阳电池，由于叠层电池与单结电池的工作方式不同，因此它的光谱响应测试不同于单结电池。

下面以双结叠层电池为例进行说明，如图 4-24(a)所示，该电池实际上包含两个独立的三层薄膜子电池(每一个都具有 p-n 结构)的叠加。这两个子电池自然形成一体，彼此不能分离。两个子电池吸收层具有不同的光学带隙，因此其光谱响应波长不同。当使用单色光照射叠层电池时，只有其中一个子电池有光谱响应，处于导通状态，而另一个子电池对于该波长的光并不响应，处于关断状态。由于两个子电池串联，因此整个叠层电池不能导通。

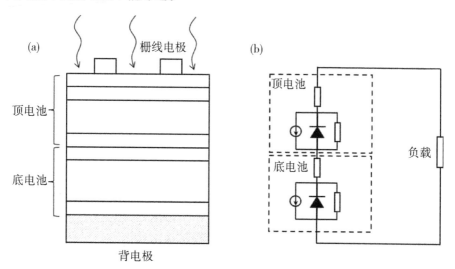

**图 4-24　双结叠层电池结构示意及其等效电路**

也可以从等效电路来理解叠层电池的测试问题。叠层太阳电池相当于两个子电池串联起来工作，等效电路如图 4-24(b) 所示。组成叠层电池的子电池一般情况下相当于一个二极管、一个恒流源和串联、并联电阻。两个子电池串联相接，总电流必须通过叠层电池的各个子电池，因此总的压降等于各个子电池压降之和。从外电路测量只能确定总电压，而无法得知各个子电池的电压。如果按照单个电池的测试方法(用单色光照)测试叠层太阳电池，那么得到的光谱响应(量子效率)曲线并不能真实地反映叠层电池的光谱响应特性。例如，当只有蓝光入射到电池上时，几乎都被顶层的子电池吸收。这就相当于第一个二极管子电路处于导通状态，而第二个二极管子电路处于关断状态，因此总的电流输出为零。相似的情况也出现在红光照射中。只有在中间波段，上面和下面的子电池都有光吸收时才会使电流值不为零，但也会由于上、下子电池吸收的不平衡而产生子电池光生电流的差别，从而使总电流受小电流子电池的限制。这一问题的解决方案是给电池加上偏置光。偏置光的强度要比测试用的单色光强很多，能使两个子电池始终都处于导通状态。此时无论是哪个子电池上产生的单色光响应信号，都会被电极引出，并被测试仪器测出。

由多结光电池的结构可知，测量过程中，施加偏置光后，会导致串联的子电池中一个响应最差的子电池处于反向偏压状态，偏压大小约等于其他非被测子电池开路电压之和，而其他子电池处于正向偏置状态。因此，必须对光电池施加适当的正向偏压，保证被测电池处于零偏压状态，而其他电池在正向偏压下工作。

### 4.3.3 量子效率谱线分析

#### 4.3.3.1 内量子效率($IQE$)谱

$IQE$ 的获取，是在 $EQE$ 的基础上减去由反射透射引起的光学损失部分，可由下式计算所得：

$$IQE(\lambda) = \frac{EQE(\lambda)}{1 - R(\lambda) - T(\lambda)} \qquad (4-10)$$

其中，$R(\lambda)$ 和 $T(\lambda)$ 分别为太阳电池的光反射和透射率。图 4-25 中分别展示了 $EQE$、反射谱线及其计算所得 $IQE$ 谱线。

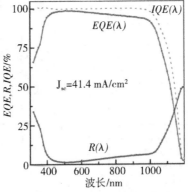

图 4-25  硅太阳电池的 $EQE$、反射谱线及其 $IQE$ 谱线[15]

从图 4-25 中可以发现，短波范围内 $IQE$ 其实并不低，但是 $EQE$ 却较低，这是由短波段光的反射率较大造成的。对各个波长下的光谱通量和 $QE$ 的乘积进行对波长的积分再乘上电子电量可以得到太阳电池的电流密度数值：

$$j_{ph}(V) = e \cdot \int QE(\lambda, E)\phi(\lambda)d\lambda \qquad (4-11)$$

其中，$\phi(\lambda)$ 为 $AM1.5G$ 对应的光谱通量。

#### 4.3.3.2  $QE$ 谱线的分析

根据不同波长的光在电池内部的吸收深度，量子效率通常被用于表征表面反射结构或是各界面钝化的好坏。图 4-26 显示了硅太阳电池的 $IQE$ 曲线，随着背钝化效果的提升，长波范围的光谱响应有明显的提升，而短波响应几乎没有变化。

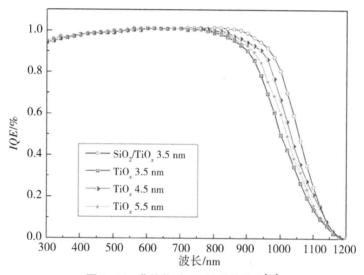

**图 4-26  背钝化对 $QE$ 谱线的影响**[16]

电池前表面的特性理所当然会影响短波范围的光谱响应。图 4-27 对比了晶体硅 p-n 结太阳电池前表面复合强度对 $IQE$ 谱线的影响[17]。图 4-27(a)描述了不同扩散温度下掺杂浓度随深度的变化，温度越高，p-n 结深度变大，使俄歇复合升高，对应于图 4-27(b)中短波 $IQE$ 响应的降低。

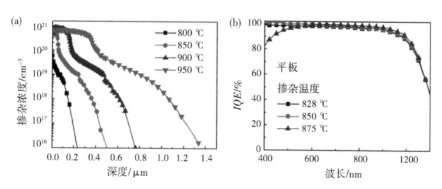

**图 4-27  不同扩散温度下硅太阳电池的 p-n 结扩散深度(a)及其对应的电池 $IQE$ 谱(b)**[17]

太阳电池受光面的光学性能对短波 *QE* 响应的影响极为明显。如图 4-28(a)，制备的陷光结构增强了前表面的光吸收，*IQE* 谱线中小于 600 nm 的光谱响应明显增强。图 4-28(b) 中黑色实线为硅异质结(SHJ)太阳电池的量子效率曲线，因为非晶硅材料光学寄生吸收较为严重，所以短波段响应要弱于掺杂 p-n 结太阳电池。针对此问题，研究人员提出利用宽带隙的 $MoO_x$ 材料代替 p 型掺杂的非晶硅作为空穴选择性接触层[18]，短波响应明显提高，经过改善后，电池短路电流密度提高了约 2 mA/cm$^2$。

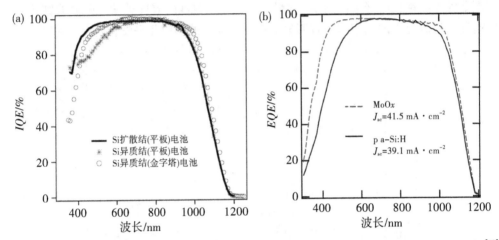

(a)陷光结构对短波 *QE* 响应的提升；(b)受光面替换宽带隙功能层对短波 *QE* 响应的提升。[18]

**图 4-28　前表面光学吸收对 *QE* 响应的影响**

### 4.3.3.3　叠层太阳电池的 *QE* 响应

图 4-29 为典型的钙钛矿/硅双结叠层太阳电池结构和 *EQE* 响应谱。从图 4-29 (b) 中可以看到，钙钛矿电池为顶电池，主要吸收短波范围的光，因此 *EQE* 响应主要在 300～700 nm 范围，而硅电池作为底电池吸收长波段的光，*EQE* 响应集中在 700 nm 以上范围。由图 4-24(b) 的等效电路可知，叠层电池可以看作顶电池和底电池的串联，输出电流被电流密度更低的子电池限制，因此在设计电池时应综合考量两个子电池的吸收范围，保证各子电池电流密度尽量相等，最大限度地降低电流损耗。图 4-29 中顶电池和底电池的 $J_{sc}$ 均约为 19.7 mA/cm$^2$，得到了 28.1% 的转换效率。[19]

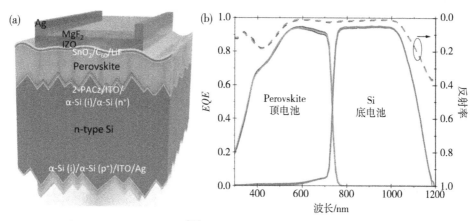

（a）结构示意；（b）$EQE$ 响应曲线。[19]

**图 4 -29　钙钛矿/硅双结叠层太阳电池**

## 4.4　少子寿命测试

少子寿命可以精确地衡量电池钝化性能的好坏，是表征硅片质量、钝化膜质量等的关键参数。实际测试中得到的寿命是发生在硅片或者太阳电池不同区域的所有复合种类叠加的净结果，称为有效少子寿命。[20] 在第 2 章中我们对复合种类及其相对应的少子寿命做了详细的介绍，有效少子寿命可表示为[21, 22]

$$\frac{1}{\tau_{eff}} = \frac{1}{\tau_{bul}} + \frac{1}{\tau_{sur}} \tag{4-12}$$

其中，$\tau_{bul}$ 和 $\tau_{sur}$ 分别为硅体内少子寿命和表面少子寿命。体寿命又受到辐射复合、俄歇复合及缺陷辅助复合的共同影响：

$$\frac{1}{\tau_{bul}} = \frac{1}{\tau_{rad}} + \frac{1}{\tau_{Aug}} + \frac{1}{\tau_{SRH}} \tag{4-13}$$

表面复合程度通常用表面复合速率表征，如果定义硅片前后表面的复合速率分别为 $S_{front}$ 和 $S_{back}$，硅片的厚度为 $W$，体材料中载流子的扩散系数为 $D_{bul}$，可以得到测试样品的有效少子寿命的表达式：

$$\frac{1}{\tau_{eff}} = \frac{1}{\tau_{bul}} + \pi^2 \frac{D_{bul}}{W^2}, \; S \gg D_{bul}/W \tag{4-14}$$

$$\frac{1}{\tau_{eff}} = \frac{1}{\tau_{bul}} + \frac{S_{front} + S_{back}}{W}, \; S \ll D_{bul}/W \tag{4-15}$$

当前后表面复合速率相等时，上述式子简化为

$$\frac{1}{\tau_{eff}} = \frac{1}{\tau_{bul}} + \frac{2S}{W} \tag{4-16}$$

可以看出，有效少子寿命主要依赖于硅体内和前后表面的复合程度，因此，在少子寿命的表征和分析中，最重要的是能够将不同复合机理从寿命测试的结果中分离出来，并且能够限定在太阳电池器件中发生主要损失的区域。

### 4.4.1 少子寿命测试的意义

有效载流子寿命是硅太阳能电池器件设计、生产和过程控制的核心参数。少子寿命的测试在硅片工艺监测和优化、太阳电池制备过程中的工艺调控、器件性能评估上有极其重要的意义。下面从原材料硅片的监测或者筛选，以及太阳电池的工艺监控两个方面进行陈述。

#### 4.4.1.1 监测硅片的质量

为了能够较为准确地获得材料的体寿命，需要对硅片的表面进行钝化，从而减少表面的复合速率使其低于 $D_{bul}/W$，继而计算出 $\tau_{bul}$。

由表面有效少子寿命测量值可确定体少子寿命或表面复合速率。根据表面钝化的状态可以分成两种情况(以下讨论的都基于前后表面为对称结构的前提)。

(1)表面复合速率很高。表面未经钝化或钝化很差，若硅片体寿命很高，则有效少子寿命为 $(W/\pi)^2/D_{bul}$，只反映了硅片几何尺寸和扩散长度的特性，而与表面复合速率和体寿命都无关。例如，在太阳电池生产线进行硅片分选测试时，表面未经钝化处理，不论硅片体寿命多少，测试值均为 $1\sim 2$ μs。但是，如果体少子寿命非常低，接近或低于 $(W/\pi)^2/D_{bul}$，体寿命就会对有效少子寿命产生影响。例如，在分选时测试得到的寿命低于 1 μs，表明硅片质量已经非常差了。需要注意的是，未钝化的硅片有效寿命为 $1\sim 2$ μs 并不能确定其体少子寿命的真实值。

(2)表面复合速率很低。硅片的前后两个表面都经过很好的钝化后，其少子寿命符合式(4-16)。若体寿命很高，则有效少子寿命近似等于 $W/2S$。若表面复合速率非常低或体寿命不是很高，则有效少子寿命近似等于体少子寿命 $\tau_{bul}$。当体寿命接近 $W/2S$ 时，各参数关系按照式(4-16)处理。

一般很难由单一的有效少子寿命测量值确定两个未知参量(体寿命和表面复合速率)，因此在实际测量中应尽量弱化两者中的一个因素的影响。如果需要测试硅片的体寿命，就应将其表面钝化得非常好，使有效少子寿命接近体寿命。例如，为了测量体寿命值大于 100 μs 的样品，表面复合速率应小于 10 cm/s。若需要评价某种技术或薄膜的钝化特性(表面复合速率 $S$)，则应选用体寿命非常高的硅片，使有效少子寿命只受到 $S$ 的影响。

#### 4.4.1.2 对硅太阳电池工艺的监控

硅太阳电池生产过程中，通常在发射极扩散之后进行寿命测试，因为在这个阶段测试的寿命经常对太阳电池的效率具有非常好的预测性。

硅片表面的扩散层和氧化本身就可以作为一种表面钝化层。在存在发射极或者背场的情况下，一般用饱和电流密度来描述表面钝化或者发射极、背场的好坏[23]，因为它们与电流、开路电压甚至填充因子紧密相关：

$$\frac{1}{\tau_{eff}} = \frac{1}{\tau_{bul}} + \frac{J_{0efront} + J_{0eback}}{qn_i^2 W}(\Delta n + N_A) \tag{4-17}$$

其中，$J_{0e}$ 可以是掺杂扩散形成的发射极饱和电流密度，也可是背场的饱和电流密度。

式(4-17)不只适用于前后表面对称的结构，当前后表面都进行相同的掺杂和钝化，即 $J_{0efront}=J_{0eback}$ 时，还可以得到统一的 $J_0$ 值。除了高掺杂的发射极和背场，带有大量固定电荷的电介质薄膜也会在钝化的表面诱导形成结或者耗尽区域。所有这些情况都可以用饱和电流密度表征发生在这些重掺杂或者电荷诱导形成空间电荷区域的复合。

通过测试表面复合速率与过剩载流子浓度(注入水平)之间的关系曲线，可以唯一地确定在电池相关工作范围的体寿命和发射极饱和电流密度。

## 4.4.2　少子寿命测试方法

光注入产生过剩载流子，而过剩载流子的产生会导致光电导的变化，过剩载流子越多，光电导越大。因此，电导率的变化可以反映出其过剩载流子的变化，从而得到载流子的复合速率。具体的测试方法种类繁多，但是大体可以分为以下几类，见表4-3。

表4-3　少子寿命测试方法的分类和说明

| 分类依据 | 方　法 | | 特　征 | |
| --- | --- | --- | --- | --- |
| 信号接收方式 | 接触式 | | 需要制备金属电极，测量流过金属电极的电流形成的电压 | |
| | 非接触式 | | 无须制备金属电极，可在各个阶段测量 | |
| 光注入强度 | 大信号 | | 光束在半导体内产生大量载流子 | |
| | 小信号 | | 调制的激光束注入较少载流子 | |
| 测量信号方式 | 基于光电导的方法 | 探测信号特征时间 | 稳态光电导法 | |
| | | | 准稳态光电导法 | |
| | | | 瞬态光电导法 | |
| | 基于表面光电压的方法 | | 光照后表现电势发生变化，形成表面空间电荷区域收集少子 | |
| | 直接测试过剩载流子浓度的方法 | | IR 载流子密度成像和调制自由载流子吸收 | |

(1)根据信号接收方式的不同可以分为接触式和非接触式。接触式测试中，样品(硅锭或硅片)上需要有电极，基本工作方式是测试硅器件的开路电压和短路电流的衰减。非接触式测试的优点在于不需要金属电极，而是通过某种入射波的反射、透射、电感耦合等方式探测信号，这样就可以在电池的制备过程中对金属电极制备之前的工艺进行监控。另外，如果在测试之后需要进行下一步的工艺，那么非接触式的测试技术能够降低对硅片的污染。正是由于这些优点，在硅太阳电池研究或者生产中，大多使用非接触式测量方法，如经常用到的光电导测试方法。

(2)根据光注入强度的不同，寿命测试方法也可以分为大信号方法和小信号方法。许多商业测试系统，如瞬态微波光电导衰减测试就是一种小信号方法。类似于量子效率测试，它使用调制的激光束在半导体中产生相对小量的载流子，并给样品提供偏置光作为背底光照。使用电子放大和锁相技术，从背底光照射中将光激发产生的小信号分离出来。但是这种测量的结果一般来说与真实的复合寿命不一样。准稳态光电导方法是一种大信号方法，它可以在任何注入水平下不需要对微分量进行积分而直接测试样品实际的有效寿命。

在过去的十几年里，各种非接触式测量载流子寿命的方法已经在光伏领域中得到了成功的应用。非接触式监控过剩载流子浓度的探测方法主要包括：微波反射，射频（RF）电感涡流传感器，样品中的过剩载流子的红外吸收或者发射，或者通过荧光传感器探测过剩载流子通过辐射复合发射的光子（光致发光）。一旦建立了测量信号与载流子浓度之间的关系，那么所有的这些探测器都可以在稳态、准稳态及瞬态模式下使用。表4-4给出了采用这几种探测器测试少子寿命方法的优缺点。

表4-4 采用非接触式探测器测量少子寿命的方法比较

| 测试方法 | 探测过剩载流子的方法 | 测试方法的利弊 |
|---|---|---|
| RF-准稳态（RF-QSSP） | 利用涡流传感感知光电导，并用已知迁移率函数转换为过剩载流子浓度 | 适用范围广。需要对迁移率和光生速率计算或测量。无法测量扫描绘图。低载流子浓度下出现捕获和耗尽区调制造成的假象 |
| RF-瞬态（RF-Transient） | 利用涡流传感感知光电导，并用已知迁移率函数转换为过剩载流子浓度 | 校准简单。低载流子浓度下出现捕获和耗尽区调制造成的假象 |
| ILM/CDI | 红外自由载流子吸收或发射 | 高分辨率成像能力。表面结构时结果复杂，低载流子浓度时受捕获和耗尽区调制影响 |
| μ-PCD | 通过微波反射测试光电导。通过偏置光来改变载流子浓度，或者在一个非常短的脉冲中注入已知数量的光子 | 具有高分辨率成像能力。在某些注入水平或掺杂范围内光电导的非线性检测，一些情况下穿透深度可比拟样品厚度。低载流子浓度时受捕获和耗尽区调制影响 |
| 光致发光测试（photoluminescence） | 带隙光发射，辐射发光系数模型和再吸收的模型 | 在低载流子浓度下也可以得到无干扰的数据。用于非成像和高分辨率成像应用。掺杂依赖性强，光子重吸收依赖于表面结构、探测器EQE和样品厚度 |

## 4.4.3 基于光电导（PCD）技术的少子寿命测试

利用光电导测量少子寿命的方法有不同种类，但都是非接触式测量。测试原理就是光激发产生过剩载流子，这些过剩载流子在样品的暗电导基础上产生额外的光电导。额外的光电导反映了过剩载流子浓度及过剩载流子浓度随着时间的变化关系，也就是少子寿命的信息。光电导方法根据在测试时光照的时间特性，可以分成三类，分别为瞬态光电导衰减法、稳态光电导法和准稳态光电导法。

在瞬态衰减法中，光激发产生过剩载流子的过程被急剧地中断，测量载流子消失的速率 $\mathrm{d}n/\mathrm{d}t$ 和过剩电子浓度 $\Delta n$。过剩载流子浓度变化的速率等于复合概率：

$$\frac{\mathrm{d}(\Delta n)}{\mathrm{d}t} = -\frac{\Delta n}{\tau_{\mathrm{eff}}} \tag{4-18}$$

显然，过剩载流子浓度随着时间呈指数衰减，这意味着在 1 倍寿命的时间长度之后，还存在 37% 的电子，在 3 倍寿命的时间长度之后电子降低到 5%。这种方法基于测试载流子随着时间的相对变化的，对于过剩载流子的测量不是绝对的，而是相对的，因此结果比较粗略。而且，对于少子寿命较短的样品，瞬态方法测量较为烦琐，需要电子学仪器记录非常快的光脉冲和光电导衰减信号。

瞬态光电导衰减（TPCD）测试利用一个短脉冲作为光源。在它灭掉以后，脉冲产生的荷电载流子的衰变通过光电导随着时间的变化来监控。广泛使用两种不同的 PCD 探测方法：电感耦合 PCD 和微波 PCD（MW-PCD）。前者通过给电感线圈施加电压来探测过剩载流子的变化；后者是将微波辐射到样品上，不同电导的硅片对发射来的微波信号具有不同的反射量，通过测量反射回来的微波量来评估硅片中的光电导。

稳态光电导法是利用恒定的光照保持一个稳定的载流子的产生率，通过产生和复合之间的平衡来测定有效寿命。这种方法能够测试非常低的寿命。在稳态法中，光电导正比于光生载流子浓度以及它的寿命。定义在硅片中的产生率 $G$ 为

$$G = \frac{\Delta N}{\tau_{\mathrm{eff}}} \tag{4-19}$$

其中，$\Delta N$ 是过剩载流子的总量。该过程假定样品整个厚度中产生率是均匀分布的，并且具有均匀的过剩载流子浓度。实际上它们并不均匀，因此在应用时认为 $\Delta N$ 是一个平均值。因为样品受热后载流子寿命极易发生变化，所以稳态方法很少被使用。

瞬态和稳态 PCD 是光电导随着时间衰减的两个特殊例子。如果光强衰减的速度足够慢，那么样品中的载流子数量总是近似稳定的。基于此认知产生了准稳态光电导方法（QSSPC）：

$$\tau_{\mathrm{eff}} = \frac{\Delta n(t)}{G(t) - \dfrac{\partial \Delta n}{\partial t}} \tag{4-20}$$

假定过剩载流子在样品内部均匀分布，式（4-20）中的 $\Delta n$ 是平均过剩载流子浓度，以总的过剩载流子数目除以硅片厚度表示。但是需要注意的是，实际过剩载流子浓度是与在体硅中的位置相关的，因此只有当体扩散长度大于硅片厚度、表面复合速率较低时这种均匀分布的假设才会成立。

图 4-30 展示了瞬态、稳态及准稳态光电导测试方法的光照强度和过剩载流子浓度变化。QSSPC 包含瞬态和稳态两种 PCD 方法的优点，对于短寿命和长寿命的样品都可以进行很好的测试。确切地说，准稳态光电导这种称谓是各种情况下的统称。例

如，在测试短寿命样品的情况下，过剩载流子寿命与光照衰减时间相比很短，由于在载流子的产生和复合之间存在一个很好的平衡，因此这种方法本质上是稳态的。而当测试长寿命样品时，过剩载流子寿命与光照衰减时间相当，甚至长很多，才最有可能是准稳态的。

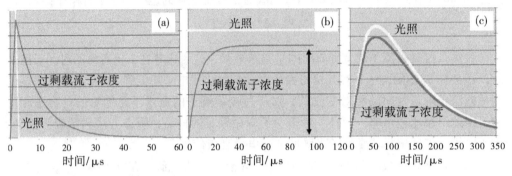

（a）瞬态；（b）稳态；（c）准稳态。

**图 4-30　瞬态、稳态以及准稳态光电导测试中光照强度和过剩载流子浓度的变化**

Sinton 公司引进的非接触式和低成本的 QSSPC 测试设备是这种技术在太阳电池领域使用得最多的设备。目前太阳电池研究和制造业中最常使用的是准稳态光电导法和瞬态光电导法，而稳态光电导法很少应用。Sinton 公司引进的非接触式和低成本 WCT-120 是典型的利用准稳态光电导技术的设备，在太阳电池领域使用最多。瞬态光电导技术的代表是微波光电导衰减法（MW-PCD 或 μ-PCD），典型的设备是 Semilab 公司生产的 WT-2000。本小结将以这两种设备为例介绍准稳态和瞬态光电导法的应用。

### 4.4.3.1　准稳态光电导法（QSSPC）：Sinton 公司设备 WCT-120

1）Sinton 设备的测试原理。

当用稳态和准稳态的方法测试少子寿命时，需要准确测量过剩载流子浓度 $\Delta n$ 的值[24]。同时也要准确测量产生率，首先通过一个光电探测器（如一个校准的太阳电池）给出入射到样品表面的总的光通量 $N_{ph}$，然后根据下式计算得到光生载流子的产生率[10, 11]：

$$G = \frac{N_{ph}f_{abs}}{W} \tag{4-21}$$

其中，$W$ 为样品厚度，$f_{abs}$ 是测量样品对光的吸收率，取决于样品表面的反射率和厚度。对于标准太阳能谱，能量大于硅带隙的光子密度为 $2.7 \times 10^{17}$ cm$^{-2}$·s$^{-1}$。硅片只吸收这些光子中的一部分，这部分的大小由硅片前后表面的反射和片子的厚度决定。

通过改变光照的时间常数（脉冲长度）使测试条件达到稳态情况，此时光产生的

过剩载流子浓度 $\Delta n = \Delta p$，即产生率和复合率相等，使硅片电导率的增加为

$$\Delta \sigma_L = (\mu_n \Delta n + \mu_p \Delta p) qW = q\Delta n(\mu_n + \mu_p) W \tag{4-22}$$

利用少子寿命的定义可以得出光生过剩载流子的产生率为

$$G_{ph} = \frac{q\Delta n W}{\tau_{eff}} \tag{4-23}$$

合并计算可得到有效载流子寿命

$$\tau_{eff} = \frac{\sigma_L}{G_{ph}(\mu_n + \mu_p)} \tag{4-24}$$

在这种方法中，首先通过测试获得光电导的变化，进而计算出过剩载流子浓度 $\Delta n$。由光电探测器测试得到光通量后，计算得出过剩载流子的产生率，最终得出有效少子寿命。

现有的 QSSPC 方法中最常用的为 Sinton 公司引入光谱光电导方法，即 QSSPC-$\lambda$[25]。测试设备如图 4-31 所示，包括光源、滤波片系统、样品室和探测系统。该设备以不同波长的光作为光源（一般是紫外和红外波段），利用双波长技术能够测试发射极的接收效率。样品放在一个由一个共振电路连接的螺旋管上。共振电路包括一个可变电容和一个可变电阻，线圈和共振电路连接起来形成一个射频桥。样品受到光照产生过剩载流子，使电桥失去平衡，在电路的输出中产生了电压信号。通过测量光电压或者光电流得到样品复合信息。

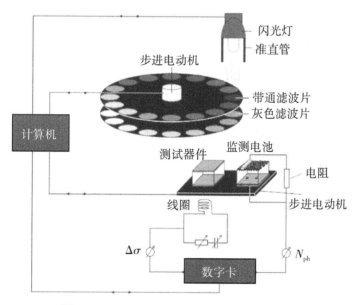

**图 4-31　QSSPC-λ 实验设备原理（Sinton 公司）**

图 4-32（a）为 Sinton 公司研发的少子寿命测试设备（型号 WCT-120），该设备测试少子寿命的步骤如下：

（1）样品受到光照，利用监测电池测量光信号，利用光电导传感器测量样品中的

光电导变化；

  （2）使用校准曲线将光电导信号转换为过剩载流子浓度 $\Delta n$；

  （3）导出过剩载流子浓度与时间及光强与时间的关系，即 $\Delta n(t)$ 和 $G(t)$；

  （4）应用瞬态、QSS 或稳态的方程，计算过剩载流子寿命，如图 4-32（b）所示。

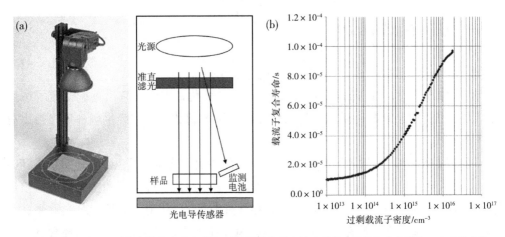

（a）型号 WCT-120 设备实物及其测试原理；（b）该设备导出的过剩载流子复合寿命随注入浓度的变化。

**图 4-32 Sinton 公司的少子寿命测试设备**

  2）Sinton 设备的测试及数据的处理和分析。

  （1）测试步骤。

  Sinton WCT-120 的主要参数见表 4-5，表中列出了该设备测试能得到的各项性能参数、测试时需要输入的参数，以及设备具备的分析模式。可以看到，实际上该设备同时具备了瞬态（Transient）和准稳态（QSS）分析模式，另外，Generalized 模式下可以选择闪光时间，时间较长的情况下也可以近似认为其是稳态模式。[26]

  图 4-33 为该设备测试界面，可以大致分为"参数输入""数据输出"和"曲线展示"三个模块。通常需要输入硅片厚度、电阻率、掺杂类型、光学常数、提取少子寿命的注入浓度及测试模式等参数。其中，测试的模式就包括前面提到 QSS、Transient 和 Generalized（1/1 或 1/64）的模式。而最终测试的数据包括少子寿命、$J_{0e}$、$iV_{oc}$、$iFF$ 等。同时底下给出了 4 张测试过程图，分别为光电导和光强随时间的变化、$J_{0e}$ 的提取图、$iV_{oc}$ 和光强（几个太阳）的关系，以及少子寿命与不同载流子注入浓度的关系。

**表 4-5 Sinton WCT-120 设备参数**

| 项  目 | 内  容 |
|---|---|
| 测试结果 | 有效载流子寿命，$\tau_{\mathrm{eff}}$ |
| | 载流子浓度（或范围）报告 |
| | 参数分析（如果需要）：$S$，$\tau_{\mathrm{bulk}}$，$J_{0e}$ |

续表 4-5

| 项　　目 | 内　　容 |
|---|---|
| 参数输入 | 厚度 |
| | 掺杂浓度(单位：$cm^{-3}$) |
| | 掺杂类型(p 型或 n 型) |
| | 表面钝化(前和背) |
| 分析模式 | Transient、QSS 或 Generalized |
| | 激发波长 |
| | 捕获和耗尽区调制矫正 |
| 仪器参数 | 光时间轮廓 |
| | 传感器类型和 $\Delta n$ 校准 |
| | 检测深度(仅限锭或块，除非灵敏度随晶圆厚度而变化) |
| | 光产生率校准 |
| | 检测区域、点数、点平均方法 |

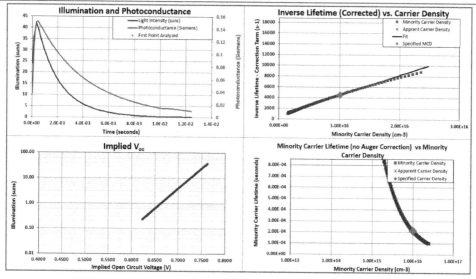

图 4-33　Sinton 设备的少子寿命测试界面

（2）数据分析。

以硅片少子寿命的测试为例，由前文所述，我们可以得到以下两个表达式。

当使用双面钝化时，有效少子寿命通常用前后表面的复合速率表示：

$$\frac{1}{\tau_{\text{eff}}} = \frac{1}{\tau_{\text{SRH}}} + \frac{S_{\text{front}} + S_{\text{back}}}{W} + \frac{1}{\tau_{\text{Aug}}} \tag{4-25}$$

如果表面有扩散制备的 p-n 结、背场或是其他膜层引起的能带弯曲，通常使用含有饱和电流密度的表达式：

$$\frac{1}{\tau_{\text{eff}}} = \frac{1}{\tau_{\text{SRH}}} + \frac{J_{\text{0efront}} + J_{\text{0eback}}}{qn_i^2 W}(\Delta n + N_A) + \frac{1}{\tau_{\text{Aug}}} \tag{4-26}$$

其中，$N_A$ 为硅片衬底掺杂浓度；$\tau_{\text{SRH}}$ 和 $\tau_{\text{Aug}}$ 分别为缺陷辅助复合及俄歇复合寿命。因为硅材料中辐射复合很小，可以忽略，所以体寿命 $\tau_{\text{bulk}}$ 只表示为 SRH 复合和俄歇复合的作用。$\tau_{\text{SRH}}$ 在低注入占主导，$\tau_{\text{Aug}}$ 在非常高的注入才会起作用。

在高注入浓度下，通常为 $N_A$ 到 $(5 \sim 10)N_A$ 之间，式（4-26）中包含复合电流密度的部分占主导。此时，$J_{0e}$ 与载流子浓度的关系曲线接近直线，若前后表面的复合电流密度相等，即 $J_{\text{0efront}} = J_{\text{0eback}} = J_{0e}$，则由拟合曲线的斜率即可得到 $J_{0e}$ 数值，如图 4-34 所示。

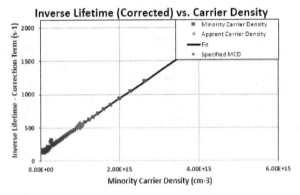

横坐标载流子浓度为 $\Delta n + N_A$。

**图 4-34　Sinton 设备导出的复合电流密度计算示意**

如果要想获得比较可靠的 $J_{0e}$ 值，需要尽量选高寿命、高电阻率的硅片，确保测试条件下的有效寿命由表面发射极区的复合机制决定。否则，SRH 复合或是俄歇复合占主导时，$J_{0e}$ 与载流子浓度的关系并不满足线性关系，因此也无法按照上述方法获得可靠的 $J_{0e}$ 值。图 4-35 展示了无法计算 $J_{0e}$ 值的曲线。

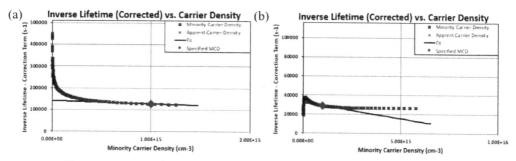

图 4-35　Sinton 设备导出的表面复合不占主导时 $J_{0e}$ 与载流子浓度的关系曲线

　　准稳态光电导数据隐含被测器件短路电流与开路电压的关系，即光辐照度与过剩载流子过渡的关系，光辐照度体现短路电流密度，过剩载流子浓度意味着准费米能级的分离，即开路电压。事实上，光电导和电压都是同一过剩少数载流子浓度的度量。对于在掺杂浓度为 $N_A$ 的 p 型硅太阳电池，理论开路电压（即隐含开路电压 $iV_{oc}$）为

$$V_{oc} = \frac{kT}{q}\ln\left[\frac{\Delta n(N_A + \Delta p)}{n_i^2} + 1\right] \tag{4-27}$$

其中，$\Delta n$ 和 $\Delta p$ 是在耗尽区边缘的过剩载流子浓度。如果表面进行了很好的钝化，同时硅片的扩散长度大于片子的厚度，那么利用测试得到的平均过剩载流子浓度计算开路电压是准确的。

　　注意，式（4-27）适用于任何掺杂浓度或少数载流子注入级别的样品。在没有额外假设的情况下，辐照度与隐含电压的关系图显示了所有复合机制的不同理想因子及其注入水平的依赖性。图 4-36 展示了光辐照强度与隐含开路电压的关系图，一个太阳光下的数值可以非常明显体现硅片的复合程度。

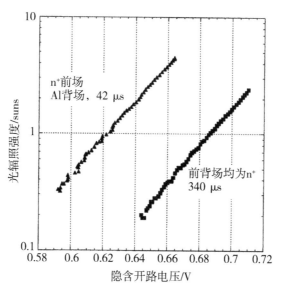

图 4-36　光辐照强度与隐含开路电压的关系[25]

另外，由式(4-25)可知，要根据 Sinton 测试得到准确的体复合寿命，必须对表面做良好的钝化，使有效寿命表达式中体复合项占据主导。一般要求表面复合电流密度 $J_{0e} < 5 \times 10^{-14}$ A/cm$^2$。通常的做法是用四甲基氢氧化铵(TMAH)预处理硅片表面，去除损伤层，RCA 清洗并用碘酒钝化表面。[27]

### 4.4.3.2 微波光电导衰减法(MW-PCD)：Semilab 公司设备 WT-2000

微波光电导衰减法(MW-PCD)，也称为 μ-PCD，其工作原理如图 4-37(a)所示[28]。样品光电导变化时其对微波反射率会有所不同，据此测试出光电导随光照的变化。测试要求微波反射与过剩载流子的浓度(光电导的变化)呈线性关系。由于微波反射是电导的非线性函数，只有当 $n$ 的数值比较小时，反射率的变化才会正比于电导率的变化，因此只能应用于小信号测试。微波反射率随光电导变化的灵敏度跟硅片电阻率相关。过低的电阻率会降低灵敏度，导致测试不准，过高的电阻率(约 10 Ω·cm)又会导致信号饱和而不能反映电导变化。因此，微波反射方法的测量局限于一个电阻率范围，一般为 1～10 Ω·cm(可能更高，这取决于样品厚度)。现在也有用 RF-PCD 方法来解决更低电阻范围内的测试问题。

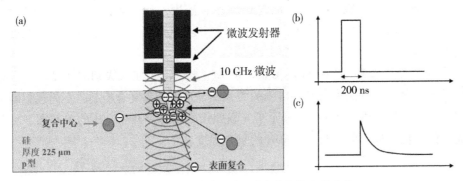

(a)MW-PCD 测试原理；(b)测试激光脉冲示意；(c)光电导衰退示意。

**图 4-37 利用 MW-PCD 方法测试少子寿命**

如图 4-37(b)所示，激发的激光的脉冲非常短，只有 200 ns，因此对应于前文所说的瞬态测试方法。通过对瞬间激发的光电导衰退的测试就可以获取对应的少子寿命值。

与 QSSPC 方法不同，MW-PCD 方法测量的过剩载流子浓度并不是绝对值，而是相对的变化，故难以给出一个绝对的少子寿命和表面复合电流密度。因此，QSSPC 法常用于寿命/复合速率的评估，而 MW-PCD 法通常用于二维扫描分布图(mapping)测试，以进行钝化均匀性评估。典型的设备有匈牙利 Semilab 公司的 WT-2000 机型，设备外形及其测试图像如图 4-38 所示。

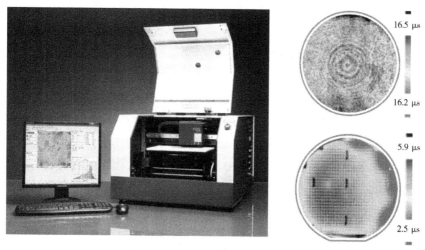

**图 4-38 Semilab 公司 WT-2000 少子寿命测试设备及其二维扫描测试图像**

## 4.4.4 基于表面光电压(SPV)技术的少子寿命测试

当光照在半导体表面时,产生电子-空穴对,然后在半导体近表面区域电子、空穴会重新分布,导致能带弯曲程度的降低,这种能带弯曲程度的降低术语上称为表面光电压。如图 4-39 所示[29],表面光电压随着光强度的增加而增加,在非常强的光照下,能带变平,此时光电压值等于总的能带弯曲值,只是符号相反(表面电势),称为饱和光电压。SPV 经常被定义为表面势垒的变化,但是也可以被定义为在低注入水平下,在光照下的电子和空穴的准费米能级之间的差异。

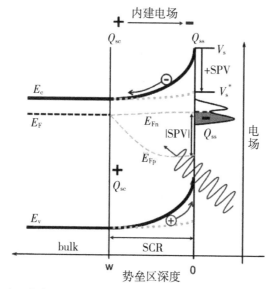

图中直线为光照之前,虚线为光照之后。

**图 4-39 表面光电压产生示意[29]**

SPV 是过剩载流子浓度的线性函数，而过剩载流子自身依赖于入射光通量、光学吸收系数、体少子扩散长度及其他参数。通过形成表面空间电荷区域来收集少子，使用透明电极测量空间电荷区域形成的电压。为了保持线性和分析简单化，这个电压值一般在毫伏量级。

前文所述的寿命测试技术，如准稳态光电导（QSSPC）或者微波光电导衰减（MW-PCD）技术，在低注入情况下会受到浅缺陷能级对少子俘获的影响，这种俘获形成额外的多子。而光电导的变化包含少子和多子的共同作用，因此低注入浓度下光电导技术测试偏离真实情况。而 SPV 法是基于电压的技术，这种方法只探测少子，因此不受俘获的影响。综合这些考虑，广泛使用的基于光电导的寿命测试方法比 SPV 方法方便，但是比较适用于中、高注入情况，SPV 方法适用于低注入情况。

SPV 法还有一个优点就是采用不同波长的光测试表面光电压，例如，一种是短波，其主要的注入深度局限于表面；另外一种长波的光注入深度在体内，这样可以不需要对硅片表面进行钝化，同时通过对测试数据进行分析能够得到表面复合速率的信息。为了获得较快的测试速度，光束包含不同调制频率的所有波长的光，在不同深度的 SPV 信号可以高速和高准确性地同时分析。

## 4.4.5 其他少子寿命测试方法

### 4.4.5.1 IR 载流子密度成像（CDI）

IR 载流子密度成像（CDI）是一种非接触的、全光学的、载流子寿命空间分布的测量技术。CDI 的测试基础在于硅片中自由载流子的红外吸收。一个红外光源发出的红外光在样品中传输，一个响应快速、在中红外区域（3.5～5 μm）敏感的 CCD 相机通过两步测试红外透射率：

（1）1 个太阳（$AM$1.5G）的激光照在样品上，产生过剩自由载流子；

（2）样品处于完全黑暗状态，没有过剩自由载流子产生。

这两个过程的图像之间的差异正比于过剩自由载流子的吸收，也就是正比于过剩载流子的密度。实际寿命值可以通过过剩载流子浓度和产生率的比计算得出，即

$$\tau_{eff} = \frac{\Delta n(x, y)}{G(x, y)} \tag{4-28}$$

同样是寿命图像技术，MW-PCD 得出的是微分寿命值的分布结果，绝对数值是不准确的，而 CDI 提供了一个实际寿命值分布图，如图 4-40 所示。

更为重要的是，CDI 是一种非常快的测试技术。它使用了锁相技术，因此具有很高的测试分辨率。在低注入水平情况下，CDI 测试一个 10 cm ×10 cm 的样品只需要几秒的时间，而 MW-PCD 即使在高注入条件下，测试相同的样品都要几十分钟（在高的空间分辨率情况下）。除了能够测试出实际的载流子寿命，如同 QSSPC 技术，它也能够测试在不同注入水平范围的寿命。因此，结合空间分辨和测试较快的优点，CDI 技术适合于太阳电池生产线上的快速测试。

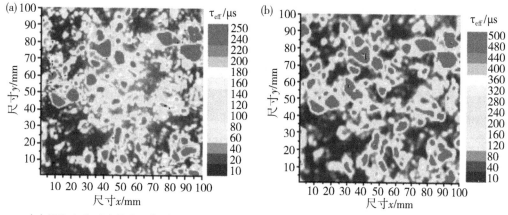

（a）CDI 方法测试结果，耗时 50 s；（b）MW-PCD 方法测试结果，耗时 30 min。

**图 4-40　CDI 技术与 MW-PCD 技术测试所得图像对比**

### 4.4.5.2　电子束诱导电流（EBIC）方法

电子束诱导电流（EBIC）的工作原理是利用电子束在样品中激发产生电子-空穴对，这些电子-空穴对在内建电场的作用下分离并形成能够被外电路接收的电流，这个电流可以用作描述样品特征的图像信号，经过电流放大器之后送到终端进行处理。由于对样品的扫描和信号处理是同步的，因此 EBIC 成像给出的是每个扫描点的接收电流。[30] 其主要的原理如下：

（1）电子束诱导产生载流子。少子在缺陷处发生复合，或者与外电极接触被作为电流接收，最终在显示器上显示出来。

（2）内部和表面的缺陷使电流减少，在图像中显得比较暗，通过数学方法对这些明暗对比进行处理，能够确定材料中的少子特性，如扩散长度和表面复合速率。

在 EBIC 图像中，具有物理缺陷的区域比那些没有物理缺陷的区域的图像暗。因此 EBIC 图像可以非常方便地观察到表面的损伤位置，但是能够观察的深度受到注入深度的限制，这个深度由电子束能量和材料决定。当对硅片或者硅太阳电池进行截面成像时，耗尽区域在 EBIC 的图中非常明亮，与其他区域具有非常大的对比度，从而可以判定发射极或者背场的厚度。由于扫描电镜（SEM）是电子束最为方便的来源，因此大部分 EBIC 技术都在 SEM 上进行。

EBIC 在晶体硅太阳电池中的应用包括：①探测晶体缺陷在图像中表现为黑点或者黑线；②探测 p-n 结的局域缺陷；③探测电池中的分流；④探测寄生的结或者掺杂膜层；⑤测量耗尽层的宽度和少子扩散长度/寿命。

### 4.4.5.3　光束诱导电流（LBIC）方法

LBIC 分析也是一种无接触非损伤性的技术，广泛应用于半导体材料或器件中缺陷的表征。LBIC 具有特别好的空间分辨率，能够对样品的电学性能进行二维成像，并给出关于半导体的电学性能的直接信息，如太阳电池光电流的成像分布、晶粒边界的少子扩散长度、复合速率等。

与 EBIC 相同，LBIC 也是在材料中激发产生载流子，然后通过外电路收集电流，区别是激发方式的不同，LBIC 技术是利用具有特殊波长和强度的光束照射样品激发。将光束聚焦成特定的形状，在样品上就可以得到具有特定直径大小的光斑。通过设定分布在样品上和材料体内的功率密度，就可以确定单位时间内产生的载流子数量。在所有光照产生的少子中，发生复合过程之后的少子的信号要低于未发生复合而直接被收集的信号，这样对电流分布成像中的明暗对比图像进行数学处理，可获得电池中存在的复合信息。这种方法还可以如同少子寿命测试方法那样分别采用短波、长波的光进行测试，从而获得表面复合和体内复合的信息。图 4-41 为硅太阳电池金属化后的 LBIC 图像。

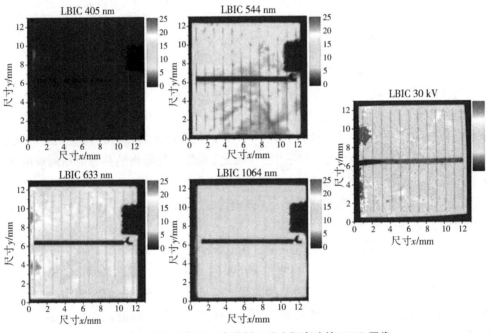

**图 4-41　不同波长的光束照射下硅太阳电池的 LBIC 图像**

为了获得绝对的光生电流值，需要标定光的强度，如采用标准太阳电池、电池加正向偏压、利用锁相技术能够提高信号的信噪比。通过测试电流值，不仅能够得到太阳电池中的少子寿命/扩散长度分布，还能够结合光反射测量得到样品的量子效率分布，实际上是一种表征电池电性能的很好的方法。下面以多晶硅太阳电池的 LBIC 图为例进行说明。如图 4-41 所示，图中显示了由晶粒中的缺陷导致的较低的内量子效率，由于主栅处复合速率高，因此内量子效率很低，其他与之垂直的细小直线是栅线。从图 4-41 中可以清晰地看到光生电流的分布，电流较小的区域实际上反映了较低的少子寿命/扩散长度值，也得到了缺陷的空间分布。

## 4.5　接触电阻测试

广义上的接触电阻 $R_C$ 是由材料之间接触产生的附加电阻，但其具体值的大小又与材料界面的接触面积有关。因此，为了更好地反映界面载流子传输的性质，引入接触电阻率($\rho_C$)的概念，两者之间的关系可表示为

$$\rho_C = R_C \times A \tag{4-29}$$

其中，$A$ 表示材料界面的接触面积(单位：$cm^2$)，接触电阻率的单位是 $\Omega \cdot cm^2$。在制作太阳电池时通常会采用重掺杂的半导体与金属电极形成欧姆接触，例如在 n 型或 p 型硅上通过扩散烧结在表面形成一层重掺杂区域与金属接触，以此形成欧姆接触，降低界面的接触电阻。从本质上讲，$\rho_C$ 定量地表征了载流子传输结构允许电流通过的能力。

### 4.5.1　欧姆接触结构的接触电阻测试

#### 4.5.1.1　CSM 测试

利用不同大小的圆盘电极测试接触电阻率的方法最早由 Cox 和 Strack 提出，因此该测试方法也是以他们的名字命名，称为 CSM(Coxand Strack method)[31]。如图 4-42(a)所示，CSM 中电流在测试样品中纵向传输，测得不同直径的圆与背面欧姆接触之间的总电阻 $R_T$，由扩散电阻 $R_S$、接触电阻 $R_C$ 及残余电阻($R_0$)组成。其计算公式如下：

$$R_T = R_S + R_C + R_0 = \frac{\rho}{\pi d}\arctan\frac{4}{d/t} + \frac{4\rho_C}{\pi d^2} + R_0 \tag{4-30}$$

其中，$\rho$ 为半导体材料的体电阻率；$d$ 为各圆盘电极的直径；$t$ 为半导体材料的厚度；$R_0$ 为背面的接触电阻值，与背部电极的接触有关，在该测试结构下为常量且数值很小，与 $\rho_C$ 值无关。

$R_C$ 为正面圆盘电极与半导体材料之间的接触电阻和金属电极的体电阻，随着圆盘直径 $d$ 变化。当界面存在传输层时，$R_C$ 不仅包括基底与传输层界面的接触电阻，还包括传输层和金属电极及其中间各层的体电阻。通常金属体电阻可以忽略不计。当确定扩散电阻 $R_S$ 后，通过 $R_T$ 扣除 $R_S$ 后拟合，作如图 4-42(c)所示的 $r - \frac{4}{\pi d^2}$ 图像并线性拟合，得到的直线斜率即为 $\rho_C$：

$$r = R_T - R_S = \frac{4\rho_c}{\pi d^2} + R_0 \tag{4-31}$$

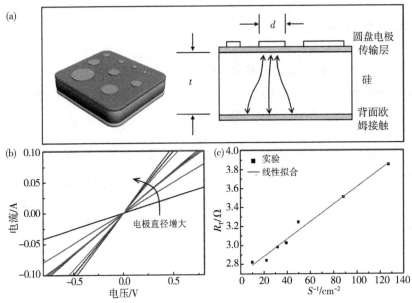

**图 4-42** CSM 测试接触电阻的测试结构(a)、不同直径的电极测试所得 $I-V$ 曲线(b)及 $\rho_C$ 的拟合方法(c)

### 4.5.1.2 TLM 测试

**TLM**[32,33] 又名传输矩阵法,其测试结构如图 4-43(a)所示。在与周围环境绝缘的条形半导体材料上制备不等距的长方形接触电极,电流通过横向传输从一个电极流向另一个电极,总电阻 $R_T$ 由金属电阻 $R_M$、接触电阻 $R_C$ 及半导体电阻 $R_{semi}$ 组成。由于金属的电导率高,此处金属电阻忽略不计,因此有

$$R_T = 2R_M + R_{semi} + 2R_C \approx R_{semi} + 2R_C \tag{4-32}$$

图 4-43(b)展示了 TLM 法测试样品的电流走向。从该示意图中可以看出电流在通过电极与半导体接触的截面处并不是均匀分布,因此不能直接由 $R_C$ 除以接触面积得到 $\rho_C$。这里通过引入传输长度 $L_T$ 来计算比接触电阻,同时采用硅表面的方块电阻 $R_{sheet}$ 计算半导体电阻 $R_{semi}$,因此可以得到

$$R_T = \frac{R_{sheet}}{W}L + 2R_C \tag{4-33}$$

$$R_C = \frac{R_{sheet} \cdot L_T}{W}\coth\frac{L_f}{L_T} \tag{4-34}$$

其中,$L_f$ 为矩形电极的宽度,$W$ 为矩形电极的长度,$L$ 为相邻两电极之间的间距。实验中满足 $L_T \ll L_f$,因此可简化计算公式,得到

$$R_C \approx \frac{R_{sheet} \cdot L_T}{W} \tag{4-35}$$

$$R_T = \frac{R_{sheet}}{W}(2L_T + L) \tag{4-36}$$

$$L_T = \sqrt{\frac{\rho_C}{R_{sheet}}} \qquad (4-37)$$

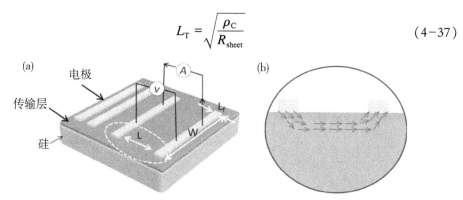

**图 4-43　TLM 测试接触电阻的测试结构(a)和电流走向(b)**

通过改变传输距离 $L$ 得到总电阻 $R_T$ 随传输距离变化的线性曲线。曲线对应的斜率为 $R_{sheet}/W$，与 $y$ 轴的截距为 $2R_C$，与 $x$ 轴的截距为 $-2L_T$，因此可计算得到传输长度 $L_T$ 以及接触电阻 $R_C$，最后得到 $\rho_C$ 的值，测试结果的线性拟合如图 4-44 所示。

$$\rho_C = R_C \cdot L_T \cdot W \qquad (4-38)$$

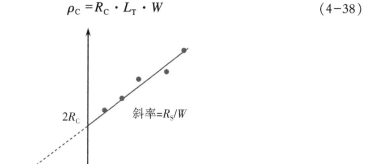

**图 4-44　TLM 测试数据拟合 $\rho_C$ 示意[33]**

## 4.5.2　非欧姆接触结构的接触电阻测试

上述两种测试方法(CSM 和 TLM)的共同点是均适用于欧姆接触结构的测试，如半导体异质结器件中的多子端、同质结太阳电池中重掺杂的 $p^+$-n 层的 $\rho_C$ 提取。但是，在异质结电池的少数载流子收集区(即 n 型硅的空穴传传输结构)通常为非欧姆接触，有可能存在肖特基接触或者是更加复杂的载流子传输机制，其对应的暗场电流-电压($I$-$V$)曲线为"J"形曲线，如图 4-45(a)所示，所以上述两种 $\rho_C$ 的测试已经失效。需要采用其他方法提取异质结晶硅太阳电池少子端 $\rho_C$。

王唯等[34]提出了一种改进的 CSM，首次成功提取了 $MoO_x$/n-Si 异质结少数载流子(空穴)收集区的 $\rho_C$，提取过程如图 4-45 所示。测试结构与如图 4-42 所示的传统的 CSM 一致，图 4-45(a)为不同直径圆盘电极所测 $I$-$V$ 曲线。因为不是欧姆接触，无法直接利用 $I$-$V$ 曲线斜率求得总电阻 $R_T$，所以利用肖特基结中计算串阻的方法:[35]

$$\frac{dV}{d(\ln I)} = R_T I + \frac{nKT}{q} \qquad (4-39)$$

其中，$V$ 是施加在测试样品上的电压，$I$ 是流经测试样品的电流，$n$ 是理想因子(通常为常数)，$q$ 是单位电荷量，$k$ 是玻尔兹曼常数，$T$ 是绝对温度。

然后以串联电阻为传统 CSM 中的总电阻，带入式(4-31)中求得比接触电阻 $\rho_C$。

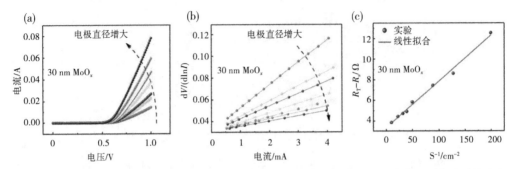

(a)暗场 $I$-$V$ 特性曲线；(b)$\mathrm{d}V/\mathrm{d}(\ln I)$ 与 $I$ 的关系图；(c)$r$ 与 $1/S$ 的关系图及相应的线性拟合图。

**图 4-45 Ag/MoO$_x$/n-Si 结构比接触电阻的提取过程**[34]

陈丽燕等[36]在提取 MoO$_x$/n-Si 异质结的 $\rho_C$ 时发现，在 MoO$_x$/n-Si 之间引入 a-Si:H(i)钝化层的情况下，使用改进的 CSM 提取 MoO$_x$/a-Si:H(i)/ n-Si 异质结会获得两个比接触电阻值，如图 4-46 所示。但事实上异质结的比接触电阻值是一个唯一且确定的值，这表明该改进的 CSM 在应用上仍然存在一定的局限性。

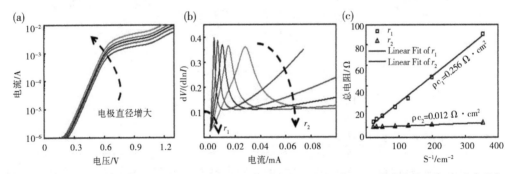

(a)暗场 $I$-$V$ 特性曲线；(b)$\mathrm{d}V/\mathrm{d}(\ln I)$ 与 $I$ 的关系图；(c)$r$ 与 $1/S$ 的关系图及相应的线性拟合图。

**图 4-46 Ag/MoO$_x$/a-Si:H(i)/n-Si 结构比接触电阻提取过程**[36]

随后通过使用 TCAD 仿真将异质结的总电流密度分为电子电流密度 $J_n$ 和空穴电流密度 $J_p$，以分离相应载流子在传输中遇到的相应电阻。结果表明，对于没有钝化层的 MoO$_x$/n-Si 异质结，由于 $J_n$ 总是被 $J_p$ 覆盖($J_p \gg J_n$)。因此，总电流密度 $J_{\mathrm{TOT}}$ 基本上与 $J_p$ 重叠，显示了空穴遇到的空穴电阻，因此在此种结构采用上述改进的 CSM 提取唯一的 $\rho_C$ 值，即空穴的有效 $\rho_C$。然而，对于带有钝化层的 MoO$_x$/a-Si:H(i)/n-Si 异质结界面，因为 $J_n$ 和 $J_p$ 在不同的电压区间中起主导作用，因此改进的 CSM 会提取出两个比接触电阻值。基于此，陈丽燕等提出了简化的双(二极管+串联电阻)物理模型，在等效电路中将 $J_n$ 和 $J_p$ 分开。并通过跟踪 $\mathrm{d}V/\mathrm{d}(\ln J)$-$J$ 和局部理想因子-电压($m-V$)曲线在暗场 $J-V$ 曲线中的对应位置，并对采用该改进的 CSM 提取 $MoO_x$/a-Si:H(i)/n-Si 异质结获得两个比接触电阻进行了直观的解释，从而提出了在该类异质结中提取空穴 $\rho_C$[图 4-46(c)中的 $\rho_{C1}$]的改进方法。

## 4.6　发射光谱测试

针对限制电池效率的缺陷分析，也称为失效分析测试。当前，在太阳电池研究和生产过程中，一般都采用发射光谱技术对工艺过程和最终的电池进行监控和分析。获得的信息主要依赖于发射光子的能量，即电致发光(可见-近红外)、光致发光(近红外)、热成像(远红外)。这些方法能够获得以下这些信息：①电流密度的局域成像；②载流子寿命的局域成像；③并联电阻/串联电阻成像。

下面对相关技术进行介绍。

发光成像是利用了太阳电池中的激发载流子带间辐射复合效应，通过 CCD 相机探测辐射复合发出的光子，进而得到太阳电池的辐射复合分布图像。在硅片或者硅太阳电池中存在几种不同机理导致的光发射(辐射)，分别对应着不同的波长。图 4-47 显示了其发光机理与波长之间的关系，以及常用的探测器对应的工作波段范围。

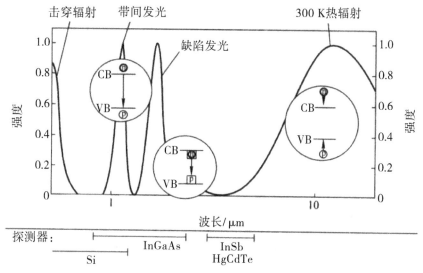

**图 4-47　半导体硅中不同机理导致的光发射能量及各种探测器响应波段**

### 4.6.1　电致发光(EL)测试

电致发光又称为场致发光，是通过加在两电极的电压产生电场，被电场激发的电子碰击发光中心，而引致电子在能级间的跃迁、变化、复合导致发光的一种物理现象。

若在形成了 p-n 结的半导体材料上加上正向偏压，削弱内建电场，大量电子、空穴发生扩散，穿过 p-n 结势垒区，相当于 p-n 结势垒区和扩散区注入了少数载流子，这些非平衡少数载流子不断和多数载流子发生复合，能量以光的形式发射出来。这就是半导体电致发光的机理，这种自发复合的发光称为自发辐射。采用 CCD 相机拍摄可得太阳电池复合分布图像。图 4-48 为电致发光成像系统示意图。因为电致发光强度很低，而且发光波长在近红外区域，所以要求 CCD 必须在 900～1100 nm 范围内具有高灵敏度、低噪声的特征。

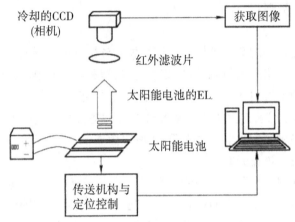

**图 4-48　电致发光(EL)测试系统示意**

发光光强除正比于输入电流外，也和其缺陷密度有关(缺陷越少的部分，其发光强度越强)。观察电致发光的图像，可以辨别材料瑕疵、烧结与工艺造成的污染[37-39]。EL 测试常见缺陷有：

(1)破片。通常，EL 测试图像中的黑块反映电池制备或组件封装过程中造成的硅片碎裂。

(2)隐裂。电池片沿着对角的线状图形通常是隐裂纹，大多是由生产过程中的压力造成的。

(3)断栅。图像中沿着主栅线的暗线通常是由电池片断栅引起的。

(4)烧结缺陷。图像中存在的黑点图案通常是烧结过程中参数不佳或是烧结设备存在缺陷时导致的大面积网带印。

(5)黑芯片。EL 测试图像中有时会出现从中心到边缘逐渐变亮的同心圆，称为"黑芯片"，通常是由硅片材料的缺陷造成的。

(6)电阻不均匀。电池片电阻不均匀时，表现为 EL 测试图像中发光强度不均匀。

(7)表面漏电。EL 测试图像中有清晰的亮点，通常是在电池片加工过程中刻蚀、扩散不均匀或污染造成的。

(8)其他缺陷。在电池片生产的各工艺过程中引入的污迹、刮伤等，在 EL 图像中表现为黑点或黑线。

图 4-49 显示了部分情况的 EL 图像。

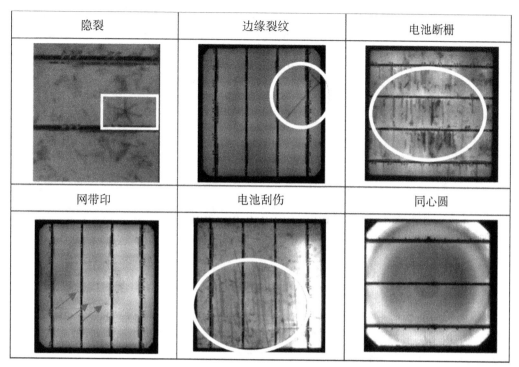

**图 4-49 太阳电池各种缺陷的 EL 测试图像**

## 4.6.2 光致发光(PL)测试

光致发光原理与电致发光相同,只是载流子注入手段有所区别。在光致发光中,不需要偏置电压,可以应用到未金属化的电池。光的发射强度正比于寿命,因此可以进行对寿命的定量分析,但光致发光不是一种绝对测量,需要用已知样品进行校准,校准方式为瞬态方法。同时,由于硅是一种间接带隙材料,吸收系数较小,测试时需要较高强度的光照射。[40, 41]

用可见光波段的闪灯或者脉冲激光/LED 在硅中激发产生载流子,撤去光源后,激发态的载流子处于亚稳态,在短时间内会回到基态。其中大部分载流子的能量以热量的形式释放出去,但是小部分的电子与空穴会发生复合,发射出光子(辐射复合)。硅中的缺陷越少,发生辐射复合的概率越高,体现为 PL 图像越亮;硅材料缺陷越多,将会有更多的能量转化成热,从而减少发射的光子。因此,一般明亮的区域表示少子寿命较高,而暗的区域缺陷浓度更高,因而少子寿命较低。

图 4-50(a)为 PL 测试设备原理,将片子放在测量区域,光源照射在样品上,在经过合适的时间延迟之后,打开相机收集从硅片上发射出来的光。在相机前面有一系列的光学滤波片将硅片的发射光与发散的激发光分离开。太阳电池的 PL 测试中,需要采用 CCD 相机对整个样片成像,而不是单点测试,因此要求激发光源能够均匀地照射到整个样片上。聚焦的激光器并不能够满足要求,一般采用高功率的 LED 阵列光源、闪光灯或是激光二极管。光源的波长要小于硅的荧光波长(1150 nm),但是同

时要尽量能够入射到太阳电池体内，因此一般采用长波长的光，如 650 nm 或 804 nm。图 4-50(b)为测试硅片所得 PL 图像，图像中暗条纹反映硅片的缺陷或损伤。

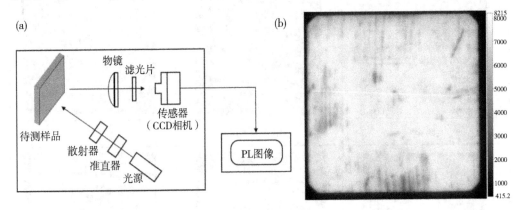

**图 4-50　光致发光(PL)测试装置示意(a)及其测试所得图像(b)**

图 4-51 展示了一系列硅片 PL 图像，图中可以清晰地观察到硅片本征缺陷及电池制备过程中引入的损伤、污染等。相比于 EL 图像，因为没有印刷电极，PL 中各种缺陷的分布能够表征得更为清楚。

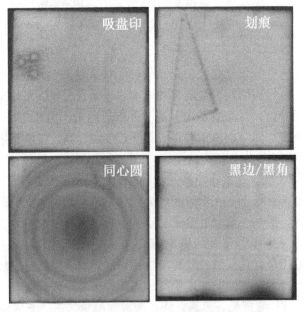

**图 4-51　硅太阳电池印刷电极前的 PL 图像**

### 4.6.3　EL 与 PL 的应用场景

PL 和 EL 都能够探测到非辐射复合中心引起的分流。应用领域包括：

(1) PL 成像可以在太阳电池的任何一个工艺过程中使用(裸硅片、带着氧化层或者氮化硅层的片子、带有金属化的最终电池片及电池组件）；测试 PL 时，加上电阻负载可以进行电池的电阻分布成像，也可以外加电压和电流。

（2）EL 成像需要电极引入外加电压，因此只能用到最后完成的电池上，主要是对比扩散长度和开路电压。

（3）在各种电压和电流下 EL 成像能表征二极管理想因子。EL 和 PL 系统都采用硅基 CCD 相机，热电制冷到 -70 ℃。PL 曝光时间为 10 ms 到几秒，甚至几分钟。PL 在测试钝化的样品和最终电池时的曝光时间一般为 1 s 或者几秒。而在测试裸硅片时，未钝化硅片的时间将会更长，可达几分钟，这取决于表面复合速率。EL 的曝光时间一般在 1 s 或者几秒。

（4）将 EL 和 PL 结合起来时，由于 PL 不受串联电阻的影响，因此可以将正向 EL 图与 PL 图进行对比，如果两者都是暗的区域，就证明是由并联电阻或者复合导致的；反之，则证明是串联电阻所致。

## 4.7　其他测试表征

### 4.7.1　ECV 测试

电化学微分电容电压（ECV）是硅太阳电池中有效掺杂浓度的测量方法。该方法的核心是电解液系统，既可作为肖特基接触的电极测量 $C$-$V$ 特性从而表征载流子浓度，又可以进行电化学腐蚀表征不同厚度范围的载流子浓度分布。ECV 测试原理是利用电解液来形成势垒并对半导体加以正向偏压（p 型）或反向偏压（n 型并加以光照）进行表面腐蚀去除已电解的材料，通过自动装置重复"腐蚀 - 测量"循环得到测量曲线，然后应用法拉第定律，对腐蚀电流进行积分就可以连续得到腐蚀深度。尽管这种方法是破坏性的，但理论上它的测量深度是无限的。

根据金属/半导体接触公式，$1/C^2$ 和 $V$ 有以下的线性关系：

$$\frac{1}{C^2} = \frac{2(\phi - V)}{qN\varepsilon_0\varepsilon_r A^2} \tag{4-40}$$

其中，$C$ 是结电容，$V$ 是施加电压，$\phi$ 为内建电势，$q$ 为电子电荷量，$N$ 载流子浓度，$\varepsilon_0$ 为真空介电常数，$\varepsilon_r$ 为半导体的相对介电常数，$A$ 为有效接触或腐蚀面积。

因此，p-n 结耗尽层边缘的载流子浓度为

$$N = \frac{1}{qN\varepsilon_0\varepsilon_r A^2} \times \frac{C^3}{dC/dV} \tag{4-41}$$

可见，$N$ 由 $A$、$C$ 和 $dC/dV$ 的测量来确定。参数 $C$ 和 $dC/dV$ 是通过使用一个缓慢调制的高频电压获得的。$A$ 的面积必须精确测量。

当直流电压通过电解质施加到半导体时，会产生肖特基接触，并且通过施加反向偏置，将创建宽度为 $W_d$ 的耗尽区，耗尽区深度为

$$W_d = \frac{\varepsilon_0\varepsilon_r A}{C} \tag{4-42}$$

测量电容时应当选择适当的电压，维持在通过样品的电流最小且过程中不会发生材料溶解的范围内。然后利用式(4-41)获得掺杂浓度，使用式(4-42)计算耗尽区深度。

样品在特定条件下蚀刻预定的时间。每一步的蚀刻深度 $W_r$ 可以通过对电流随时间积分并应用法拉第定律得到：

$$W_r = \frac{M}{zF\rho A}\int I_{dis} dt \tag{4-43}$$

其中，$z$ 为溶解价(溶解一个半导体原子所需的载流子数)，$F$ 为法拉第常数，$\rho$ 为半导体密度，$M$ 为半导体分子量，$A$ 为接触面积，$I_{dis}$ 为溶解电流。

载流子密度的测量总深度为

$$W = W_d + W_r \tag{4-44}$$

ECV 测试装置如图 4-52 所示，该装置的电解池有四个电极，分别为碳对电极、铂电极、甘汞饱和参比电极及半导体工作电极。通过向铂电极与半导体工作电极间施加电压可测量电解液/半导体肖特基结的 $C-V$ 特性；向碳电极与半导体工作电极间施加电压可对半导体表面进行电化学腐蚀，所有的电压都是相对于甘汞饱和参比电极测得。该电解池同时还有一可透光的小窗，对 n 型半导体进行电化学腐蚀时需要光照以提供空穴电流，p 型半导体进行电化学腐蚀时无须光照。$C-V$ 测量和半导体电化学腐蚀过程都是通过计算机系统控制实现的。

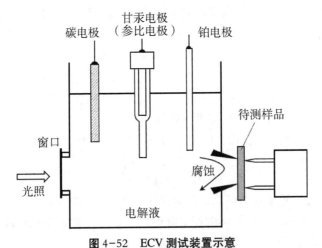

图 4-52  ECV 测试装置示意

图 4-53 显示了 ECV 测试所得掺杂深度曲线。图 4-53(a)描绘了不同掺杂温度下掺杂剂浓度与深度的关系，图中可以清楚地看到，温度越高，掺杂深度越大[17]。图 4-53(b)为 poly-Si($n^+$)/SiO$_x$/c-Si(n)叠层结构中，ECV 测试所得 poly-Si 中磷原子掺杂浓度及磷在 c-Si 中扩散的深度[42]。图 4-53(c)显示了一组硼扩散校准样品通过 ECV 技术测量的掺杂谱图[43]。

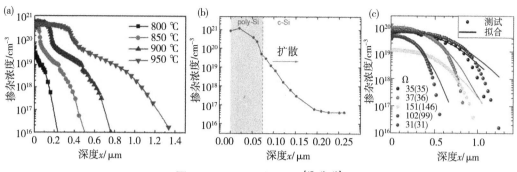

图 4-53　ECV 测试实例[17, 42, 43]

## 4.7.2　方块电阻测试

### 4.7.2.1　方块电阻的定义

在太阳电池器件内，电流一般在垂直方向流动，但是在被电极栅线收集之前，必须经过横向的传输，因此明确膜层（尤其是与电极栅线接触的重掺杂层）的横向电阻对太阳电池的分析和优化十分重要。

定义"方块电阻"为表面正方形导电薄层的电阻值，因此又称为"薄层电阻"。它与正方形薄层的边长无关，而与薄层电阻率和厚度有关，计算公式为

$$R_S = \rho \frac{L}{L \times t} = \frac{\rho}{t} \tag{4-45}$$

其中，$\rho$ 为薄层电阻率，$L$ 为所选正方形的边长，$t$ 为薄层厚度。$R_S$ 单位为 $\Omega$。

如图 4-54 所示，当电极的长度 $L_e$ 与两个电极之间的间隔距离 $L_i$ 相等时，电流从其中一个电极流入，从另外一个电极流出，便在两电极之间形成方块电阻。无论 $L$ 如何变化，只要保证 $L_e = L_i$，方块电阻值一致。

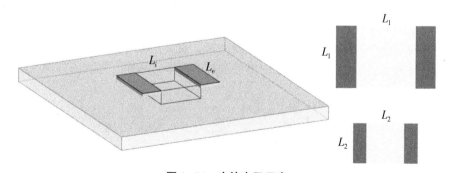

图 4-54　方块电阻示意

### 4.7.2.2　四探针法

在实验中使用"四探针法"可以很容易地测得顶端发射层的方块电阻。如图 4-55 所示，加一电流穿过外侧的探针会在内侧探针之间产生电压。测试要求电流只经过上层薄膜，即把 n 型和 p 型材料之间的 p-n 结耗尽区作为一层绝缘层，因此测试过程中必须保证电池处于黑暗环境中。

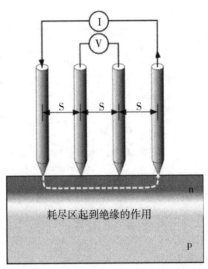

图4-55　四探针测试方块电阻装置示意

用探针上读取的电流和电压值即可计算得到方块电阻，为

$$R_S = \frac{\pi}{\ln 2} \cdot \frac{V}{I} \tag{4-45}$$

典型的硅太阳能电池发射区方块电阻值在 $30 \sim 100\ \Omega$ 的范围。

### 4.7.2.3　非接触法

非接触法测量电阻率的方法很多，主要是利用电容耦合或电感耦合，所用波段也较广。主要优势是不与样品发生接触，因此避免了样品的损伤及污染，使被测试的样品可以继续用来制造器件。另外，与接触法相比，不需要电极、针尖等烦琐的工作步骤，使用十分方便。

常见的方块电阻非接触测量方法为表面光生电压法，如图4-56所示，方块电阻测试探头中心有一个频率可调的 LED 光源，光源窗口旁有环形电容和同心圆环电极。光注入产生的电子空穴对在 p-n 结内建电场作用下分离，从而在激光所照区域产生表面电势，并沿横向方向衰减，衰减的快慢反映了表层方块电阻的大小。通过内外两圈电极上测得的电势差，可以计算表面电势衰减的速率，从而得到表面方块电阻值。

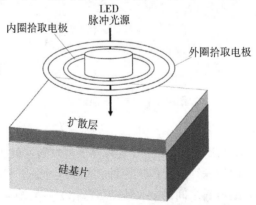

图4-56　表面光生电压法扫描方块电阻原理示意

## 参考文献

［1］ ALLEN T G, BULLOCK J, YANG X B, et al. Passivating contacts for crystalline silicon solar cells ［J］. Nat. Energy, 2019, 4(14): 914 −928.

［2］ PV Education［EB/OL］, https://www. pveducation. org/pvcdrom/pn −junctions/absorption −coefficient.

［3］ Solar Spectrum Calculator, PV Lighthouse ［EB/OL］, https://www2. pvlighthouse. com. au/resources/optics/spectrum%20library/spectrum%20library. aspx.

［4］ Photovoltaic Devices Part 9: Solar Simulator Performance Requirements: IEC 60904 −9: 2007［S/OL］. ［2018 −12 −28］. http://www. doc88. com/p −7354824171957. html.

［5］ EMERY K, MYERS D, RUMMEL S. Solar simulation-problems and solutions. Proceedings of 20th IEEE PV Specialists Conference, September 26 − 30, 1988 ［C］. Las Vegas, USA: IEEE, 2002.

［6］ Photovoltaic Devices: Procedures for temperature and irradiance corrections to measured $I − V$ characteristics: IEC 60904 −8 −1［S/OL］. ［2017 −09 −13］. https://www. doc88. com/p −6718651123198. html.

［7］ MCINTOSH K R. Lumps humps and bumps: three detrimental effects in the current-voltage curve of silicon solar cells［D］. Sydney: University of New South Wales, 2001.

［8］ LIN H, WANG J, WANG Z, et al. Edge effect in silicon solar cells with dopant-free interdigitated back-contacts［J］. Nano energy, 2020, 74: 104893.

［9］ WOLF M, RAUS C H. Series resistance effects on solar cell measurements［J］. Advanced energy conversion, 1963, 3(2): 455 −479.

［10］ SINTON R A, CUEVAS A. A quasi-steady-state open-circuit voltage method for solar cell characterization. Proceedings of the 16th European Photovoltaic Solar Energy Conference and Exihibition, May 1 −5, 2000［C］. Glasgow, Scotland: NREL, 2000.

［11］ KERR M J, CUEVAS A, SINTON R A. Generalized analysis of quasi-steady-state and transient decay open circuit voltage measurements［J］. Journal of applied physics, 2002, 91(1): 399 −404.

［12］ METTE A, PYSCH A D, EMANUEL G, et al. Series resistance characterization of industrial silicon solar cells with screen-printed contacts using hotmelt paste［J］. Progress in photovoltaics research and applications, 2007, 15(6): 493 −505.

［13］ BOWDEN S, ROHATGI A. Rapid and accurate determination of series Resistance and fill factor losses in industrial silicon solar cells. Prooceedings of the 17th European Photovoltaic Solar Energy Conference, October 22 −26, 2001［C］. Munich, Germany, 2001.

［14］ PYSCH D, METTE A, GLUNZ S W. A review and comparison of different methods to determine the series resistance of solar cells［J］. Solar energy materials and solar cells, 2007, 91(18): 1698 −1706.

［15］ BULLOCK J, WAN Y, HETTICK M, et al. Dopant-free partial rear contacts enabling 23% silicon solar cells［J］. Advanced energy materials, 2019, 9: 1803367.

［16］ YANG X, ZHENG P, BI Q, et al. Silicon heterojunction solar cells with electron selective TiO$_x$ contact［J］. Solar energy materials and solar cells, 2016, 150: 32 −38.

［17］ WU F, LIN H, YANG Z, et al. Suppression of surface and Auger recombination by formation and control of radial junction in silicon microwire solar cells[J]. Nano Energy, 2019, 58: 817 -824.

[18] GEISSBUHLER J, WERNER J, MARTEN A N, et al. 22.5% efficient silicon heterojunction solar cell with molybdenum oxide hole collector[J]. Applied physics letters, 2015, 107(8): 081601.

[19] LIU J, AYDIN E, YIN J, et al. 28.2% -efficient, outdoor-stable perovskite/silicon tandem solar cell[J]. Joule, 2021, 5(12): 3169 -3186.

[20] SPROUL A B. Dimensionless solution of the equation describing the effect of surface recombination on carrier decay in semiconductors[J]. Journal of applied physics, 1994, 76(5): 2851 -2854.

[21] LUKE K L, CHENG L J. Analysis of the interaction of a laser pulse with a silicon wafer: determination of bulk lifetime and surface recombination velocity[J]. Journal of applied physics, 1987, 61 (6): 2282 -2293.

[22] GROVE A S. Physics and technology of semiconductor devices[M]. New York: Wiley, 1967.

[23] CUEVAS A, BASORE P A, GIROULT G M, et al. Surface recombination velocity of highly doped n-type silicon[J]. Journal of applied physics, 1996, 80(6): 3370 -3375.

[24] MACDONALD D, CUEVAS A. Trapping of minority carrier in multicrystalline silicon[J]. Applied physics letters, 1999, 74(12): 1710 -1712.

[25] SINTON R A, CUEVAS A. Contactless determination of current-voltage characteristics and minority-carrier lifetimes in semiconductors from quasi-steady-state photoconductance data[J]. Applied physics letters, 1996, 69(10): 2510 -2512.

[26] SINTON R A. Quasi-steady-state photocondcutance, a new method for solar cell material and device characterization. Proceedings of the 25th IEEE Photovoltaic Specialists Conference, May 13 - 17, 1996[C]. Washington, USA: IEEE, 2002.

[27] CUEVAS A, MACDONALD D. Measuring and interpreting the lifetime of silicon wafers[J]. Solar energy, 2004, 76(1/2/3): 255 -262.

[28] SCHMIDT J, ABERLE A G. Accurate methd for determination of bulk minority carrier lifetimes of mono-and multicrystalline silicon wafers[J]. Journal of applied physics, 1997, 81(9): 6186.

[29] CHEN R, FAN F, DITTRICH T, et al. Imaging photogenerated charge carriers on surfaces and interfaces of photocatalysts with surface photovoltage microscopy[J]. Chemical society reviews, 2018, 47: 8238 -8262.

[30] CORKISH R, LUKE K L, ALTERMATT P P, et al. Simulating electron-beam induced current profiles across p-n junctions. Proceedings of the 16th European Photovoltaic Solar Energy Conference and Exihibition, May 1 -5, 2000[C]. Glasgow, Scotland: NREL, 2000.

[31] COX R H, STRACK H A. Ohmic contacts for GaAs devices[J]. Solid-state electronics, 1967, 10: 1213 -1218.

[32] KELLNER W. Planar ohmic contacts to n-type GaAs: determination of contact parametersusing the transmission line model[J]. Siemens Forsch Entwicklungsber Res. Dev. Rep. , 1975, 4(3): 137 -140.

[33] REEVES G K, HARRISON H B. Obtaining the specific contact resistance from transmission line model measurements[J]. IEEE electron device letters, 2005, 3(5): 111 -113.

[34] WANG W, LIN H, YANG Z, et al. An expanded cox and strack method for precise extraction of specific contact resistance of transition metal oxide/n-silicon heterojunction[J]. IEEE journal of

photovoltaics, 2019, 9(4): 1113 −1120.

[35] CHEUNG S K, CHEUNG N W. Extraction of Schottky diode parameters from forward current−voltage characteristics[J]. Applied physics letters, 1986, 49(2): 85 −87.

[36] CHEN L Y, LIN H, LIU Z, et al. Realization of a general method for extracting specific contact resistance of silicon-based dopant-free heterojunctions[J]. Solar RRL., 2021, 6(2): 2100394.

[37] FUYUKI T, KONDO H, YAMAZAKI T, et al. Photographic surveying of minority carrier diffusion length in polycrystalline silicon solar cells by electroluminescence[J]. Applied physics letters, 2005, 86(26): 169.

[38] BREITNSTEIN J B, TRUPKE T, BARDOS R A. On the detection of shunts in silicon solar cells by photo-and electroluminescence imaging[J]. Progress in photovoltaics: research and applications, 2008, 16: 325 −330.

[39] TSAI D M, WU S C, LI W C. Defect detection of solar cells in electroluminescence images using fourier image reconstruction[J]. Solar energy materials and solar cells, 2012, 99: 250 −262.

[40] SUGIMOTO H, ARAKI K, TAJIMA M, et al. Photoluminescence analysis of intragrain defects in multicrystalline silicon wafers for solarcells [J]. Journal of applied physics, 2007, 102 (5): 054506.

[41] MACDNOLD D, TAN J, TRUPKE T. Imaging interstitial iron concentration in boron-dopedcrystalline silicon using photoluminescence[J]. Journal of applied physics, 2008, 103: 073710.

[42] QIU K, POMASKA M, LI S, et al. Development of conductive SiCx: H as a new hydrogenation technique for tunnel oxide passivating contacts[J]. ACS applied materials & interfaces, 2020, 12 (26): 29986 −29992.

[43] NGUYEN H T, LI Z, HAN Y J, et al. Contactless, nondestructive determination of dopant profiles of localized boron-diffused regions in silicon wafers at room temperature[J]. Scientific reports, 2019, 9(6): 10423.

# 第5章 高效太阳电池的发展

太阳电池的光电转换效率每提高1%，估算光伏发电系统的成本将降低5%～7%。由此可见，提高太阳电池的效率对电池的广泛应用非常重要。改进现有太阳电池的结构设计和工艺，开发新型的太阳电池材料和结构，目的都是在控制成本的前提下，努力提高太阳电池的光电转换效率，以整体提高光伏电力的性价比。

## 5.1 太阳电池光电转换效率极限

太阳电池将太阳光能转换为电能的过程不仅依赖于太阳光谱和光强，而且和制造太阳电池的半导体材料带隙密切相关。按照能带理论，只有能量大于带隙值的光子才能被太阳电池吸收并将部分能量转换为电能，因此带隙限制了太阳电池光电转换效率的理论极限。换句话说，对具有特定光谱分布的入射光，存在一个对应于光电转换效率理论极限的最佳带隙。而相应半导体材料并不能完全符合最佳带隙要求，因此会产生相较理论极限效率的损失。能量大于带隙值的光子被太阳电池吸收，使半导体价带上的电子跃迁到导带，产生导带电子和价带空穴，在内建电场的作用下，导带电子和价带空穴在空间上被分离，由此产生电流，输出功率。

以下详细介绍晶体硅太阳电池的光电转换效率极限。这里考虑了对晶体硅本身性质的测试数据，以及光子再吸收利用等因素的修正，使光电转换效率极限的估算尽量合理。

### 5.1.1 SQ（Shockley-Queisser）模型

1960年，Shockley和Queisser从理论上计算了太阳电池极限效率与半导体带隙之间的关系[1]。

首先，他们将太阳和电池分别近似为温度为6000 K和300 K的黑体，利用普朗克黑体辐射公式计算了单位时间内的辐射量子数密度(只考虑能被半导体有效吸收的部分，即$h\nu > h\nu_g$)和辐射功率密度[1]

$$Q_s = \frac{2\pi}{c^2}\int_{\nu_g}^{\infty} \frac{\nu^2}{\exp\dfrac{h\nu}{kT_s}-1}\,\mathrm{d}\nu \tag{5-1}$$

$$Q_c = \frac{2\pi}{c^2}\int_{\nu_g}^{\infty} \frac{\nu^2}{\exp\dfrac{h\nu}{kT_c}-1}\,\mathrm{d}\nu \tag{5-2}$$

$$P_{s,in} = \frac{2\pi h}{c^2}\int_{0}^{\infty} \frac{\nu^3}{\exp\dfrac{h\nu}{kT_s}-1}\,\mathrm{d}\nu \tag{5-3}$$

其中，$Q_s$ 为太阳单位时间内辐射的量子数密度；$Q_c$ 为太阳电池单位时间内辐射的量子数密度；$P_{s,in}$ 为太阳辐射的总功率密度；$c$ 为光速，近似取为 $2.99 \times 10^8$ m/s；$h$ 为普朗克常数，取 $6.626 \times 10^{-34}$ J·s；$k$ 为玻尔兹曼常数，取 $1.38 \times 10^{-23}$ J/K；$T_s$ 为太阳温度，取 6000 K；$T_c$ 为电池温度，取 300 K；$\nu$ 为电磁波频率，单位为 $s^{-1}$；$\nu_g$ 为与半导体带隙 $E_g$ 对应的电磁波频率。

其次，在此过程中只考虑辐射复合一种复合形式，并认为太阳电池的黑体辐射即为电池的辐射复合损失。计算得到辐射复合参数为

$$J_0 = 2qt_cQ_c \tag{5-4}$$

其中，$t_c$ 表示电池辐射能谱中一个能量大于禁带宽度 $E_g$ 的光子激发产生一个电子空穴对的概率，此处取 1。

然后，考虑到太阳光线与电池板之间的位置关系，需要对入射能谱进行几何修正：

$$P_{in} = f_\omega P_{s,in} \tag{5-5}$$

$$f_\omega = \frac{D^2}{4L^2} \tag{5-6}$$

其中，$D$ 为太阳的直径，取 $1.39 \times 10^9$ m；$L$ 为地球到太阳的距离，取 $1.49 \times 10^{11}$ m。

最后，根据热平衡时的细致平衡假设及非平衡时的稳态假设，推导出 SQ 模型下的 $J-V$ 曲线方程，为

$$J = J_L - J_0 \left( \exp \frac{V}{V_{th}} - 1 \right) \tag{5-7}$$

$$J_L = q(f_\omega t_s Q_s - 2t_c Q_c) \tag{5-8}$$

$$V_{th} = \frac{kT_c}{q} \tag{5-9}$$

其中，$t_s$ 表示太阳辐射能谱中一个能量大于禁带宽度 $E_g$ 的光子激发产生一个电子空穴对的概率，此处取 1。

根据式(5-4)和式(5-6)计算得到太阳电池极限效率与半导体带隙之间的关系如图 5-1 所示[1]，其中，$x_g = E_g/kT_s = qV_g/kT_s$。

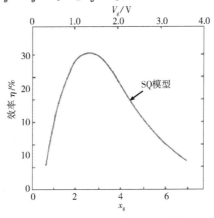

图 5-1　太阳电池极限效率与半导体带隙之间的关系[1]

根据 SQ 理论，在标准太阳辐射光谱 $AM$1.5G 下计算得到晶体硅太阳电池的理论极限效率为 32.7%。

### 5.1.2 本征复合模型

如前所述，晶体硅体内存在两种带到带的复合形式：辐射复合和俄歇复合。通常情况下，俄歇复合速率高于辐射复合。因此，对本征俄歇复合的讨论就显得尤为必要。

Green 从理论上推演出晶体硅太阳电池在窄基(基底厚度 $W$ 远小于少子的扩散长度 $L$)、高注入时的本征复合极限效率[2]。我们在此给出考虑本征复合条件下对晶体硅太阳电池极限效率的推导。

考虑辐射复合速率计算公式：

$$VU_A = C_n(n^2 p - n_0^2 p_0) + C_p(np^2 - n_0 p_0^2)_{\text{th}} = \frac{kT_c}{q} \tag{5-10}$$

在窄基、高注入条件下，可得到

$$U_A = C_A n_i^3 \exp\frac{3eV}{2kT} \tag{5-11}$$

$$C_A = C_n + C_p \tag{5-12}$$

$$J_A = qWU_A \tag{5-13}$$

其中，$C_A$ 的值为 $3.88 \times 10^{-31} \text{ cm}^6 \cdot \text{s}^{-1}$，$n_i$ 的值为 $1.45 \times 10^{10} \text{ cm}^{-3}$。

将式(5-7)改写为

$$J = J_L - J_{R,0}\left(\exp\frac{V}{V_{th}} - 1\right) - J_{A,0}\left(\exp\frac{3V}{2V_{th}} - 1\right) \tag{5-14}$$

此时，光生电流密度 $J_L$ 需要考虑电池光学特性的影响。电池表面为朗伯面光陷阱，前表面透射率为 1，背面反射率为 1，电池折射率为 $n$。光生电流密度可以表示为

$$J_L = q\int_0^\infty \frac{\lambda F(\lambda)}{hc} a(\lambda)\,\mathrm{d}\lambda \tag{5-15}$$

$F(\lambda)$ 为光谱辐照度，见式(1-4)，此处的光谱为标准辐射能谱 $AM$1.5G。$a(\lambda)$ 是吸收率，满足以下条件：

$$a(\lambda) = \frac{\alpha_1(\lambda)}{\alpha_1(\lambda) + \alpha_2(\lambda) + \dfrac{1}{4n^2 W}} \tag{5-16}$$

其中，$\alpha_1(\lambda)$ 为电池有效光吸收系数，室温条件下，$\alpha_1(\lambda)$ 与半导体带隙之间的关系如图 5-2 所示[3]；$\alpha_2(\lambda)$ 为自由载流子寄生吸收系数，自由载流子寄生吸收效应一般很微弱，所以常常忽略其影响；$\dfrac{1}{4n^2 W}$ 表示未被电池吸收的系数，在计算过程中，$4n^2$ 取常数 50。

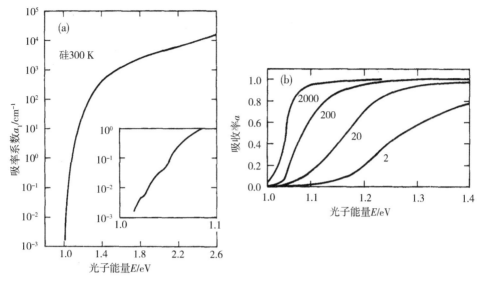

(a)吸收系数 $\alpha_1$ 与光子能量 $E$ 的关系；(b)吸收率 $a$ 与光子能量 $E$ 的关系。[3]

**图 5-2 半导体硅的光吸收**

根据普朗克黑体辐射公式，结合特定的几何学条件，可以推导出辐射复合电流密度参数 $J_{R,0}$ 为

$$J_{R,0} = e\pi \int_0^\infty b_n(E, T) a(E) \mathrm{d}E \tag{5-17}$$

$$b_n(E, T) = \frac{2n^2}{h^3 c^2} E^2 \exp\left(-\frac{E}{kT}\right) \tag{5-18}$$

需要指出的是，式(5-17)已经考虑了光子重吸收效应。因此，根据式(5-14)计算得到本征复合模型下晶体硅太阳电池的极限效率为 29.8%。

### 5.1.3 Richter 模型

Richter 模型实际上是对本征复合模型进行的修正[4]，包括太阳辐射能谱的修正、晶体硅的基本参数的修正、本征复合过程的修正等。

1)带隙变窄效应。

在高掺杂低注入、低掺杂高注入的情形下，由于电子-空穴的诱导效应，晶体硅的带隙会发生较为明显的变窄现象，称为带隙变窄效应。

考虑带隙变窄效应的本征载流子浓度满足以下关系式：

$$n_{i,\mathrm{eff}} = n_{i,0} \exp\frac{\Delta E_g}{2kT} \tag{5-19}$$

其中，$\Delta E_g$ 是由带隙变窄效应引起的带隙变化量。本征载流子浓度与过剩载流子浓度之间的关系如图 5-3 所示。[4]

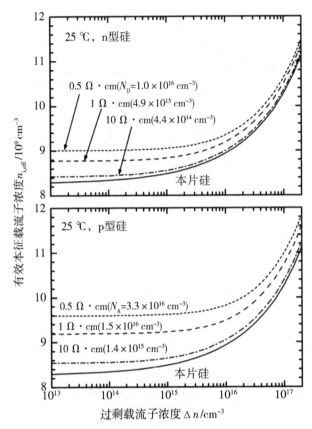

图 5-3　有效本征载流子浓度 $n_{i,\mathrm{eff}}$ 与过剩载流子浓度 $\Delta n$ 之间的关系[4]

2）光子重吸收。

辐射复合以电磁波的形式放出能量，这些电磁波仍有一定概率被半导体二次吸收，激发产生电子-空穴对，这样的现象称为光子重吸收效应[5]。光子重吸收相当于减弱了辐射复合过程。光子重吸收的概率为 $P_{PR}$，当考虑重吸收效应后，辐射复合公式可以修正为

$$U_R = (1 - P_{PR}) B (np - n_0 p_0) \qquad (5-20)$$

$$B = \int_0^\infty B(E)\,\mathrm{d}E \qquad (5-21)$$

$$P_{PR} = \frac{\displaystyle\int_0^\infty a(E) B(E)\,\mathrm{d}E}{\displaystyle\int_0^\infty B(E)\,\mathrm{d}E} \qquad (5-22)$$

式（5-21）计算得到辐射复合系数 $B$ 为 $482 \times 10^{-15}\ \mathrm{cm}^3 \cdot \mathrm{s}^{-1}$。

3）库仑增强俄歇复合。

不同于自由载流子模型，考虑库仑相互作用的激子效应会增强俄歇复合过程，因此需要对式（5-10）中的俄歇复合系数进行修正[6]：

$$C_n^* = g_{\mathrm{eeh}} C_n \qquad (5-23)$$

$$C_p^* = g_{ehh} C_p \tag{5-24}$$

$$g_{eeh} = 1 + 13\left[1 - \tanh\left(\frac{n_0}{N_{0,eeh}}\right)^{0.66}\right] \tag{5-25}$$

$$g_{ehh} = 1 + 75\left[1 - \tanh\left(\frac{p_0}{N_{0,ehh}}\right)^{0.63}\right] \tag{5-26}$$

其中，$N_{0,eeh} = 3.3 \times 10^{17}\ \mathrm{cm}^{-3}$，$N_{0,ehh} = 7.0 \times 10^{17}\ \mathrm{cm}^{-3}$。

4）光生电流修正。

式（5-15）计算光生电流密度仍然适用。但是，需要对太阳辐射光谱 $AM$1.5G 进行修正，改用 IEC 60904-3：2008 辐射光谱。

另外，还对晶体硅的光学参数进行了修正，并且考虑了自由载流子寄生吸收效应，但这两者对实验结果的影响都相对较小。

Richter 模型计算得到的晶体硅太阳电池的极限效率为 29.43%。

## 5.1.4　选择比模型

在实际的晶体硅太阳电池中，表面复合对电池效率的影响往往十分显著，因此，在考虑体内复合（辐射复合、俄歇复合和 SRH 复合）的同时，还需要对电池的表面复合做一个合理的评估；特别是在引入钝化技术后，钝化质量的好坏直接决定了表面的复合情况，进而影响电池效率。

Brendel 等提出了选择比的概念来描述表面复合[7]，定义如下：

$$S = \frac{V_{th}}{\rho_{c,eff} J_{c,eff}} \tag{5-27}$$

$$S_{10} = \lg S \tag{5-28}$$

$$\rho_{c,eff} = \frac{\rho_{c,f_c=1}}{f_c} \tag{5-29}$$

$$J_{c,eff} = f_c J_{c,f_c=1} \tag{5-30}$$

表面复合由表面复合电流密度参数 $J_c$（单位：$\mathrm{mA/cm^2}$）和表面接触电阻 $\rho_c$（单位：$\Omega \cdot \mathrm{cm}^2$）来刻画，两者均由实验进行测定，通常以测试接触比 $f_c$（接触部分的面积占比）等于 1 时的值作为基准。选择比 $S$ 不随接触比 $f_c$ 的变化而变化。显然，选择比 $S$ 越大，电池的极限效率 $\eta_{max}$ 越高。当电池的效率为极限效率时，电池表面的接触比为最佳接触比 $f_{c,max}$。

空穴端和电子端均有对应的选择比，定义组合对数选择比如下：

$$S_{10,e\&h} = -2\lg \frac{1}{\sqrt{S_e} + \sqrt{S_h}} \tag{5-31}$$

并且有

$$\rho_{c,e\&h,eff} = \frac{\rho_{c,e}}{f_{c,e}} + \frac{\rho_{c,h}}{f_{c,h}} \tag{5-32}$$

$$J_{c,e\&h,eff} = f_{c,e} J_{c,e} + f_{c,h} J_{c,h} \tag{5-33}$$

表面复合电流密度可写为以下形式：

$$J_S = J_{c,\text{eff}}\left(\exp\frac{V + J\rho_{c,\text{eff}}}{V_{\text{th}}} - 1\right) \tag{5-34}$$

此外，采用肖克利-里德-霍尔方程［式（2-130）］对体内 SRH 复合过程进行评估，在"窄基"近似下得到 SRH 复合电流密度，为

$$J_{\text{SRH}} = qWU_{\text{SRH}} = J_{\text{SRH},0}\left(\exp\frac{V}{V_{\text{th}}} - 1\right) \tag{5-35}$$

$$J_{\text{SRH},0} = \frac{qWv_t\sigma_n\sigma_p N_t n_i^2}{\sigma_p(p + p_1) + \sigma_n(n + n_1)} \tag{5-36}$$

由此，结合 Richter 模型可以得到 $J-V$ 方程为

$$J = J_L - J_R - J_A - J_{\text{SRH}} - J_S \tag{5-37}$$

其中，从右边第二项开始，依次代表辐射复合、俄歇复合、SRH 复合和表面复合所贡献的电流密度。需要指出的是，光生电流密度 $J_L$ 的计算依赖光谱的选择，此处选择 ASTM G173 -03：2020 的 $AM1.5G$ 光谱。

依据选择比理论，针对当前各种常见的接触结构（含膜层设计），计算得到各种电池的极限效率见表 5-1[8]。表 5-1 列出了 5 种电子端结构和 3 种空穴端结构，并分别给出了各结构的钝化接触参数（电子复合电流密度 $J_{c,e}$、空穴复合电流密度 $J_{c,h}$、电子接触电阻 $\rho_{c,e}$、空穴接触电阻 $\rho_{c,h}$）。以上几种电子和空穴结构两两组合后得到不同的电池结构，各电池极限效率及其对应的选择比参数见表 5-1 中色块填充单元。每个色块代表一种电池结构，其中包含 4 个区域，分别表示组合对数选择比 $S_{10,\text{e\&h}}$（左上角）、空穴端最佳接触比 $f_{h,\max}$（左下角）、$f_{e,\max}$ 电子端最佳接触比 $\eta_{\max}$（右上角）及电池的极限效率（右下角）。由表 5-1 我们可以得到一个直观的结论：基于对特定接触结构的钝化性能和接触电阻指标的准确测试，可以在不制备太阳电池的前提下，定量评价出采用该类接触结构的太阳电池的最佳效率值。

**表 5-1　各种电池的极限效率**

| 空穴端 | 电子端 | | 磷扩散(n+) | | a-Si:H(i)/a-Si:H(n) | | Thermal/PECVD SiOx/polyvSi(n+) | | Thermal/LPCVD SiOx/poly-Si(n+) | | Chemical/LPCVD SiOx/poly-Si(n+) | |
|---|---|---|---|---|---|---|---|---|---|---|---|---|
| | | — | $J_{c,e}$ | $\rho_{c,e}$ | $J_{c,e}$ | $\rho_{c,e}$ | $J_{c,e}$ | $\rho_{c,e}$ | $J_{c,e}$ | $\rho_{c,e}$ | $J_{c,e}$ | $\rho_{c,e}$ |
| | | — | 109 | 0.26 | 2 | 0.017 | 5 | 0.016 | 2.7 | 0.0013 | 10 | 0.0001 |
| Al 背场 (p+) | $J_{c,h}$ | 550 | 11.7 | 56.5% | 12.9 | 34.6% | 12.8 | 23.4% | 12.9 | 8.5% | 13.0 | 1.2% |
| | $\rho_{c,h}$ | 0.005 | 3.5% | 24.5 | 1.2% | 27.0 | 1.2% | 26.9 | 1.2% | 27.1 | 1.2% | 27.1 |
| a-Si:H(i)/a-Si:H(p) | $J_{c,h}$ | 2 | 11.9 | 45.6% | 14.0 | 24.4% | 14.0 | 14.9% | 14.6 | 5.5% | 14.6 | 0.8% |
| | $\rho_{c,h}$ | 0.055 | 97.9% | 24.9 | 43.9% | 28.5 | 27.6% | 28.6 | 26.2% | 28.9 | 26.0% | 28.9 |
| CVD SiOx/poly-Si(p+) | $J_{c,h}$ | 16 | 11.9 | 46.7% | 14.0 | 23.0% | 13.8 | 15.5% | 14.2 | 5.7% | 14.2 | 0.8% |
| | $\rho_{c,h}$ | 0.008 | 21.4% | 24.9 | 5.9% | 28.5 | 6.1% | 28.4 | 5.8% | 28.7 | 5.7% | 28.7 |

## 5.2　太阳电池性能损耗分析

使晶体硅太阳电池无法达到理论极限效率的因素有很多，可以大体分为两类，即光学损耗和电学损耗，电学损耗又包含电阻损耗和载流子复合引起的损耗。具体如图 5-4 所示。

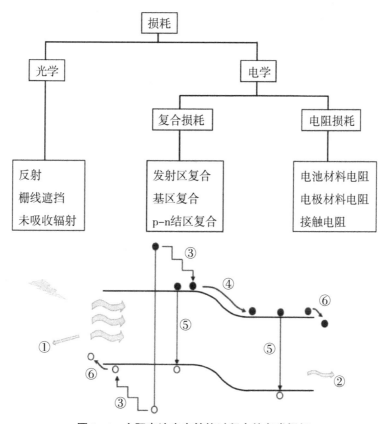

**图 5-4　太阳电池光电转换过程中的各类损耗**

①光照射到材料表面会有部分反射，不能贡献光子；②能量小于电池吸收层禁带宽度的光子无法激发电子-空穴对；③能量大于禁带宽度的光子被吸收，产生的电子-空穴对分别被激发到导带和价带的高能态，多余的能量以声子的形式释放，高能态的电子、空穴弛豫到导带底和价带顶，造成能量损失；④光生载流子在 p-n 结内分离和输运时，会发生复合造成损失；⑤材料内部和界面缺陷会导致光生载流子在输运过程中的复合损失；⑥光生载流子由金属电极收集时，半导体/金属的非欧姆接触会引起电压降损失。

### 5.2.1　光学损耗与太阳电池光管理

#### 5.2.1.1　光学损耗

晶体硅光学带隙为 1.12 eV，因此太阳光中低于 1.12 eV 能量的光子不足以激发产生电子-空穴对，这部分电池无法利用的光子大约占 30%。而短波的光子能量太高，除了激发载流子的 1.12 eV，剩余能量在晶格弛豫中以热量的形式散发出来。如图 5-5 所示[9]，只有部分区域的太阳光才能被晶体硅太阳电池充分利用。在 *AM*1.5G 光谱中，对电池效率贡献最大的是 400～800 nm 的可见光，其次是 800～1200 nm 的近红外光，最后才是 400 nm 以下的紫外光。

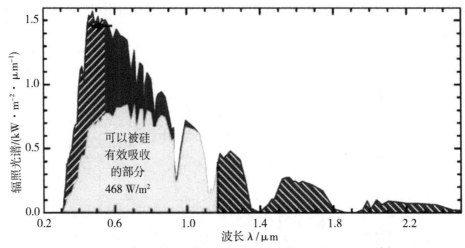

图 5-5　太阳光谱及晶体硅太阳电池能有效利用的最大光谱[9]

　　另外，如图 5-6 所示，光学损失来自晶体硅太阳电池的结构和工艺。首先，晶体硅折射率（约 3.8）与空气相差很大，折射率在界面突变会导致入射光的很大一部分（30%～40%）被反射出去。可通过表面制绒（单晶硅表面正立/倒立金字塔、多晶硅表面凹坑或纳米陷光结构）或沉积减反膜（如单层氧化硅、氧化钛、氮化硅或氮化硅/氟化镁叠层）降低表面反射。其次，晶体硅作为间接带隙半导体材料，吸收系数相对较低，部分入射光不能被吸收而从电池背面透出，如波长较长的禁带边的光至少需要500 μm 以上的厚度才能被基本吸收。但是增加硅片厚度也意味着需要更大的载流子扩散长度，无论是材料消耗还是制备工艺上都会增加电池成本。为了降低成本，晶体硅太阳电池的厚度一直在减小，目前产业化应用的硅片厚度通常在 170 μm 以下（视电池结构不同分布在 130～170 μm 之间）。因此，需要开发高效的陷光结构将进入的光尽可能地限制在电池内部，增大吸收次数，延长有效光程。一般通过在太阳电池背面引入背反射器或在正面引入光学衍射单元来实现：背反射器将透过的光重新反射回太阳电池内部；光学衍射单元可以改变光的传播方向，如将垂直入射的光变为斜入射的光，变成斜入射后的光一方面在电池内部的传播路径变长，另一方面也会有更大的概率在电池前后表面上发生全内反射。实际上，合适尺寸的前表面织构化结构在降低反射率的同时也能改变光的传播路径，起到衍射陷光的作用。

　　太阳电池正面金属电极的遮挡会造成一部分光的损失，可以通过调整电极的宽度、疏密来减小栅线占比，但是电极栅线占比降低后又会造成载流子收集电阻变大。因此，电极的设计需要综合考虑光学和电学的因素，相关内容将在第 5.2.3 小结详细讲述。

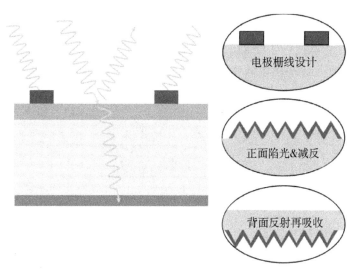

电极栅线设计

正面陷光&减反

背面反射再吸收

**图 5-6　晶体硅太阳电池光学损耗及控制途径**

### 5.2.1.2　减反射膜

太阳光照在晶体硅表面会发生反射，反射率的大小取决于硅和外界透明介质的折射率。光线垂直入射时，硅片表面反射率 $R$ 为

$$R = \left( \frac{n_{Si} - n_0}{n_{Si} + n_0} \right)^2 \qquad (5-38)$$

其中，$n_0$ 是外界介质折射率，$n_{Si}$ 是硅材料折射率。由于硅的色散，对于不同波长的入射光，硅的折射率是不同的，具体见表 5-2。按表 5-2 中所给的折射率和式（5-38），可以得到平面硅对不同波长光的反射率。$400 \sim 1100$ nm 波段的反射率平均值约为 33%。

**表 5-2　不同波长光在平面硅表面的折射率（300 K）**

| 波长 $\lambda / \mu m$ | 1.1 | 1.0 | 0.90 | 0.80 | 0.70 | 0.60 | 0.50 | 0.45 | 0.40 |
|---|---|---|---|---|---|---|---|---|---|
| 折射率 $n$ | 3.5 | 3.5 | 3.6 | 3.65 | 3.75 | 3.9 | 4.25 | 4.75 | 6.0 |

当晶体硅表面有一层透明介质膜时，入射光将在介质膜的两个界面发生反射，如图 5-7 所示，两个界面的反射光相互干涉，选择合适的膜厚和折射率可以降低或增加硅表面反射率。此时，反射率为

$$R = \frac{r_1^2 + r_2^2 + 2 r_1 r_2 \cos\Delta}{1 + r_1^2 r_2^2 + 2 r_1 r_2 \cos\Delta} \qquad (5-39)$$

其中，$r_1$ 是介质膜-空气界面上的菲涅尔反射系数，$r_2$ 是介质膜-硅界面的菲涅尔反射系数，$\Delta$ 为界面反射产生的相位角：

$$r_1 = \frac{n_0 - n}{n_0 + n} \qquad (5-40)$$

$$r_2 = \frac{n - n_{Si}}{n + n_{Si}} \qquad (5-41)$$

$$\Delta = \frac{4\pi}{\lambda_0} nd \qquad (5-42)$$

其中，$n_0$、$n$、$n_{Si}$分别为外界环境、介质膜和硅的折射率，$\lambda_0$是入射光的波长，$d$为膜层的实际厚度，$nd$为膜层的光学厚度。

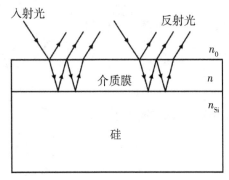

**图 5-7　透明介质膜的光反射**

当光垂直入射时，当膜层光学厚度为$\lambda_0/4$，即$nd = \lambda_0/4$时，发生干涉相消，由式(5-39)可得反射率

$$R = \left( \frac{n^2 - n_0 n_{Si}}{n^2 + n_0 n_{Si}} \right)^2 \qquad (5-43)$$

观察式(5-43)可得，若介质膜的折射率满足

$$n = \sqrt{n_0 n_{Si}} \qquad (5-44)$$

则反射率为 0，反射损耗降到最低。

以上的最低反射率是针对特定的入射光波长$\lambda_0$得到的，当波长大于或小于$\lambda_0$时，反射率都会增大。每一个波长都对应一个介质膜光学厚度$\lambda_0/4$，使反射率最低。因此，应按照太阳光谱分布和电池的相对光谱响应选取合理的波长$\lambda_0$。地面太阳光谱的能量峰值在 500 nm 处，硅太阳电池的相对响应峰值波长在 800～900 nm 范围。所以应该保证波长 500～700 nm 范围的反射率最低，通常选择 600 nm，对应选择合理的减反膜光学厚度，镀膜后硅片表面呈深蓝色。

太阳电池封装组件后，外界介质为玻璃，其折射率为 1.5，由表 5-2 可知硅对600 nm 光的折射率为 3.9，因此最优的减反膜折射率应为$n = \sqrt{n_0 n_{Si}} \approx 2.4$。

如图 5-8 所示，分别以氮化硅($SiN_x$)和氧化硅($SiO_2$)作为减反膜，不同波长最低反射率对应不同的膜层厚度。相对来说，$SiO_2$膜的减反效果欠佳，这是因为$SiO_2$的折射率偏低。此外，$TiO_2$、$SiO_2$、$Al_2O_3$、$MgF_2$都可作为减反膜，这些材料的折射率见表 5-3。当然，在选择减反膜材料时，不能只考虑材料的折射率，其透过率、物理和化学稳定性、制备成本等因素同样重要。采用 PECVD 法制备的$SiN_x$膜，不仅具有良好的减反效果，还能提供很好的表面钝化作用，在生产中的使用最为普遍。

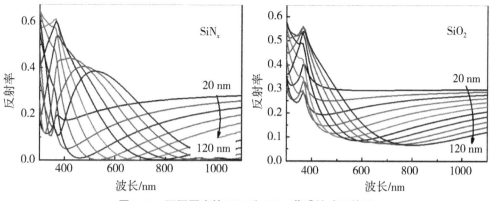

**图 5-8　不同厚度的 $SiN_x$ 和 $SiO_x$ 薄膜的减反效果**

**表 5-3　减反膜常用材料折射率( 波长 590 nm)**

| 材料 | 折射率 $n$ |
|---|---|
| $Si_3N_4$ | 2.05 |
| $SiO_2$ | 1.46 |
| $Al_2O_3$ | 1.76 |
| $TiO_2$ | 2.62 |
| $MgF_2$ | 1.38 |

如果在电池表面依次沉积从电池表面折射率渐变到空气折射率的多层膜,电池表面的反射率可以降到很低。但是这样会使工艺复杂化,增加电池制备成本。也可以利用折射率不同的双层膜进一步降低反射。应满足

$$n_1 d_1 = n_2 d_2 = \frac{\lambda_0}{4} \tag{5-45}$$

$$n_1^2 n_{Si} = n_2^2 n_0 \ (n_{Si} > n_2 > n_1 > n_0) \tag{5-46}$$

其中, $n_0$ 为进入减反膜前环境介质的折射率, $n_1$、$n_2$ 分别为每层减反膜的折射率, $n_{Si}$ 为硅的折射率, $d_1$、$d_2$ 分别为每层减反膜的厚度。

### 5.2.1.3　表面结构

另一种降低反射的方法是将平整的硅表面结构化,在前表面制造一定形状的几何结构。图 5-9 说明了金字塔结构的减反作用。垂直入射的光落在金字塔表面上,大部分光进入硅内部,约 30% 的光反射出去,但是反射的光仍然落在金字塔表面上,有了第二次进入硅体内的机会,经过 2 次吸收后,最后离开表面的光大约只有初始入射光的 10% 。然而,实际晶体硅电池组件应用中,封装玻璃将这些逃离的光再一次反射回硅片表面。通过这样的原理,入射到硅片表面的光增加了进入硅体内的机会,降低了反射率。光线在硅表面的吸收次数取决于绒面结构与硅片表面所成的夹角 $\alpha$,当 $\alpha$ 介于 $30°\sim45°$ 之间时,入射的光能有 $2\sim3$ 次吸收。

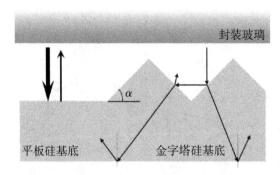

**图 5-9　绒面结构对入射光的减反射及光陷阱原理**

表面结构同时还具有光陷阱的功能，能增加入射光在硅片体内的实际路径长度。Martin Green 等人分别对比了朗伯面、倒金字塔、随机金字塔及规则金字塔结构的光陷阱能力[10]。在硅片的下表面保持平整情况下，朗伯面的陷光效应最好，是否双面制备朗伯面则对陷光效果影响不大。上表面金字塔、下表面平整的情况陷光较差，这是由于很大比例的入射光线穿过电池后，在背表面反射到金字塔的某一面上直接逃逸出硅体外。大小一致且规律的规则金字塔上逃逸比例更高。倒金字塔效果更好，但相应的制备成本也更高。基于此，在硅片背表面也引入制绒结构，双面制备随机或规则金字塔，光陷阱能力相比单面的情况有了很大提升，几乎所有入射光在硅体内至少传播 4 次才从硅表面逃逸出去。

## 5.2.2　复合损耗及表面钝化

无论是处于平衡状态还是处于非平衡状态，只要材料内部有电子和空穴，就一定会发生电子和空穴的复合湮灭，前文已详细讨论半导体中少数载流子的复合。半导体内有三种复合机制，即辐射复合、缺陷辅助复合（SRH）和俄歇复合。表面复合大多也可以归结为 SRH 复合机制。随着硅片制备技术的发展，体内 SRH 复合已经可以控制到较低的程度，而表面仍然存在大量的悬挂键，极大地影响硅太阳电池的效率。

表面悬挂键引入一定数量的缺陷能级，分布在带隙中，不同深度的缺陷能级所能引起的载流子复合的概率不同。这些缺陷能级还会带正电或者负电，因此对于运动到表面的非平衡电子或空穴有吸引/排斥作用。前文已讨论硅太阳电池前后表面复合速率对电池性能的影响。

根据 SRH 理论，表面复合速率为

$$S(\Delta n_s, n_0, p_0) = (n_0 + p_0 + \Delta n_s) \cdot$$

$$\int_{E_V}^{EC} \frac{v_{th} D_{it} \mathrm{d}E}{\sigma_p^{-1}(n_0 + n_1 + \Delta n_s) + \sigma_n^{-1}(p_0 + p_1 + \Delta n_s)} \tag{5-47}$$

要降低表面复合速率，提高有效少子寿命，可以通过以下两个途径达成，这样降低表面复合速率的方法称为钝化：

（1）减少表面态密度 $D_{it}$。从式（5-47）可以看出，表面复合速率 $S$ 与 $D_{it}$ 成正比。这种钝化表面的方法称为化学钝化，钝化原理是利用钝化薄膜中的各种原子（如氢原子、氧原子、氮原子等)与半导体表面悬挂键结合，将这些缺陷能级饱和。

（2）尽量加大两种载流子浓度的差别，使其偏离最大复合速率的区间。这种降低复合速率方法可以通过在表面处施加电荷或电场实现，称为场钝化。

实际太阳电池制备过程中，表面钝化是通过在表面沉积一层介质钝化膜来实现的，往往化学钝化和场钝化两种机理同时起作用。图 5-10 显示了不同钝化膜材料的化学钝化和场钝化能力[11]。横坐标为材料所带固定电荷密度 $Q_f$，可知 $HfO_2$、$SiO_2$、$SiN_x$ 等带有正电荷，而 $Ga_2O_3$、$Al_2O_3$、$TiO_2$ 等带有负电荷，所带固定电荷密度越高，能提供的场钝化效果越强。纵坐标表示材料缺陷态密度 $D_{it}$，$D_{it}$ 越小，化学钝化能力越强，可见氢化非晶硅($a$-Si:H)的化学钝化效果最好。

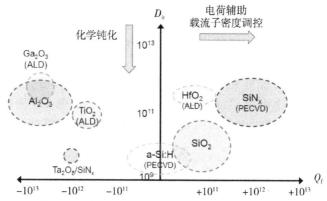

图 5-10　常见钝化膜材料的固定电荷密度 $Q_f$ 和界面缺陷态密度 $D_{it}$[11]

介质钝化膜的上述特性为我们针对不同电池结构设计开发相应的表面钝化膜层带来了便利。如图 5-11 所示[12]，当需要钝化 $n^+$ 发射极时，可选用带有固定正电荷的 $SiO_2$、$SiN_x$ 或其组合膜层 $SiO_2/SiN_x$，此时介质层中固定的正电荷会在发射极表面诱导更多的电子，同时排斥空穴，使表面处两种载流子的浓度进一步拉大，强化了场钝化效果，进而降低了复合电流密度。反之，当需要钝化 $p^+$ 发射极时，可以选择带有固定负电荷的 $Al_2O_3$、$TiO_2$ 及其组合膜层 $Al_2O_3/SiN_x$。此类钝化膜的选择和设计已经在晶体硅太阳电池制造环节得以确认，并已获得大规模推广应用。

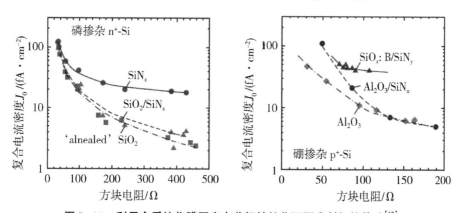

图 5-11　利用介质钝化膜固定电荷极性钝化不同发射极的策略[12]

### 5.2.3 电阻损耗

实际工作中，太阳电池转换效率还会遇到串联电阻 $R_s$ 和并联电阻 $R_{sh}$ 等寄生电阻相关的损失。$R_s$ 主要源于电池中电流流向的电阻和金属栅线、功能层等的接触电阻。当串联电阻变大时，电池短路，电流逐步变小，填充因子降低，而开路电压基本保持不变。并联电阻 $R_{sh}$ 主要由电池边缘及结区局部不良工艺所致，这些漏电通道的存在会造成并联电阻的降低。太阳电池在制备过程中产生漏电通道的工艺有两个：一个是去边工艺，去边不充分会导致 p-n 结连通，造成漏电；另一个是电极制备工艺，不良的电极烧结工艺将造成银或其他金属离子扩散到 p-n 结，或者电极浆料腐蚀发射极，这些都会引起银晶粒与衬底硅的直接接触，形成漏电。制备工序中造成的损伤，如硅片隐裂和空洞、传动过程中的表面刮伤等，都会造成漏电导致并联电阻的降低。而并联电阻的降低会增加电池额外的复合，导致开路电压显著下降，但对短路电流基本没有影响。

图 5-12 给出了一个标准太阳电池的串联电阻构成，大体可分为两类，分别为材料的体电阻(硅基区体电阻 $R_5$、硅发射区横向电阻 $R_4$、银栅线主栅电阻 $R_1$、银栅线细栅电阻 $R_2$、铝电极横向电阻 $R_7$)和材料之间接触电阻(银栅线和发射区接触电阻 $R_3$、铝电极和基区接触电阻 $R_6$)。

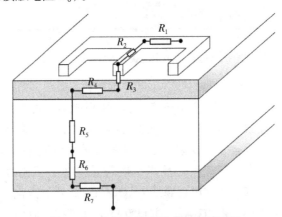

**图 5-12 太阳电池串联电阻损耗示意**

1)发射区横向电阻。

由于正面栅线之间具有一定的距离，载流子在被电极栅线收集之前必须在发射区内横向移动一段距离，从而产生发射区横向电阻 $R_4$，$R_4$ 的大小与发射区方块电阻及栅线之间的距离有关，而发射区的方块电阻与该区掺杂浓度相关。若发射区方块电阻较高，则需要更密的栅线降低载流子收集的阻碍。但是栅线变密会造成光学遮挡损失及接触复合损失的增大，所以在设计栅线时通常会通过降低栅线宽度、增加其高度的办法来平衡光学和电学损失。

2)接触电阻。

金属和硅的接触多为肖特基接触，在界面形成肖特基势垒，造成多子必须克服势垒才能被电极收集。接触电阻的大小由两个因素决定，即势垒高度和硅掺杂浓度。理

论上肖特基势垒与金属功函数及半导体的电子亲和势有关，可以描述为

$$q\phi_B = q\phi_M - q\chi_S \qquad (5-48)$$

其中，$q\phi_M$ 为金属功函数，$\chi_S$ 为半导体亲和势，$q\chi_S$ 即半导体导带底到真空能级的距离。

理论上，当金属功函数小于半导体功函数，即 $\phi_M < \phi_S$ 时，金属可以和 n 型硅在接触界面产生反阻挡层形成欧姆接触；当 $\phi_M > \phi_S$ 时，金属和 p 型硅之间形成欧姆接触。但实际上，在金属–半导体接触中，因为界面处存在大量的缺陷态，充当了施主或者受主，导致金属和硅的接触一般都形成肖特基势垒。因此，只依靠金属材料的选择达到欧姆接触是行不通的。

以 Al/n-Si 的接触为例，图 5-13 展示了界面肖特基势垒的形成及其形成欧姆接触的几种途径。如图 5-13(a)所示，当 Al 和 n-Si 直接接触时，大量的界面态造成费米能级钉扎，产生肖特基势垒，电子只有以热电子发射的模式越过势垒才能被电极收集。若半导体掺杂浓度很高，则势垒区宽度变得很薄，电子可以通过隧穿效应贯穿势垒，产生相当大的隧穿电流，此时接触电阻变得很小，形成良好的欧姆接触，典型的代表为 Al/n$^+$-Si/n-Si 结构，这也是晶体硅太阳电池中形成欧姆接触最常用的方法。但是，重掺杂的区域在一定程度上会增强俄歇复合，硅的表面态、金属/硅之间的界面态也会影响电池开路电压和光生电流。

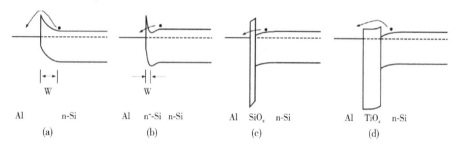

图 5-13 Al/n-Si 之间电流传输机理示意

因此，研究人员提出了一种钝化接触的概念，在硅和金属电极界面引入介质钝化层（即 MIS 结构）可以有效地钝化硅的表面态，从而消除费米能级钉扎效应，辅助多子隧穿。这种界面层一般都是绝缘材料，如 $SiO_2$、$Al_2O_3$ 或 a-Si:H(i) 等。电子传输依靠隧穿效应，因此需要精确控制介质层厚度，一般 $SiO_2$ 厚度在 1～2 nm 之间，a-Si:H(i) 厚度在 5 nm 左右。例如，图 5-13(c)为 Al/$SiO_x$/n-Si 接触时的能带示意图。

以上介质层只能钝化缺陷，在一定程度上消除费米能级钉扎效应，却无法进一步调控能带向下弯曲。尽管单独使用也可以形成欧姆接触，但是接触电阻值普遍较大。常用的做法是在介质层之外附加低功函金属或者化合物，诱导硅能带向下弯曲，进一步降低接触电阻。低功函数材料与 n-Si 接触时能够诱导其能带向下弯曲形成电子选择性接触，如 $LiF_x$、$TiO_x$ 等。

此外，具有合适能带结构的 n 型半导体材料作为界面层可以最大限度地降低电子传输电阻。这就要求该类材料电子亲和势与硅接近，即导带带阶（$\Delta E_c$）足够小，以至

于不会阻碍电子的传输，价带深从而形成大的价带带阶（$\Delta E_v$）来阻挡空穴穿透。该类材料的代表为二氧化钛（$TiO_2$）[13]，如图 5-13（d）所示，其与晶体硅接触时，界面上的带阶为：$\Delta E_c$ 约 0.1 eV，$\Delta E_v$ 约 3.4 eV。此外，原子层沉积（ALD）$TiO_2$ 还具有一定的钝化性能。

## 5.2.4　前电极的设计

由前文可知，在所有 7 种构成串联电阻的因素中，除硅片的体电阻外，其余都与金属电极相关，与前电极有关的发射区横向电阻、银与硅的接触电阻和银栅线的线电阻是造成电池串联电阻的主要因素。因此，前电极栅线的设计及制备相当重要。

综上，电极在制备及形成后将在遮光、串联电阻、并联电阻和接触复合四个方面造成损失。通常认为当并联电阻大于 1000 $\Omega \cdot cm^2$ 时，其将不再会影响电池的性能。而其余的遮光、串联电阻和接触复合这三个方面则存在一定矛盾。为降低遮光损失和接触复合损失，需要降低栅线的占比，而为了降低串联电阻损失，必须增加电极所占的面积比例。在栅线设计时必须综合考虑以上因素，优化原则为三者对电池功率造成的损失之和最小。

在 5 寸硅片占市场主流的岁月中，晶体硅电池的电极设计都保持着人们印象中的细栅配合两条主栅的"H"形结构；随着近年来硅片尺寸的变大，细栅长度被迫加长。同时丝网印刷技术的改进，网印栅线越做越细；近年来硅片成本大幅下滑，用于正面电极的银浆材料在电池生产成本中的份额逐渐提升。这些因素都对电池正面电极的设计提出了新的要求。

为了进一步提高太阳电池的效率，尝试采用更细的主栅和细栅增加电池的有效受光面积，但随着电极变细，串联电阻提高，电池的填充因子也因此降低。为了解决该问题，不同研发团队从不同角度给出了方案。

（1）多主栅设计。增加主栅的数量，这样不但可以减少电流在细栅中经过的距离，还减少了每条主栅自身承载的电流。这意味着 3 条主栅结构在电池层面可以配合更细的栅线而不会显著影响填充因子，增加主栅的数量对减小电池组串后的总电阻同样有效。经过优化后的 3 条主栅电池电阻损耗更小，效率更高。同样，4 条主栅甚至 5 条主栅的结构被研发使用。这里我们将主栅数量大于 3 但仍保留传统设计原则的电极设计称为多主栅结构。如果主栅宽度是根据数量优化且不受工艺限制，那组件效率会随着主栅数量的提高和宽度的减少而提高。通过这样的分析我们不难看出，想进一步发掘提高主栅数量的潜力，就必须将主栅汇流和焊接的职能区分开，进而使用更多更细的主栅。随着丝网印刷技术的不断发展，现在商用太阳电池大多采用 9 条主栅甚至 12 条主栅的设计。

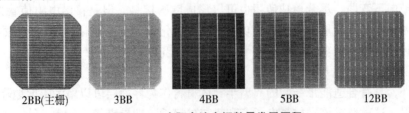

2BB(主栅)　　3BB　　4BB　　5BB　　12BB

**图 5-14　太阳电池主栅数量发展历程**

（2）无主栅设计。有一种设计是使镀层铜丝一端与电池正面细栅接触，另一端与相邻电池的背面电场连接，以取代常规太阳电池的主栅和焊带，进而将主栅数量直接增加到两位数。将圆形镀层铜丝直接连接电池细栅汇集电流的同时，实现电池互联。在电池正面取消传统主栅的技术称为"无主栅技术"，所采用的圆形镀层铜丝称为"无主栅焊带"。无主栅太阳电池在增加电池受光面积的同时，载流子输送至细栅的路径大幅缩短，串联电阻也相应减小，无主栅焊带和细栅均可做得更薄、更细，降低了印刷主栅的银浆耗量，在提高电池效率的同时降低生产成本。

目前市面上出现的无主栅技术基本遵循以下设计：保留传统的第一步正面网印，在电池上制作底层的栅线，仍遵循传统称其为细栅；而后通过不同的方法将多条垂直于细栅的栅线覆盖在其上，形成交叉的导电网格结构。目前无主栅设计主要有以下实现途径。一种是 SmartWire 技术，由瑞士梅耶博格（Meyer Burger）公司研发，电池在PECVD 减反射镀层后网印细栅，之后不再网印主栅，而是将一层内嵌铜线的聚合物薄膜覆盖在电池正面。这层薄膜内嵌的铜线表面也镀有特别的低熔点金属，在随后的组件层压工艺中，层压机的压力和温度帮助铜线和网印的细栅结合在一起。这些铜线的一端汇集在一个较宽的汇流带上，在同一步层压工艺中连接在相邻电池的背面。另外一种典型的无主栅技术为 Multi Busbar，由德国 Schmid 公司研发，同样也使用特殊镀层的铜线，但铜线不是内嵌在聚合物薄膜中，而是直接铺设在电池表面。除铜线铺设方式外，另一个显著不同在于 Schmid 技术对细栅的要求，细栅网版需特殊设计，在细栅与主栅交界处预留焊盘。在电池网印细栅完成后，电池来到改进的串焊机，而串焊机将通过图像识别技术配合真空吸盘，将 15 条铜线精确地铺设在电池表面细栅的焊盘之上，并采用红外辐射完成焊接，同时也将铜线焊接在相邻电池的背面。焊接完成后的电池进行普通的层压。美国的 GT Advanced Technology 公司同样推出了命名为 Merlin 的无主栅技术，其设计理念更接近于 Smart Wire，在网印细栅后，镀层铜线铺设在电池正面，在组件层压步骤中一次完成主栅细栅间和电池间的互联。图 5-15 展示了典型无主栅技术的电池和组件实物。

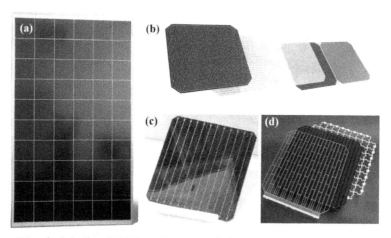

（a）Smart Wire 电池组件；（b）Meyer Burger 公司的 Smart Wire 电池片；（c）Schmid 公司的 Multi Busbar 电池片；（d）GT Advanced Technology 公司的 Merlin 电池片。

**图 5-15　无主栅电池设计实物**

Green 等人对太阳电池电极损耗进行了定量分析计算，各种因素对电池输出功率的损失可以表达为

$$P_{sf} = \frac{W_F}{S} \tag{5-49}$$

$$P_{rf} = \frac{1}{m} B \rho_{smf} \frac{J_{mp}}{V_{mp}} \frac{S}{W_F} \tag{5-50}$$

$$P_{cf} = \rho_c \frac{J_{mp}}{V_{mp}} \frac{S}{W_F} \tag{5-51}$$

$$P_t = \frac{\rho_s}{12} \frac{J_{mp}}{V_{mp}} S^2 \tag{5-52}$$

其中，$P_{sf}$ 为电极遮光造成的功率损失；$P_{rf}$ 是金属电极线电阻引起的功率损失；$P_{cf}$ 是接触电阻造成的功率损失；$P_t$ 是发射区横向电阻引起的功率损失。$B$ 是电池面积；$W_F$ 是电极栅线宽度；$S$ 是电极栅线的横截面积；$\rho_c$ 是接触电阻；$\rho_s$ 是发射区方块电阻。若电池面内栅线分布均匀，则系数 $m=3$，否则 $m=4$。

图 5-16 为不同电极宽度下总功率损失的变化模拟[14]。从图 5-16 中可见，对于一定的接触电阻，有一个最佳的栅线宽度。当栅线宽度大于该值时，由于遮光面积的增大，电池功率损失增加；低于该值也会使功率损失增加，主要原因是发射区横向电阻、金属栅线电阻增大。另外，对于同样的栅线宽度，接触电阻减小，电池功率损失也减小，这是因为串联电阻有所降低。从图 5-16 中还可以看出，接触电阻对功率损失的影响要大于栅线宽度的影响。比较两种不同掺杂浓度下发射区的方块电阻，对于高方阻的发射区，同样的接触电阻，其最佳栅线宽度更窄，但是该最小点所对应的功率损失稍高，这是因为高方阻发射区横向串联电阻较大。

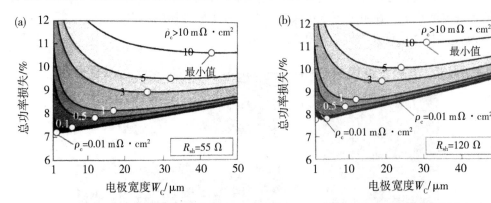

图 5-16 在发射区方块电阻为 55 Ω(a) 和 120 Ω(b) 下总功率损失在不同接触电阻下随电极宽度的变化

当然，为了完全避免电极的遮光损失，电池的结构也可以采用叉指背结(IBC)形式，即将正负电极都放到电池背面，从而完全规避受光面的电极遮挡。

## 5.3　高效晶体硅太阳电池实例

晶体硅太阳电池的规模发展起始于铝背场电池（aluminum back surface field，Al-BSF）。由于具有工艺流程简单、技术成熟、成本低等多方面的优势，其在 2017 年占据了 83% 的市场份额。但是 Al-BSF 电池背面为金属全接触，复合速率较高（$J_0$ 约 750 fA/cm$^2$），且背场层反射率低，导致长波响应差、开路电压较低，使电池效率难以突破 20.5%。硅片质量提升、正面陷光、金属化浆料性能改进等对效率的提升达到瓶颈，迫使电池结构和技术进行革新。时至今日，高效电池已发展出多条路线，如钝化发射区和背面局域接触太阳电池（PERC 电池系列）、硅异质结（silicon heterojunction，SHJ）太阳电池、隧穿氧化钝化接触（tunnel oxide passivated contact，TOPCon）太阳电池及全背接触太阳电池（all back contact cells）。

### 5.3.1　选择性发射极（SE）

#### 5.3.1.1　选择性发射极的结构

传统的 Al-BSF 电池通过在 p 型硅衬底上一次扩散形成整面均匀覆盖的发射极（$n^+$），发射极的结深、掺杂浓度随深度变化的曲线都是固定的。而实际电池中发射极与不同功能层接触体现出不同的性质。如图 5-17 所示，当发射极被介质钝化膜（$SiO_2$、$SiN_x$ 或 $SiO_2/SiN_x$）覆盖时，$J_0$ 随着发射极方阻的增加而降低，而被金属覆盖的发射极，$J_0$ 随着方阻的增加而增加（$n^+$ 发射极）或基本保持不变（$p^+$）[15]。$n^+$ 与 $p^+$ 发射极与金属的接触电阻随发射极方阻的变化趋势一致，都是随着方阻的增加而有所增大。因此，发射极方阻（即发射极掺杂浓度）需要区分钝化区域、金属接触区域，分别进行精确设计，以达到各区域的最优效果[16]。低方阻（高掺杂浓度）的发射区也会引起禁带变窄效应和俄歇复合的增加，导致电池效率降低。选择性发射极（selective emitter，SE）就是为了应对以上问题引入的结构，在有电极的区域采取高掺杂，以获得良好的欧姆接触，而在没有电极的区域采取轻掺杂，以降低其表面复合速率，避免产生高掺杂效应。选择性发射极结构在高效 PERC 电池、TOPCon 电池里广泛应用，因此单独列出做详细讲述。

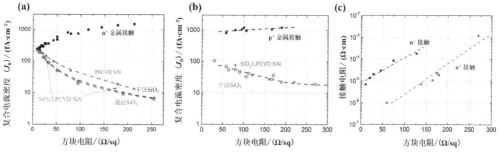

（a）掺 P 发射极的钝化区、金属接触区的 $J_0$ 随方阻的变化；（b）掺 B 发射极的钝化区、金属接触区的 $J_0$ 随方阻的变化；（c）掺 P 与掺 B 发射极与金属的接触电阻随方阻的变化。[15]

**图 5-17　硅不同区域与金属接触时界面复合与方阻的对应关系**

图 5-18 分别为常规 Al-BSF 电池和选择性发射极太阳电池的结构对比。选择性发射极在电极栅线之间受光区域对应的活性区影响形成低掺杂浅扩散区，在电池栅线下面区域形成高掺杂深扩散区。因此，在电极间隔区形成与常规太阳电池一样的 p-n 结，在电极栅线下形成 p-n$^{++}$ 结，在低掺杂和高掺杂交界处形成横向的 n$^{++}$-n$^+$ 高低结。这种能带结构，有利于 n 型区的空穴向 p 型区流动，p 型区的电子向 n 型区流动，而阻挡 n 型区的电子和 p 型区空穴的反向流动。

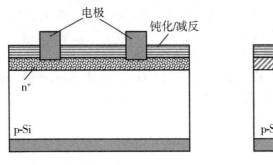
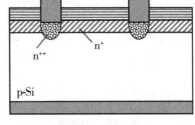

(a)常规 Al-BSF 电池        (b)选择性发射极太阳电池

**图 5-18　常规 Al-BSF 太阳电池和 SE 太阳电池结构**

### 5.3.1.2　选择性发射极的优势

1)减少光生载流子的表面复合。

太阳电池光生载流子的寿命与太阳电池的表面复合关系很大。正如前文所讨论的那样，硅片表面存在悬挂键、表面缺陷及其他深能级中心，相应的表面电子能态在禁带中形成复合中心能级。光生少子主要通过这些复合中心发生表面复合。

表面复合率 $U_{sur}$ 与表面非平衡少子浓度 $\Delta p_s$ 成正比：

$$U_{sur} = S_{pr}\Delta p_s \tag{5-53}$$

$$S_{pr} = v_t \sigma_{sp} N_{st} \tag{5-54}$$

其中，$S_{pr}$ 为表面复合速度，与复合中心浓度 $N_{st}$ 成正比，$N_{st}$ 与表面掺杂浓度有关。可知表面掺杂浓度越高，表面复合越严重。选择性发射极在活性区的表面杂质浓度要比常规全面发射极太阳电池低，可以显著减少光生少子的表面复合。同时，如图 5-17 所示，较低的表面杂质浓度可改善表面的钝化效果，因此表面钝化后可进一步减少表面复合。

2)减小扩散死层的影响。

对于常规的太阳电池，扩散层表面区域的掺杂浓度很高，可达 $10^{20}$ cm$^{-3}$ 以上。硅是间接带隙半导体材料，当掺杂浓度大于 $10^{17}$ cm$^{-3}$ 时，其体复合以俄歇复合为主。俄歇复合与掺杂浓度密切相关。

常规太阳电池中，在硅片扩散层区表面 100 nm 深的范围内，杂质浓度很高，严重的俄歇复合将使得这一区域失去活性，形成扩散区的死层。选择性发射极在活性区采用较低的表面杂质浓度(约 $10^{19}$ cm$^{-3}$)，可减薄甚至避免死层，从而显著改善太阳电池性能。

3）提高光生载流子收集率。

与常规太阳电池相比，选择性发射极的电极在栅线处增加了横向 $n^{++}$-$n^+$ 高低结。常规 Al-BSF 太阳电池增加了选择性发射极后能带变化，如图 5-19 所示。选择性发射极更有利于收集光生载流子，而且特别有利于收集太阳电池表层的短波光生载流子。

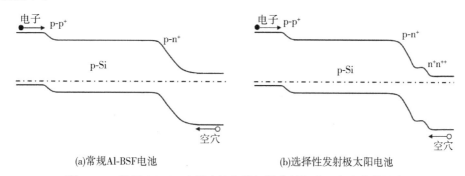

图 5-19　常规 Al-BSF 太阳电池和选择性发射极太阳电池能带结构

4）提高太阳电池的输出电压。

常规 Al-BSF 太阳电池的接触势垒为

$$qV_1 = qV_{p^+p} + qV_{pn^+}$$
$$= kT\ln\frac{N_A^+}{N_A} + kT\ln\frac{N_D^+ N_A}{n_i^2} = kT\ln\frac{N_D^+ N_A^+}{n_i^2} \qquad (5-55)$$

而选择性发射极太阳电池的接触势垒为

$$qV_2 = qV_{p^+p} + qV_{pn^+} + qV_{n^+n^{++}} = kT\ln\frac{N_D^{++} N_A^+}{n_i^2} \qquad (5-56)$$

比较可知，$V_2 > V_1$，即选择性发射极提高了太阳电池的输出电压。

5）降低太阳电池串联电阻。

太阳电池金属电极与硅片接触电阻是电池串联电阻的一部分。硅片掺杂浓度越高，其与金属之间的接触电阻越小。

## 5.3.2　PERC 电池系列

结合选择性发射极设计，1987 年，新南威尔士大学（UNSW）的 M. A. Green 团队报道了具有 20.6% 的转换效率的钝化发射极太阳电池（PESC）[17]，如图 5-20 所示，是当时晶硅电池的最高效率。该电池利用 SE 技术满足了发射极钝化区与金属接触区对方阻的不同要求。在钝化区域轻掺杂（150～250 Ω/sq），降低发射极内部的复合，提高电池的紫外响应，同时在电极接触区域使用重掺杂（约 10 Ω/sq），降低接触区域的接触电阻和复合；前表面采用倒金字塔陷光结构，并叠加单层 SiO$_2$ 或 MgF$_2$/ZnS 叠层抗反射涂层降低表面反射率；采用光刻对准开孔技术，热蒸发沉积低电阻率的 Ti/Pb/Ag 电极（宽 20 μm、高 8 μm），降低光学遮挡和串阻损耗。

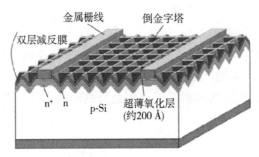

**图 5-20　新南威尔士大学开发的 PERC 电池结构示意**[17]

　　然而，和 Al-BSF 电池一样，该电池的背面仍为全铝电极，少子寿命只有约 130 μs，存在严重的 SRH 复合。此时，背面复合成了电池效率的最大限制因素，对于电阻率为 0.2 Ω·cm 的 p 型硅衬底，电池的 $V_{oc}$ 被限制在 670 mV 以下。基于此问题，M. A. Green 教授团队又在 1989 年提出了钝化发射极及背面局域接触太阳电池（passivated emitter and rear cell, PERC）[18]，电池背面采用氧化硅作为钝化膜，避免金属电极与硅片全接触，并用光刻工艺对钝化膜进行开孔，然后蒸镀铝电极。大幅缩小金属接触区域不仅可以解决 PESC 中背面复合严重的问题，提高电池的 $V_{oc}$，SiO2/Al 强背反射作用还可以提高电池的 $J_{sc}$。经过电池背面钝化和背反射的改善，电池效率提升至 22.8%，同类型的还有钝化发射极及背面全掺杂（passivated emitter and rear totally diffused, PERT）电池[19]、钝化发射极及背面局域掺杂（passivated emitter and rear locally diffused, PERL）电池[19-21]。电池结构如图 5-21 所示。

　　PERL 太阳电池是在 PERC 的基础上发展而来的。与 PERC 相比，PERL 电池在背电极与衬底接触区域进行了浓硼掺杂局域扩散，引入局域 $p^+$ 层，显著降低了背面接触孔处的薄层电阻，解决了 PERC 中 Al/Si 接触界面复合严重、接触电阻率较高及对衬底硅电阻率限制等问题，使 PERL 电池效率高于 PERC。2001 年，UNSW 的赵建华等人在约 1 Ω·cm 的 p 型 FZ 硅片上制作了 4 cm² 的 PERL 电池，开路电压达到 706 mV，短路电流密度为 42.2 mA/cm²，填充因子为 82.8%，光电转换效率达到 24.7%，创造了当时世界最高效率[22]，并保持了很多年。在 PERL 电池结构的基础上，又发展出了 PERT 电池，不仅在接触孔区域进行浓硼掺杂，还在背面的其他区域进行淡硼掺杂，进一步降低了 PERC 结构对电池衬底电阻率的要求，使太阳电池可以在高电阻率的硅片上实现高转换效率。[23]

### 5.3.2.1　产业化 PERC 太阳电池的发展

　　UNSW 开发的 PERC 系列电池虽然转换效率高，但是技术复杂，工艺流程烦琐，成本高，特别是需要利用多次光刻和高温热氧钝化工艺。硅材料对高温敏感，多次高温过程会造成硅片的少子寿命降低，这些因素最终导致该系列电池没有走向产业化。直到氧化铝作为钝化材料应用于硅太阳电池产业，才使 PERC 电池的产业化取得突破性进展。2006 年 G. Agostinelli 等利用原子层沉积（ALD）在 p 型单晶硅上沉积 Al2O3 薄膜[24]，将表面复合速率降低至 10 cm/s。2010 年，Thomas Lauermann 等率先将

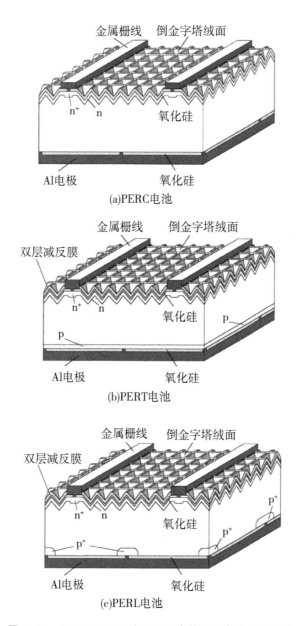

图 5-21 PERC、PERT 和 PERL 高效太阳电池结构示意

Al$_2$O$_3$ 钝化用于大面积 PERC 的制备[25]，背面采用 15 nm ALD-Al$_2$O$_3$/80 nm PECVD-SiN$_x$ 叠层钝化，效率为 18.6%。为了降低生产成本和难度，该电池前表面使用工艺更简单的正向随机金字塔陷光结构、均匀发射极、以及 SiN$_x$ 钝化减反膜，其结构如图 5-22 所示。相对于 Al-BSF 电池，该结构只在背面有所区别，只需在原有产线上增加背钝化膜沉积和激光开槽设备即可，因此受到极大的推崇。

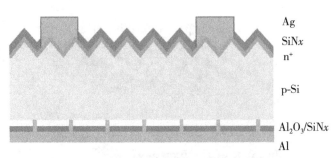

Ag
SiNx
n⁺

p-Si

Al₂O₃/SiNx
Al

图 5-22 产业界大规模生产的 PERC 结构示意

随着氧化铝规模应用于工业级大尺寸电池制造领域，PERC 效率快速提升。2014 年，哈梅林太阳能研究所(ISFH)与合作伙伴制备的大面积(156 mm ×156 mm)PERC 电池，转换效率达创纪录的 21.2%[26]。该电池正面采用 5 条主栅设计的细线和 2 次丝网印刷工艺，栅线宽度约 46 μm，大幅降低了正面的遮挡损失，从而提高了转换效率。同年，天合光能在大面积 CZ 硅片衬底上制备的 PERC 电池实现 21.4% 的转换效率。通过叠加选择性发射极(SE)技术、多主栅技术，改善背面钝化膜及背反射工艺、背部开孔设计等可带来电池效率的进一步提升。此后，天合光能又在 2015 年和 2016 年分别公布了 22.13% 和 22.61% 的世界纪录效率。目前最高实验室效率为隆基乐叶于 2019 年公布的 24.06%。大规模生产转换效率也已经达到 22.5% 以上，而中试产线中的转换效率已超过了 23.5%。产业化 PERC 电池效率提升的路径主要有以下四个方面。

1)选择性发射极(SE)。

SE 在高效电池领域的应用已经非常成熟，早期 PERC 和 PERL 都是基于 SE 结构开发，并取得了较高的电池效率。但是将该结构应用于工业化生产中，还必须考虑其他工艺兼容及成本等问题：①工艺简单，增加的工艺流程不宜太多；②要与原有电池生产线兼容；③要求丝网印刷有较高的精度，保证重掺区与金属栅线重合。目前 SE 的实现方法有化学刻蚀法、氧化掩模法、激光掺杂法、硅墨水扩散法、离子注入法等。

2)背面局部掺杂。

早期产业化 PERC 背表面开孔区域金属与硅直接接触，有一定的缺点：①背面金属与半导体硅材料接触仍然存在复合，对电池效率造成损失；②电极与硅直接接触的区域要形成欧姆接触，基于 PERC 电池结构，硅与金属的接触电阻率要低于 $5 \times 10^{-3}$ Ω·cm²。后期结合 PERL 和 PERT 结构，在背面金属与硅基体接触区采用 BBr₃ 定域扩散形成 p⁺ 重掺杂，改善背面接触，降低电阻，同时改善金属-半导体接触区域的复合，提高开路电压。图 5-23 显示了 PERC 早期结构及结合正面 SE 和背面局部掺杂后的结构。

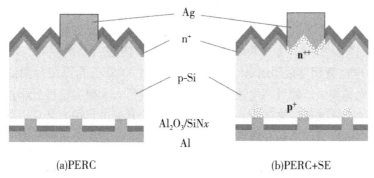

(a)PERC　　　　　　　　　　(b)PERC+SE

**图 5-23　结合正面 SE 以及背面局部掺杂的 PERC 结构**

3）背面局域接触图形设计。

PERC 的转换效率跟背面开孔区域，即金属和硅接触区域息息相关。当开孔区域占比较小时，即钝化区域占比较大，有利于背面复合的降低，提升开路电压。但是接触区域变小又会影响背面载流子的收集，使串联电阻增大，填充因子降低。因此，在设计背面开孔图形时也应综合考虑两方面的影响，当然最优的设计并不是固定的，随着技术的进步，开孔图形和占比都会有所变化。

实现背面局域接触的方法有很多种，如腐蚀浆料开孔、激光烧结、激光开孔等。腐蚀浆料开孔是通过丝网印刷浆料对背面进行开孔，需要额外增加丝网印刷和清洗设备，工艺较烦琐。激光开孔配合丝网印刷金属浆料烧结是最适合工业化使用的局域接触方法，只需增加一台激光开孔设备即可。

常见的背部开孔接触有三种，分别为线接触、分段线接触及点接触，如图 5-24 所示。PERC 电池开发最初采用线接触，线与线的间距 1 mm 左右，线的宽度约 40 μm。随着激光设备的改进和开槽图形的优化，逐渐发展为分段线接触，线段的长度、线段之间的间距和宽度都可以设计优化。但是过短的线段对 Al 浆要求较高，可能会出现空洞率过高、无法形成良好接触的情况。之后分段线接触发展为点接触，点接触对工艺的要求更高，激光设备要能实现点的均匀开槽，且每行的点与点要错开，同时还要兼顾产能，激光加工时间要与分段线差异不大；其次，Al 浆要能均匀地填满每一个点坑，通过烧结与硅反应，形成良好的接触。

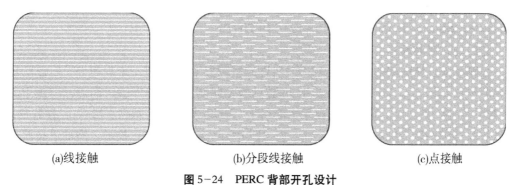

(a)线接触　　　　　　(b)分段线接触　　　　　　(c)点接触

**图 5-24　PERC 背部开孔设计**

4）背面反射及叠层钝化。

长波段光在硅片中的吸收系数比较低，会有一部分光穿过硅片直接逃逸，可以在电池背面增加背反射层，将未吸收的光反射回硅片内进行二次吸收，增加光的利用率。Al-BSF 电池背面直接印刷 Al 浆后烧结形成的 Al-Si 合金厚层反射能力较差，造成了长波段光的损失。通过在电池背面沉积介质层可大大减少这种光学损失。在具体实施的过程中，通常先对电池背面采用化学刻蚀的方法进行抛光处理，降低背面比表面积，然后在电池背面沉积介质膜。在 PERC 电池中，背面介质膜同时充当了背反射和背钝化两种角色。

对于背面钝化膜的材料选择，最简单且最适合工业化生产的为 SiN$_x$ 薄膜，但是如前所述，由于其内部带有固定正电荷，且正电荷密度较高（$10^{12}$ cm$^{-3}$ 量级），会在 p 型硅界面下方形成一个反转层，如果该反转层与基区接触，就会导致寄生电流，引发额外的短路电流密度损耗，所以 SiN$_x$ 不适合 p 型硅表面的钝化。热氧化生长的 SiO$_2$ 可以有效地钝化表面的悬挂键，但是氧化膜生长需要 900 ℃ 以上的高温，且氧化速率缓慢，会严重影响硅片的少子寿命。但是 Al$_2$O$_3$ 不同，在沉积过程中，负电荷恰好处于 Al$_2$O$_3$ 和晶体硅表面生成的氧化硅界面的交界处，并且负电荷密度高，可确保产生高效的场钝化效果。Al$_2$O$_3$ 的化学钝化效果同样出众，饱和了晶体硅表面的悬挂键，降低了界面态密度，对于 p 型硅来说 Al$_2$O$_3$ 是最佳的钝化材料。

但是无论采用哪种材料和钝化膜沉积技术，单独一层介质钝化膜都不能完全满足背面钝化的需求。在介质钝化层表面需要沉积一定厚度的保护层，以保护介质钝化膜，使其与丝网印刷的 Al 浆隔离，避免烧结过程中 Al 浆的渗入和腐蚀。另外，为了达到光学背反射的要求，背面介质膜厚度应在 100 nm 以上，显然单层的钝化膜无法满足。有效的解决方案就是沉积较薄的 Al$_2$O$_3$ 膜，并在其上覆盖 SiN$_x$ 薄膜，其中 SiN$_x$ 覆盖层技术采用工业化低成本的 PECVD 方法，采用 Al$_2$O$_3$/SiN$_x$ 叠层钝化膜来实现对 p 型硅背表面的钝化和光学背反射的增强已经成为 PERC 电池的标准工艺。

### 5.3.2.2　PERC 电池的性能衰减

PERC 电池在实际应用中存在较为明显的性能衰减问题，关于其机理的研究一直是学术界的热点和难点。单晶 PERC 的衰减主要是光诱导衰减效应（light-induced degradation，LID）；多晶 PERC 除了 LID 衰减外，还有热辅助光诱导衰减（light and elevated temperature induced degradation，LeTID）。

1）LID 现象及解决方案。

硼氧复合体引起的光衰（BO-LID）机理和解决方案在 20 世纪末就得到了广泛的研究。早在 1997 年，ISFH 的 Jan Schmid 教授就发现使用 Ga 作为掺杂剂可以解决 BO-LID[27]。在 1999 年，东京农业技术大学的 T. Saitoh 教授深入研究了掺 Ga、掺 B 的 p 型 CZ、MCZ 和 FZ 硅片的光衰行为[28]。PERC 电池使用背钝化技术，增加了长波段入射光子的有效吸收，将电池效率在铝背场电池结构上提升约 1%。然而电池背面产生的光生少数载流子（电子）需要经历较远的路径才可以被正面的 p-n 结有效分离并被电极收集。因此，虽然背钝化使 PERC 的效率大幅提升，但硅片本身的 BO-LID 使电池的初始光衰增大到了 5% 以上。学术界以及产业界尝试了多种技术方案以降低 BO-LID。显然，降低 B 含量会降低 PERC 电池的效率，而降低氧含量的技术会使硅片成本增加。使用掺 Ga 代替掺 B 一定程度上可以降低 LID 效应，但是由于 Ga 在硅中的分凝系数远大于 B，也会增加硅片成本。

2006 年，Konstanz University 的 Alex Herguth 寻找到了 BO-LID 的工业化解决方案[29]。如图 5-25 所示，在较高温的光照或者使用正向电流时，BO-LID 会产生衰减-再生的过程，且后续持续的光照或者电注入不会使电池的开路电压下降。这是首次关于光致再生(light-induced regeneration，LIR)现象的报道。近几年来，PERC 电池技术的设备和产业化逐渐成熟，对于 BO-LID 光衰解决方案也逐渐实现了工业化。使用更高的光强，较高的温度可以缩短 LIR 的工艺时间。

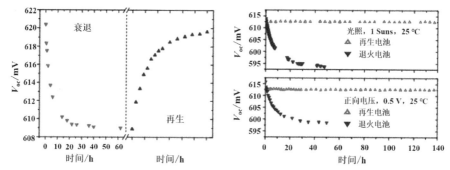

图 5-25　在光照或者正向电压情况下，BO-LID 发生先衰减再恢复现象[29]

2) LeTID 现象及解决方案。

LeTID 现象具有普遍性，不仅存在于多晶电池中。2017 年，Fabian Fertig 在单晶 PERC 电池中同样发现了 LeTID 现象[30]，如图 5-26 所示。在图 5-26 中，CZ 单晶硅在电注入模式下，电池光衰在 1%～2% 之间。同样的现象，在 FZ、铸造单晶，甚至 n 型硅中也有报道，这使引起 LeTID 现象的真正原因变得非常复杂。

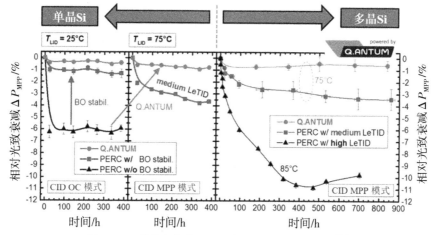

图 5-26　单晶和多晶 PERC 电池中的 LeTID 现象[30]

LeTID 现象普遍存在，且其根本原因尚未有明确的物理机理。其表现如下：

（1）LeTID 普遍存在于各种硅材料中，包括 p 型、n 型、单晶、多晶。

（2）LeTID 引起硅片体寿命衰减。

（3）长时间的高温光照，LeTID 可以恢复。

（4）不同硅片种类，LeTID 程度与恢复所需要的时间周期不同；p 型硅中，一般多晶的 LeTID 比单晶更难恢复。

### 5.3.2.3　p 型 PERC 双面太阳电池

双面太阳电池具有双面输出功率的特点，在不同应用场合，相比单面电池，可额外增加 10%～30% 的发电量。如果将单面 PERC 电池的背面全铝背场改为背铝栅线印刷，就制成了双面 PERC 电池。从外观上看，这两种 PERC 电池的正面并无差异，只是双面 PERC 电池的背面选用不同厚度的介质膜，且采用铝背场局域接触，从而也能发电。图 5-27 为单面 PERC 和双面 PERC 结构示意。

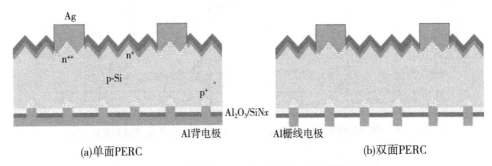

（a）单面PERC　　　　　　　　　　　（b）双面PERC

**图 5-27　p 型单面 PERC 和双面 PERC 电池结构示意**

### 5.3.2.4　p 型 PERC 电池展望

目前 p 型 PERC 电池已经发展为高效晶体硅光伏电池的主流技术。进一步地，正面选择性发射极技术、热氧技术、先进金属化技术等陆续上线，PERC 单晶硅电池效率从 2014 年最初的约 20% 发展到如今的接近 24%，持续提升效率的潜力证明了其强大的生命力；且其具有与传统 Al-BSF 电池产线兼容的最大优势，只需增加背面钝化及激光开槽工序即可。因此，PERC 电池成为目前低成本量产高效电池的最佳选择，国内外光伏企业几乎都已规模化生产。而随着硅片质量的不断提升、制造工艺的不断升级，在可预见的未来，量产 PERC 电池的效率跨越 23% 是毫无疑问的。但是随着技术的迭代，p 型 PERC 电池会逐渐碰到其效率瓶颈，想要进一步将量产效率提升至 24% 是非常困难的。事实上，早在 2017 年，德国 ISFH 研究所进行基于产业化技术的研究并公布了 PERC 电池效率达到 24% 的技术路线，其核心内容如下：

（1）正表面采用选择性发射极；

（2）采用高质量 p 型硅片（体寿命大于 2 ms），背面采用 $SiO_2/SiN_x$ 或 $Al_2O_3/SiN_x$ 叠层钝化膜，结合优化的退火工艺，降低背表面复合速率；

（3）对于背面局域 Al 背场区域，采用掺 B 的 Al 浆料，降低背场复合电流密度；

（4）电池正面金属化，采用无主栅设计，并且栅线宽度控制在 10 μm 以下。

以上所涉及的技术路线都已不同程度地在实验室甚至量产中实现,目前市场上接受的主流改进基本是 PERC + SE 结合多主栅技术,这些努力使隆基在 2019 年的研发成果突破了 24% 的效率,量产效率也到了 23% 附近。但从电池本质上而言,这些技术都只是在一定程度上对 PERC 的改进与优化,并未真正大幅地提升效率,只是小踏步式的前进,不能真正突破 PERC 电池的理论极限效率(约 24.5%)。这是因为 PERC 结构中金属接触部分仍然存在较大的复合,制约着电池效率的提升,所以钝化接触电池技术受到了格外的关注,即利用钝化膜对硅和金属电极进行物理上的隔离,从而实现表界面复合的大幅降低。SHJ 太阳电池和 TOPCon 太阳电池作为钝化接触技术的两种典型结构,被寄予了厚望。

### 5.3.3 n 型高效电池、PERT 及 TOPCon

目前 p 型硅电池占据晶体硅电池市场的主要份额,产业化 PERC 都是以 p 型硅片为基底。然而,对于高效电池的制备,n 型硅片有明显的性能优势。首先,其少子寿命更高,n 型材料中的杂质对少子空穴的捕获能力低于 p 型中杂质对少子电子的捕获能力,相同电阻率的 n 型 CZ 硅片的少子寿命比 p 型高出 1～2 个数量级(达到毫秒级),且 n 型硅中空穴的表面复合速率要低于 p 型硅中电子的表面复合速率;其次,n 型硅片对金属污染的容忍度也更高,因为带正电荷的金属离子具有很强的捕获电子的能力,而捕获空穴的能力较弱,所以对少子为电子的 p 型硅片影响较大,而对少子为空穴的 n 型硅片影响较小,即在相同金属污染的程度下,n 型硅片的少子寿命要远高于 p 型硅片。还有一个重要的优势,那就是 n 型硅片内无光致硼氧复合衰减,掺磷的 n 型硅片中硼含量极低,本质上消除了硼氧对的影响,所以几乎没有光致衰减效应的存在。

但是出于商业成本、技术成熟度等方面的原因,2018 年前大部分太阳电池厂商没有利用 n 型单晶硅片带来的技术优势:

(1)在同样的单晶硅片中,由于硼与磷在硅中分凝系数的差异,p 型单晶硅棒在拉制过程中的硅片利用率更高,n 型硅片成本略高于 p 型;

(2)从电池工艺来看,n 型硅片形成 p-n 结需要进行高温硼扩散,而这项技术的难度、工艺复杂度、制造成本均高于 p 型硅片制结所需的磷扩散技术;

(3)p 型电池产品的产业化匹配技术更完善,如 p 型多晶硅电池技术、p 型单晶硅 Al-BSF 电池技术、p 型单晶 PERC 电池技术、磷掺杂的选择性发射极技术等,这些技术推动着 p 型晶体硅电池产品的光电转换效率不断提升。

此外,p 型晶体硅的品质近年来也获得了长足的进步,少子寿命大幅提升,也有助于 p 型 PERC 电池保有性价比优势。

但在可预见的未来,整个市场环境将发生重大变化,对高效光伏产品的需求增加,在效率提升上拥有更大潜力的 n 型晶体硅电池必然会迅速发展。各研发机构及产业界都对 n 型单晶硅电池的研发投入了大量的精力,目前产业界量产平均转换效率大于 23% 的电池均为 n 型电池(n-PERT、TOPCon、SHJ 等)。

### 5.3.3.1 n 型 PERT 电池

PERT 即钝化发射极和全背场扩散，其特点是背表面扩散全覆盖以降低电池的背面接触电阻和复合速率，同时背面扩散形成的结有利于背表面附近光生载流子的分离和传输，n 型 PERT 电池结构如图 5-28(a)所示。从各厂商量产情况来看，经过双面扩散后 n-PERT 可达到 22% 左右的效率，略微高于 PERC 电池，但提升不大。

对于生产线，虽然 n-PERT 兼容传统电池 p-PERC，无须投入过多设备，但 n 型工艺难度大于 p 型，成本更难控制，主要体现在双面掺杂技术及双面钝化技术不易实现。双面掺杂中正面的硼扩散相对于 p 型电池的磷扩散本身就不易扩散均匀，掺杂工艺复杂，同时背面的磷扩散也无法使用 p 型电池中的扩散技术而只能采用离子注入的形式，又一次增加了工艺难度，提高了成本。双面钝化技术因为正面 $p^+$ 发射极带正电，背面 $n^+$ 背场带负电，无法使用同一种钝化层，需要采用不同的钝化方式，如正面采用 $Al_2O_3$(带负电)的形式，背面采用 $SiO_2/SiN_x$(带正电)的钝化层。因此，从整体来看，双面 n-PERT 相比于 p-PERC 并没有性价比优势，核心原因还是 n-PERT 效率的提升并不明显。与 PERC 结构一样，其背表面仍然存在金属电极与硅直接接触的区域，复合损失阻碍了效率发展。一个有效的解决方案是用超薄的介质薄膜将金属和硅隔离，钝化硅片表面，同时实现载流子的隧穿效应以保证载流子的传导，被称为钝化接触技术，TOPCon 正是基于 n-PERT 电池发展出来的钝化接触结构，双面 TOPCon 电池结构如图 5-28(b)所示。

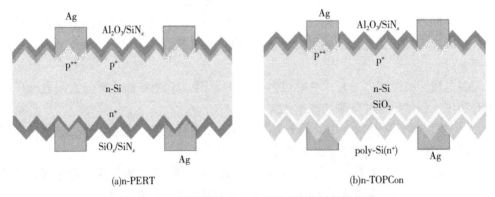

(a)n-PERT　　　　　　　　　　　　　(b)n-TOPCon

**图 5-28　n 型双面 PERT 和 TOPCon 电池结构示意**

### 5.3.3.2 n 型 TOPCon 电池

TOPCon 是 2013 年在第 28 届欧洲 PVSEC 光伏大会上由德国 Fraunhofer ISE 首次提出的一种新型钝化接触太阳电池[31]。该电池前表面与常规 n-PERT 太阳电池一样，为硼扩散的发射极，使用 $Al_2O_3/SiN_x$ 双层钝化膜。主要区别在电池背面，首先在电池背面制备一层 $1\sim2$ nm 的隧穿氧化层($SiO_x$)，然后利用 PECVD 在氧化层表面沉积一层磷掺杂的微晶非晶混合硅薄膜，在 850 ℃的温度下退火形成掺杂多晶硅，二者共同形成了钝化接触结构，为硅片的背面提供了良好的界面钝化，制备的电池效率超过 23%。该电池结构及其界面 TEM 和能带示意如图 5-29 所示[32, 33]。随后 Fraunhofer

ISE 通过优化不断地提升该结构电池的效率，2019 年报道 n-TOPCon 电池效率为 25.8%，创造了 n-TOPCon 电池新的效率纪录[34]；2021 年，进一步优化了发射极的复合损失和横向传输电阻损失，将 n⁺-TOPCon 置于 p 型硅衬底的背面作为发射极，创造了转换效率 26% 的 TOPCon 电池世界纪录[35]，证明了 TOPCon 结构在 n 型和 p 型衬底上都具有极大的潜力。

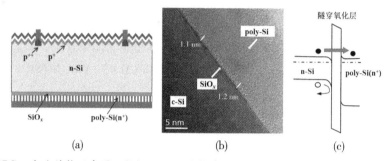

（a）TOPCon 电池结构示意图；（b）TOPCon 结构截面 TEM 图；（c）TOPCon 结构选择性钝化接触示意图。[32, 33]

**图 5-29　Fraunhofer ISE 研发的 TOPCon 太阳电池**

在产业界，TOPCon 电池的效率也取得了令人瞩目的进展。2021 年 6 月，隆基宣布在面积 242.97 cm² 的 n-TOPCon 上实现 25.21% 的转换效率。2021 年 8 月，东方日升在 PV CellTech 大会上报道其 251.99 cm² 的 n 型 TOPCon 电池具有 24.78% 的转换效率。2021 年 9 月，中来光电在 PVTD 光伏技术风向标大会报道了其 330.15 cm² 的 n 型 TOPCon 电池具有 25.4% 的转换效率。同月，天合光能在"第七届 TOPCon 技术与 PERC+论坛"报道了其 440.92 cm² 的 TOPCon 电池具有 24.54% 的转换效率。2021 年 10 月，晶科报道了其 163.75 cm 的 n-TOPCon 电池转换效率达到 25.4%。2022 年 3 月，天合光能又创造了 25.5% 的转换效率（210 cm）。

### 5.3.3.3　TOPCon 电池的效率提升路线

根据理论计算，TOPCon 太阳电池的潜在效率为 28.7%[12]，已经非常接近晶体硅太阳电池理论极限效率（29.43%）。当前，产业化 n 型 TOPCon 电池的最高效率与潜在效率仍然存在一定的距离，隧穿钝化膜的质量、多晶硅层的特性、正面发射极的光学遮挡和复合都会影响到电池效率的提升。

1）隧穿氧化层的影响。

电子通过超薄 SiO₂ 有两种传输机制，一是通过电子的隧穿进行传输（氧化层厚度小于 1.6 nm），二是利用薄膜生长过程（或后退火过程）中形成的微小针孔（pin-hole）进行传输（针对氧化层厚度大于 2 nm）。因此 SiO₂ 的厚度是极为关键的参数，太薄会影响界面钝化效果，造成电池开路电压偏低，太厚又会对载流子传输造成比较大的影响。另外，后续高温扩散形成掺杂多晶硅的工序也会对氧化层造成影响。研究表明，较低温度（800 ℃）时以隧穿机制为主，薄膜有很好的钝化性能，更高温度（900~950 ℃）则会使氧化层内出现微小针孔，电子可以借助孔洞运输，接触性能变好，但是会损失一部分钝化效果。同时，$SiO_2$ 的厚度大于 1.6 nm 时会在高温下变皱或产生裂纹，造成钝化的损失。目前研究表明 $SiO_2$ 的厚度在 1.55 nm 时对钝化和接触性能形成较好的平衡。

在磷扩散工艺过程中，$SiO_2$ 还可作为阻挡层，让磷在多晶硅及硅片基底内形成不同的掺杂效果。氧化层越薄，扩散时进入硅基体内的磷含量越多，导致硅表面方阻降低，钝化接触结构的接触电阻降低。但是，硅基体表面磷掺杂浓度的增大会导致钝化性能减弱，这是因为在 $SiO_2$/poly-Si 体系中，$SiO_2$ 只起到了界面化学钝化的作用，另一部分钝化效果来自多晶硅层内磷掺杂引起的界面处场钝化效应。硅基体内的方块电阻是反映场效应的关键参数，当方块电阻低于 400 Ω 时，poly-Si/$SiO_2$ 的钝化能力急剧变差，俄歇复合更加明显。

2）掺杂多晶硅层的影响。

掺杂多晶硅层对电池的影响主要来源于膜层厚度、掺杂浓度及扩散温度三个方面。多晶硅层的厚度只对钝化产生微弱的影响，实验结果表明，60~200 nm 范围内的厚度在钝化效果上几乎相同，因此认为该厚度范围内都满足钝化接触要求。但是电池设计时还要考虑电极烧穿及光学寄生吸收损耗的问题。背金属电极在烧结时会向内部扩散，多晶硅过薄则无法有效阻挡金属原子扩散到硅基体内部，造成钝化效果的骤减。当然多晶硅太厚也不行，这是因为掺杂多晶硅层内存在较为严重的自由载流子吸收现象，厚度增加会导致背反射减弱，引起长波段光的吸收损耗。工业上常用的多晶硅层厚度为 160~200 nm，为了节省成本和提高性能，电池制造商希望将多晶硅层厚度降低到 100 nm，甚至 50 nm。

3）正面发射极的影响。

图 5-30(a) 显示了目前产业上默认的 TOPCon 结构电池，其正面仍与 PERC 相同，因此也被称为 PERPoly(passivated emitter and rear poly-Si)，而将隧穿氧化钝化接触称为 POLO(poly-Si on passivating interfacial oxides)，$SiO_2$/poly-Si($n^+$) 为 n-polo，$SiO_2$/poly-Si($p^+$) 为 p-polo。这种 PERPoly 电池存在跟 PERC 电池同样的缺陷，正面金属与硅基体直接接触的区域有比较严重的复合，因此有研究尝试在电池正面也采用 POLO 结构，如图 5-30(b) 所示，称为 POLO 电池[36]。该结构下，多晶硅层的寄生吸收造成了电池正反两面严重的光学损耗，降低多晶硅的厚度是减少光学损耗的有效途径，但是过薄的多晶硅层又会面临电极烧结过程中烧穿的问题。因此，又发展出了如图 5-30(c) 所示的 POLO 电池结构，在 $SiO_2$/poly-Si 钝化接触体系和金属之间插入透明导电氧化物(TCO)作为电荷收集层和缓冲层，可以减薄多晶硅层有效降低光学损失而又不会造成电极烧穿。但是 TCO 薄膜必须结合低温银浆工艺，大幅增加了电池成本，而且该结构电池工艺与现有 PERC 产线兼容性太差，产业化的可能性较小。目前认可度较高的电池效率提升方案结合了 PERC 和 TOPCon 电池的优势，称为 PERC+POLO，如图 5-30(d) 所示，该电池背面仍然是 n-polo 结构，兼具了高钝化质量和低接触电阻，在正面金属栅线和硅基体之间插入了 p-polo 结构，消除了原来的复合损耗，正面其他区域仍然是 $p^+$ 发射极，并用 $Al_2O_3$/$SiN_x$ 作为钝化减反复合膜。

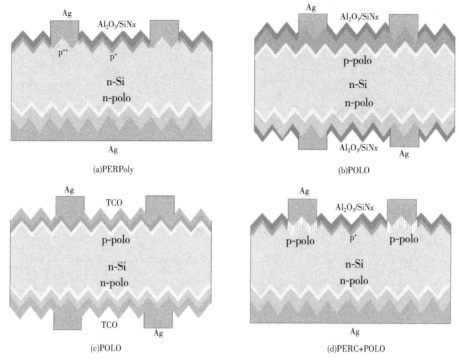

(a)PERPoly

(b)POLO

(c)POLO

(d)PERC+POLO

图 5-30　TOPCon 电池向 POLO 电池的尝试[36]

## 5.3.4　硅基异质结(SHJ)太阳电池

### 5.3.4.1　SHJ 电池的发展

无论是 Al-BSF 电池，还是在其基础上改进的 PERC 电池和 TOPCon 电池，其核心都是扩散形成的同质结，光生载流子主要通过吸收层中准中性区的扩散到达各自的接触，该过程需要较长的扩散长度，因此需要高品质的吸收层、高效的载流子选择性及低接触电阻率。接触区域低电阻率要求更高的掺杂浓度，而重掺杂引起的俄歇复合及光学损失对电池性能构成限制。与之相对，非晶硅/晶体硅(a-Si:H/c-Si)异质结(SHJ)太阳电池实现了晶体硅电池的全部工艺低温化(低于 250 ℃)、不依赖于吸光层的表面重掺杂，且避免了金属与晶体硅的直接接触。

SHJ 的研发始于 1990 年的日本三洋公司(Sanyo)，最初的结构是 p 型掺杂的 a-Si:H 直接沉积在 n 型硅衬底上，只有 12.3% 的效率。直到本征氢化非晶硅 a-Si: H(i)引入才实现了电池效率的飞跃，并因此有了标志性的名称 HIT(hetero intrinsic thin layer)电池[37]。后续研究又加入前表面绒面结构提高 $J_{sc}$、背场层 a-Si:H($n^+$)降低背面复合，最终形成如图 5-31(a)所示的经典结构。图 5-31(b)展示了对应的能级排列，低温沉积的 a-Si:H(i)具有极高的钝化能力，可将界面复合降至接近零。电子和空穴的选择性依靠两侧重掺杂非晶硅诱导形成的能带弯曲，彻底避免了金属与 c-Si 直接接触引起的复合损失，使该类电池的 $V_{oc}$ 高达 750 mV，接近硅太阳电池理论极限[38]。

日本 Kaneka 公司结合 HIT 电池异质结技术和叉指状背接触（interdigitated back contact，IBC）结构，报道了 26.63% 的超高效率（图 5-32），至今仍是单结硅基太阳电池最高效率的保持者[39]。

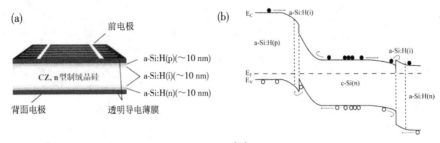

（a）HIT 电池结构；（b）HIT 电池能级排列示意。[38]

**图 5-31　HIT 电池示意**

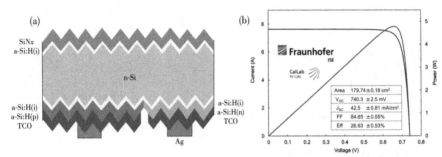

**图 5-32　IBC-HJT 太阳电池横截面示意（a）及该太阳电池的 $I$-$V$ 曲线、功率-电压曲线和 $I$-$V$ 参数**[39]

与此同时，全球 HJT 太阳电池产线的平均量产效率已达到 24.5%，这一指标远远高于常规单晶 PERC 电池。不仅如此，除了转换效率高的优点外，HJT 太阳电池的制备工艺简单（4 道）、工艺温度低（低于 250 ℃）、温度系数低（-0.26%/℃～-0.24%/℃）、双面发电率高（大于 92%）和适用于薄片化（小于 130 μm）等优势都受到了众多投资人的青睐与认可[40]。

### 5.3.4.2　SHJ 电池的制备工艺

HJT 太阳电池以 n 型单晶硅为衬底，正背表面分别沉积不同特性的 a-Si:H 薄膜叠层和透明导电氧化物（TCO）薄膜，形成异质结构，并通过丝网印刷制备不同宽度的细栅和主栅，从而收集和导出电流。整个电池片的制作流程如图 5-33 所示[41]。

首先，借助湿化学法在硅片表面形成金字塔陷光绒面，同时将一些颗粒、吸附分子、离子、有机原子、金属原子和自然氧化层充分去除，保证硅片表面足够洁净。其次，借助等离子增强化学气相沉积法（plasma enhanced chemical vapor deposition，PECVD），使用 13.56 MHz 的射频（radio frequency，RF）工艺沉积本征层 a-Si:H(i)、40.68 MHz 的甚高频（very high frequency，VHF）工艺沉积掺杂层［a-Si:H(p)，a-Si:H(n)］。由于 a-Si:H(i) 的电导率非常低且光学寄生吸收高，因此在提供足够钝化效果的同时应尽量减小厚度，以增强垂直方向的电学传导并减少寄生吸收损失。随后，通过磁控溅射（magnetron sputtering，MS）或反应等离子体沉积（peactive plasma deposition，RPD）等物理气相沉积技术（physical vapor deposition，PVD）添加一层透明导电薄膜，在保证入射光线顺利通过的同时允许载流子能够横向传输至栅线。最后，通过丝网印刷低温银浆金属化制作栅线，这不仅需要考虑高宽比（减少遮光面积）、高电导、附着力（焊接拉力）等要求，还需要通过低温退火修饰之前因磁控溅射或反应等离子沉积对非晶硅掺杂层造成的损伤及银栅与 TCO 之间的局部界面损伤。

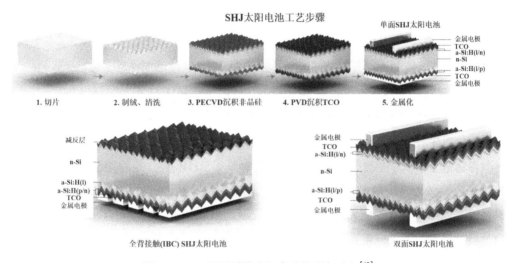

**图 5-33　双面异质结太阳电池的制备流程[42]**

### 5.3.4.3　SHJ 太阳电池中载流子输运机制

众所周知，在大多数掺杂同质结中，通过提高掺杂浓度 $N_{dop}$，会形成一个足够狭窄的肖特基势垒。在这种情况下，接触界面实际的势垒高度 $\Phi_B$ 变得并不那么重要，因为载流子只需要隧穿就能通过界面，而不需要热激发，由此获得一个较低的接触电阻率。但是对于 a-Si:H(i) 而言，受低温工艺及固溶度的限制导致其净掺杂效率有限，以至于不允许实现如此狭窄的势垒宽度。然而，对于中等掺杂的材料，如 a-Si:H(n/p)，其接触界面处的势垒高度 $\Phi_B$ 通常起着至关重要的作用。因此，在 TCO/a-Si:H(n/p) 的接触界面处，通过优异的功函数匹配来降低势垒高度 $\Phi_B$ 是有利于接触的，而且对于 $TCO_p$（与 p 型非晶硅接触的 TCO）和 a-Si:H(p) 空穴端接触而言，两者形成相反的二极管，在这个复合结处需要有效隧穿才能获得低接触电阻率的欧姆行为[43]。

如图 5-34 所示，c-Si(n) 中生成的载流子在选择性钝化接触层的作用下，电子向 a-Si:H(n) 输运，空穴向 a-Si:H(p) 输运，a-Si:H(i/n) 与 c-Si(n) 的导带偏移约为 200 meV，而 a-Si:H(i/p) 与 c-Si(n) 的价带偏移大概是其 3 倍，约为 600 meV，这也导致了空穴端有限的热稳定性和较大的电阻损失[42]。电子端的 a-Si:H(i/n) 与 c-Si(n) 的势垒高度较低，很容易就通过热激发输运到 a-Si:H(n) 上，而空穴端

600 meV 的势垒高度只能通过隧穿机制输运到 a-Si:H(p)上。

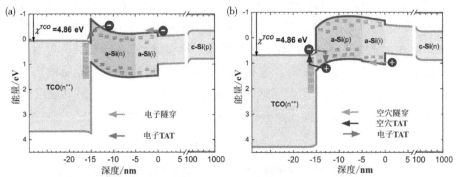

**图5-34　HJT 太阳电池电子端(a)和空穴端(b)的能带示意**[42]

即使 TCO 与 a-Si:H(n/p)功函数失配,且载流子浓度相差几个数量级,但电子作为多数载流子,且考虑到 a-Si:H(n)与 $TCO_n$ 属于同一类型的掺杂形式,相对于空穴而言,电子较为容易地通过缺陷辅助隧穿(trap-assisted tunneling,TAT)机制或直接热激发输运至 $TCO_n$ 并被金属电极收集。而对于 a-Si:H(p),硼的掺杂效率本身就比磷的掺杂效率低,且 a-Si:H(p)与 $TCO_p$ 之间形成复合结,其价带偏移高达 2 eV,势垒足够高以至于空穴完全无法通过热能来克服。因此,若 $TCO_p$/a-Si:H(p)复合结不涉及隧穿机制,则空穴输运将被完全阻塞。很显然,$TCO_p$ 导带的电子和 a-Si:H(p)的空穴都可以通过缺陷辅助隧穿进行输运,并且因为 $TCO_p$ 的电子浓度大得多,所以主要以电子 TAT 为主。

除了 TAT 机制外,带带隧穿(band to band tunneling,B2B)也是有一定概率发生的,只需要满足 a-Si:H(p)的激活能(activation energy)$E_a$ 小于 $TCO_p$ 的费米能级与导带的差值[44]。这就要求 TCO 具备非常高的掺杂浓度 $N_{TCO}$ 或 a-Si:H(p)具有非常低的 $E_a$ 值。对于前者,$TCO_p$ 的载流子浓度已高达约 $1 \times 10^{20}$ $cm^{-3}$,如果继续增加载流子浓度必然是牺牲透明度的,整个过程得不偿失;而后者需要增加 a-Si:H(p)的掺杂浓度才能有效降低激活能,但硼的掺杂效率本身并不够好,且当 $E_a < 200$ meV 时非晶硅会向微晶硅转变,在技术达到一定水平后这可能是一种可行的选择[45-47]。实现 B2B 的第二个要求是使 $TCO_p$ 的功函数高于 a-Si:H(p)的功函数,但是一般而言 TCO 的功函数在 4.0~5.5 eV 的范围内,而 a-Si:H(p)的价带能量一般为 5.62 eV,这个要求也很难实现[48]。

在优化载流子输运时,特别需要关注 TCO 层的性质,其电学特性和光学特性是密切相关的。例如,具有高载流子浓度的 TCO 会产生较高的横向电导率和较低的接触电阻率,但是与此同时会降低透明度。因此,可以通过调节 TCO 的氧含量使透明度与电导率均保持在较高水平,但这一操作有可能使界面处生长一层氧化物,导致一个较高的肖特基势垒。优化 TCO 的一种方法是使用高迁移率[$\mu_{TCO} > 100$ cm²/(V·

s)]的材料,降低载流子浓度以获得较高的透明度,同时保持较高的横向电导率[49]。

与传统高温扩散的工艺相比,钝化接触也带来了硅片与金属之间额外的界面电阻,在 HJT 太阳电池中主要体现为 c-Si(n)/a-Si:H(i)、a-Si:H(i)/a-Si:H(n/p)、a-Si:H(n/p)/TCO、TCO/Ag 栅线之间的界面电阻。在汉能公司实现 25.11% 效率的 HJT 太阳电池后,84.98% 的高 FF 令人心驰神往,使科研人员迫不及待地想去探索如此之高的 FF 是如何达到的[50]。值得一提的是,汉能的 HJT 太阳电池结构正面不再采用 a-Si:H(n),而是用 $\mu$c-SiO$_x$:H(n) 代替,因为 $\mu$c-SiO$_x$:H(n) 是宽带隙的间接带隙半导体,寄生吸收小,而且晶格排列整齐,能够有效地减少缺陷。隆基股份在 2021 年 10 月创造了双面接触 HJT 的世界纪录,转换效率为 26.3%,开路电压为 750.2 mV,填充因子高达 86.59%[51]。其超高的填充因子,可能来源于两个方面:一是近乎完美的表面钝化,把 SRH 复合抑制到非常低的水平,俄歇复合占据一定的主导地位,使理想因子小于 1;二是可能来自对各个功能层材料结构及电极接触的改进,促使串联电阻大幅降低。

### 5.3.4.4　SHJ 太阳电池特点

从 SHJ 电池的结构和制备工艺上分析,有以下优点:

(1)高对称性。标准 SHJ 电池是在单晶硅的两面分别沉积本征层、掺杂层、TCO 层和金属电极,这种对称结构减少工艺步骤和设备,便于产业化发展。

(2)低温工艺。SHJ 电池无须高温扩散,非晶硅和透明导电薄膜的沉积温度都在 200 ℃ 以内。低温过程有助于减少硅片热损伤和形变,同时降低能耗。

(3)高开路电压。本征非晶硅可以有效钝化界面缺陷,SHJ 电池的开路电压要比同质 p-n 结电池高许多,目前 SHJ 电池开路电压已经达到了 750 mV。

(4)温度特性好。太阳电池的性能参数通常是在 25 ℃ 的标准条件下测量的,然而光伏组件实际工作环境往往高于此温度,因此高温下电池性能的变化至关重要。由于 SHJ 电池是带隙较大的非晶硅与 Si 形成的异质结,因此温度系数比同质结电池优异。

(5)光照稳定性好。非晶硅薄膜电池的一大问题是由 Staebler-Wronski 效应导致的光致衰减很严重,而 SHJ 电池中用单晶硅作为衬底和吸收层,不存在此效应,而且用 n 型单晶硅做衬底的 SHJ 电池不存在 B-O 对引起的光致衰减,因此光照稳定性好。

(6)天然双面率高。标准 SHJ 电池正反两面都用透明导电薄膜,天然适合双面电池设计,双面率高达 95% 以上。封装双面组件后,年发电量比单面组件高。

但是 SHJ 电池在产业化的过程中也面临着一些迫切需要解决的问题:

(1)SHJ 电池在硬件设备上需要大量资金的投入,特别是 PECVD 设备较为昂贵,导致电池片平摊成本过高;电池片成本居高不下,相比于 PERC 电池,其性价比仍然不高。另外,由于掺杂非晶硅薄膜对温度特别敏感,SHJ 电池丝网印刷电极只能在 200 ℃ 左右的温度下烧结,用传统的 Ag 浆料无法形成良好的欧姆接触,因此需要采用低温银浆，成本远远高于传统的高温银浆。

（2）SHJ 电池在性能提升方面还存在一些壁垒，大规模产业化将放大这些缺陷，对组件性能造成影响：一是电流密度偏低的问题，相对于 PERC 和 TOPCon 电池，其正面功能层的寄生吸收较高，导致短路电流密度相对较低，限制了效率的进一步提升；二是双面 SHJ 电池中金属栅线的遮挡会造成电流密度的损失，一种解决方案是降低金属栅线的宽度和密度以减小遮光面积，此时就需要 TCO 层有更低的电阻。然而，如果通过增加载流子密度来实现较低的薄层电阻，又会引起较高的寄生吸收，特别是对于长波光子。

### 5.3.5　新型钝化接触太阳电池

基于钝化接触结构和成本控制的双重考量，免掺杂异质结提供了一种彻底消除高温和重掺杂工艺，低成本制备高效率晶体硅电池的可能方向。不同于对硅进行重掺杂实现载流子选择传输的传统道路，免掺杂异质结基于载流子选择性接触材料，利用其高/低功函数特性在硅表面诱导能带弯曲，从而促使电子/空穴定向传输。这类材料大多可以利用简单低温的方法制备，在简化流程、降低成本方面有巨大优势。免掺杂异质结中载流子选择性的实现无须进行硅的重掺杂，而是利用某些宽禁带、具有极高或极低功函数的材料沉积在单晶硅表面诱导能带弯曲。采用宽带隙传输层材料替代传统 HJT 中的掺杂非晶硅层，还能降低寄生吸收，降低短路电流密度的损失。

如图 5-35 所示[52]，依照 PERC、HJT 和 TOPCon 这些传统电池结构，把其中掺杂硅基功能膜层替换为免掺杂的金属化合物薄膜，基于基本类同的结构，可以构建一系列免掺杂载流子选择性接触电池。以 n-Si 为例，免掺杂异质结太阳电池可以简化为如下的功能区域：与晶体硅的价带和导带相匹配的具有高/低功函数的空穴/电子传输层（HTL/ETL，也可以叫作空穴/电子选择性接触层，即 HSC/ESC）、界面钝化层及晶体硅吸收区域。在空穴端，高功函数的 HSC 在 n-Si 表面及内部诱导出向上的能带弯曲（内建电势），形成强反型层，器件以类似单边突变 $p^+$-n 结的模式工作，驱使空穴向 HSC、电子向晶体硅内传输。相反，电子接触区域需要低功函数且与 n-Si 导带带阶小的材料，确保向下的能带弯曲以导出电子。另外，理想的 HSC 在传输空穴的同时应当形成较大的导带势垒阻挡电子的反向传输，同样地，理想的 ESC 应该具有较大的价带势垒。这样处理的目的是形成对电荷的高效选择性传输和收集，增大空穴和电子在界面的浓度差值，形成空穴向 HSC 而电子向 ESC 的高电导率，从而大幅抑制反向复合电流。

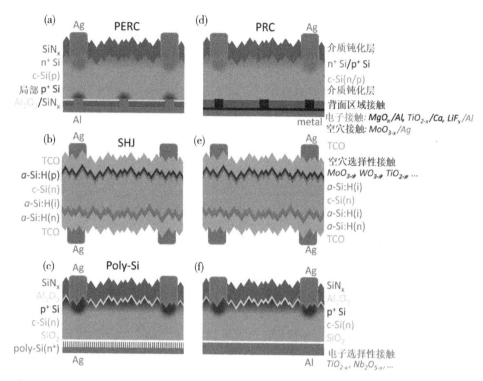

（a）—（c）分别为 PERC、HJT、TOPCon，（d）—（f）分别为对应的由免掺杂功能层替代后的结构。[52]

**图 5-35　采用传统掺杂硅基薄膜和免掺杂金属化合膜层的晶体硅太阳电池结构示意**

目前被研究较多的免掺杂传输层材料有过渡金属氧化物，如 $MoO_x$、$WO_x$、$CrO_x$、$VO_x$ 等（$x$ 表示非化学计量比，功函数 $5.3 \sim 6.7$ eV）[53-57]；碱金属氟化物，如 $LiF$[58]；低功函金属氧化物，如 $TiO_{2-x}$、$Nb_2O_{5-x}$ 等[59, 60]。实际上，具备高功函数特性的 p 型化合物很少，因此符合功函数要求的 n 型过渡金属氧化物（transition metal oxides，TMOs）材料，被用来实现空穴的选择性接触。TMOs 工作原理与 a-Si:H(p) 非常类似：诱导 n-Si 的能带向上弯曲形成反型区域，空穴通过缺陷能级与电子复合。

这些新兴的钝化接触太阳电池结构目前已获得接近 24% 的转换效率，但若要与传统高效晶体硅太阳电池进行竞争，未来需要对免掺杂材料特性进行进一步的设计和调控，使其分别满足功函数、带边、载流子浓度、透光度等方面的要求后，才有望进一步降低与晶体硅的接触电阻和复合电流，持续提升转换效率。此外，还要特别关注该类材料的自身稳定性，及其与晶体硅接触的界面的化学稳定性问题，确保优异的材料特性不因制备工艺的影响而失效。

## 参考文献

[1] SHOCKLEY W, QUEISSER H J. Detailed balance limit of efficiency of p-n junction solar cells[J]. Journal of applied physics, 1961, 32(3): 510-519.

［2］GREEN M A. Limits on the open-circuit voltage and efficiency of silicon solar-cells imposed by in-trinsic auger processes［J］. IEEE transactions on electron devices, 1984, 31(5): 671 −678.

［3］TIEDJE T, YABLOVOITCH E, CODY G D, et al. Limiting efficiency of silicon solar-cells［J］. IEEE transactions on electron devices, 1984, 31(5): 711 −716.

［4］RICHTER A, HERMLE M, GLUNZ S W. Reassessment of the limiting efficiency for crystalline sil-icon solar cells［J］. IEEE journal of photovoltaics, 2013, 3(4): 1184 −1191.

［5］RICHTER A, GLUNZ S W, WERNER F, et al. Improved quantitative description of Auger recom-bination in crystalline silicon［J］. Physical review B, 2012, 86(16): 165202.

［6］KERR M J, CUEVAS A. General parameterization of Auger recombination in crystalline silicon［J］. Journal of applied physics, 2002, 91(4): 2473 −2480.

［7］BRENDEL R, PEIBST R. Contact selectivity and efficiency in crystalline silicon photovoltaics［J］. IEEE journal of photovoltaics, 2016, 6(6): 1413 −1420.

［8］LONG W, YIN S, PENG F, et al. On the limiting efficiency for silicon heterojunction solar cells ［J］. Solar energy materials and solar cells, 2021, 231(10): 111291.

［9］RICHARDS B S. Enhancing the performance of silicon solar cells via the application of passive lumi-nescence conversion layers［J］. Solar energy materials and solar cells, 2006, 90(15): 2329 −2337.

［10］CAMPBELL P, GREEN M A. Light trapping properties of pyramidally textured surfaces［J］. Jour-nal of applied physics, 1987, 62(1): 243 −249.

［11］CUEVAS A, WAN Y, YAN D, et al. Carrier population control and surface passivation in solar cells［J］. Solar energy materials and solar cells, 2018, 18(4): 38 −47.

［12］SCHMIDT J, PEIBST R, BRENDEL R. Surface passivation of crystalline silicon solar cells: present and future［J］. Solar energy materials and solar cells, 2018, 18(7): 39 −54.

［13］YANG X, BI Q, ALI H, et al. High-performance $TiO_2$-based electron-selective contacts for crys-talline silicon solar cells［J］. Advanced materials, 2016, 28(28): 5891 −5897.

［14］王文静, 李海玲, 周春兰, 等. 晶体硅太阳电池制造技术［M］. 北京: 机械工业出版社, 2013.

［15］FRANKLIN E, FONG K, MCINTOSH K, et al. Design, fabrication and characterisation of a 24.4% efficient interdigitated back contact solar cell［J］. Progress in photovoltaics: research and applications, 2016, 24(4): 411 −427.

［16］CHEN C W, HERMLE M, BENICK J, et al. Modeling the potential of screen printed front junc-tion CZ silicon solar cell with tunnel oxide passivated back contact［J］. Progress in photovoltaics: research and applications, 2017, 25(1): 49 −57.

［17］ZHAO J H, WANG A, GREEN M A. 24% efficient PERL structure silicon solar cells. Proceed-ings of the IEEE Photovoltaic Specialists Conference, May 21 −25, 1990［C］. Kissimmee, USA: IEEE, 2000.

［18］WANG A, ZHAO J H, ALTERMATT P P, et al. 24% Efficient perl silicon solar cell: Recent im-provements in high efficiency silicon cell research［J］. Solar energy materials and solar cells, 1996, 41(42): 87 −89.

［19］ZHAO J H, WANG A, GREEN M A. 24.5% efficiency silicon PERT cells on MCZ substrates and 24.7% efficiency PERL cells on FZ substrates［J］. Progress in photovoltaics: research and applica-tions, 1999, 7(6): 471 −474.

［20］GREEN M A, ZHAO J H, WANG A, et al. High efficiency silicon light emitting diodes［J］. Physica. E: low-dimensional systems and nanostructures, 2003, 16(3/4): 351 −358.

［21］GREEN M A. The passivated emitter and rear cell (PERC): from conception to mass production ［J］. Solar energy materials and solar cells, 2015, 14(3): 190 −197.

［22］ZHAO J H, WANG A, GREEN M A. High-efficiency PERL and PERT silicon solar cells on FZ and MCZ substrates［J］. Solar energy materials and solar cells, 2001, 65(1/2/3/4): 429 −435.

［23］ZHAO J H, WANG A, GREEN M A. 24.5% efficiency PERT silicon solar cells on SEH MCZ substrates and cell performance on other SEH CZ and FZ substrates［J］. Solar energy materials and solar cells, 2001, 66(1/2/3/4): 27 −36.

［24］AGOSTINELLI G, DELABIE A, VITANOV P, et al. Very low surface recombination velocities on p-type silicon wafers passivated with a dielectric with fixed negative charge［J］. Solar energy materials and solar cells, 2006, 90(18 −19): 3438 −3443.

［25］LAUERMANN, LADER T, SCHOLZ S, et al. Enabling dielectric rear side passivation for industrial mass production by developing lean printing-based solar cell processes. Proceedings of the 35th IEEE Photovoltaic Specialists Conference, June 20 −25, 2010［C］. Honolulu, USA: IEEE, 2010.

［26］HANNEBAUER H, DULLWEBER T, BAUMANN U, et al. 21.2%-efficient fineline-printed PERC solar cell with 5 busbar front grid［J］. Physica status solidi (RRL), 2014, 8 (8): 675 −679.

［27］SCHMIDT J, ABERLE A G, HEZEL R. Investigation of carrier lifetime instabilities in Cz-grown silicon. Proceedings of the 26th IEEE Photovoltaic Specialists Conference, 29 September-03 October, 1997［C］. Emmerthal, Germany: IEEE, 1997.

［28］SOPORI B, TAN T, SWANSON D, et al. A review of Janpanese R&D for crystalline silicon solar cells. Proceedings of the 9th Workshop on Crystalline Silicon Solar Cell Materials and Processes, August 10 −13, 1999［C］, Colorado, USA: NREL, 2000.

［29］HERGUTH A, SCHUBERT G, KAES M, et al. A new approach to prevent the negative impact of the metastable defect in boron doped Cz silicon solar cells. Proceedings of the 4th World Conference on Photovoltaic Energy Conference, May 07 −12, 2006［C］. Waikoloa, USA: IEEE, 2006.

［30］FERTIG F, LANTZSCH R, MOHR A, et al. Mass production of p-type Cz silicon solar cells approaching average stable conversion efficiencies of 22% ［J］. Energy procedia, 2017, 124: 338 −345.

［31］FELDMANN F, BIVOUR M, REICHEL C, et al. Passivated rear contacts for high-efficiency n-type Si solar cells providing high interface passivation quality and excellent transport characteristics ［J］. Solar energy materials and solar cells, 2014, 120: 270 −274.

［32］MOLDOVAN A, FELDMAN F, ZIMMER M, et al. Tunnel oxide passivated carrier-selective contacts based on ultra-thin $SiO_2$ layers［J］. Solar energy materials and solar cells, 2015, 14(2): 123 −127.

［33］GLUNZ S W, BIVOUR M, MESSMER C, et al. Passivating and Carrier-selective Contacts-Basic Requirements and Implementation. Proceedingsof the 44th IEEE Photovoltaic Specialists Conference, June 25 −30, 2017［C］. Washington, USA: IEEE, 2017.

［34］RICHTER A, BENICK J, FELDMANN F, et al. Both sides contacted silicon solar cells: options for approaching 26% efficiency. Proceedings of the 36th European PV Solar Energy Conference and Exhibition, Sepetember 09 −13, 2019[C]. Marseille, France: Springer, 2019.

[35] RICHTER A, MULLER R, BENICK J, et al. Design rules for high-efficiency both-sides-contacted silicon solar cells with balanced charge carrier transport and recombination losses[J]. Nat. Energy, 2021, 6(4): 429 −438.

[36] PEIBST R, KRUSE C, SCHAFER S, et al. For none, one, or two polarities — how do POLO junctions fit best into industrial Si solar cells? [J]. Progress in photovoltaics: research and applications, 2019, 28(6): 503 −516.

[37] TAGUCHI M, KAAMOTO K, TSUGE S, et al. HIT Cells-High-Efficiency Crystalline Si Cells with Novel Structure[J]. Progress in photovoltaics: research and applications, 2000, 8(6): 503 − 513.

[38] TAGUCHI M, YANO A, TOHODA S, et al. 24.7% Record efficiency HIT solar cell on thin silicon wafer[J]. IEEE journal of photovoltaics, 2014, 4(1): 96 −99.

[39] YOSHIKAWA K, YOSHIDA W, IRIE T, et al. Exceeding conversion efficiency of 26% by heterojunction interdigitated back contact solar cell with thin film Si technology[J]. Solar energy materials and solar cells, 2017, 17(3): 37 −42.

[40] HASCHKE J, DUPRE O, BOCCARD M, et al. Silicon heterojunction solar cells: Recent technological development and practical aspects — from lab to industry[J]. Solar energy materials and solar cells, 2018, 18(7): 140 −153.

[41] ALLEN T G, BULLOCK J, YANG X, et al. Passivating contacts for crystalline silicon solar cells [J]. Nat. Energy, 2019, 4(11): 914 −928.

[42] MESSMER C, BIVOUR M, LUDERER C, et al. Influence of interfacial oxides at TCO/doped Si thin film contacts on the charge carrier transport of passivating contacts[J]. IEEE journal of photovoltaics, 2020, 10(2): 343 −350.

[43] KANEVCE A, METZGER W K. The role of amorphous silicon and tunneling in heterojunction with intrinsic thin layer (HIT) solar cells[J]. Journal of applied physics, 2009, 105(9): 094507.

[44] BIVOUR M. Silicon heterojunction solar cells: analysis and basic understanding[D]. Freiburg: Fraunhofer Institute for Solar Energy Systems ISE, 2016.

[45] SPEAR W E, LECOMBER P G. Substitutional doping of amorphous silicon[J]. Solid state communications, 1975, 17(9): 1193 −1196.

[46] NOGAY G, SEIF J P, RIESEN Y, et al. Nanocrystalline silicon carrier collectors for silicon heterojunction solar cells and impact on low-temperature device characteristics[J]. IEEE journal of photovoltaics, 2016, 6(6): 1654 −1662.

[47] SHARMA M, PANIGRAHI J, KOMARALA V K. Nanocrystalline silicon thin film growth and application for silicon heterojunction solar cells: a short review[J]. Nanoscale Adv., 2021, 3(12): 3373 −3383.

[48] BIVOUR M, SCHROER S, HERMLE M. Numerical analysis of electrical TCO / a-Si: H(p) contact properties for silicon heterojunction solar cells[J]. Energy procedia, 2013, 38: 658 −669.

[49] KOIDA T, FUJIWARA H, KONDO M. Hydrogen-doped $In_2O_3$ as high-mobility transparent conductive oxide[J]. Journal of applied physics, 2007, 46(28): 685 −687.

［50］RU X, QU M, WANG J, et al. 25. 11% efficiency silicon heterojunction solar cell with low deposition rate intrinsic amorphous silicon buffer layers［J］. Solar energy materials and solar cells, 2020, 215: 110643.

［51］SCHMIDT J, MERKLE A, BRENDEL R, et al. Surface passivation of high-efficiency silicon solar cells by atomic-layer-deposited $Al_2O_3$［J］. Progress in photovoltaics: research and applications, 2008, 16: 461 −466.

［52］IBARRA J M, DREON J, BOCCARD M, et al. Carrier-selective contacts using metal compounds for crystalline silicon solar cells［J］. Progress in photovoltaics: research and applications, 2022, DOI: 10. 1002/pip. 3552.

［53］GEISSBUHLER J, WERNER J, MARTIN S N, et al. 22. 5% efficient silicon heterojunction solar cell with molybdenum oxide hole collector［J］. Applied physics letters, 2015, 107(8): 081601.

［54］BULLOCK J, CUEVAS A, ALLEN T, et al. Molybdenum oxide $MoO_x$: a versatile hole contact for silicon solar cells［J］. Applied physics letters, 2014, 105(23): 232109.

［55］DREON J, JEANJROS Q, CATTIN J, et al. 23. 5%-efficient silicon heterojunction silicon solar cell using molybdenum oxide as hole-selective contact［J］. Nano energy, 2020, 70: 104495.

［56］GREGORY G, FEIT C, GAO Z, et al. Improving the passivation of molybdenum oxide hole-selective contacts with 1nm hydrogenated aluminum oxide films for silicon solar cells［J］. Physica status solidi A, 2020, 217(15): 2000093.

［57］ALMORA O, GERLING L G, VOZ C, et al. Superior performance of $V_2O_5$ as hole selective contact over other transition metal oxides in silicon heterojunction solar cells［J］. Solar energy materials and solar cells, 2017, 16(8): 221 −226.

［58］BULLOCK J, ZHENG P, JEANJROS Q, et al. Lithium fluoride based electron contacts for high efficiency n-type crystalline silicon solar cells［J］. Advanced energy materials, 2016, 6(14): 1600241.

［59］YANG X, QUN B, HAIDER A., et al. High-performance $TiO_2$-based electron-selective contacts for crystalline silicon solar cells［J］. Advanced materials, 2016, 28(28): 5891 −5897.

［60］MACCO B, BLACK L E, MELSKENS J, et al. Atomic-layer deposited Nb2O5 as transparent passivating electron contact for c-Si solar cells［J］. Solar energy materials and solar cells, 2018, 18(4): 98 −104.

# 第6章 晶体硅太阳电池技术

## 6.1 硅太阳电池基片生产技术

石英砂是生产硅材料的原料，主要由硅、氧两种元素组成。从石英砂到冶金级硅（metallurgical-grade silicon，MG-Si）相对来说比较简单，大多用于钢铁、金属合金及化学工业。半导体与光伏行业都要求纯度更高的硅材料，从冶金级硅到太阳电池所用的太阳能级硅（solar-grade silicon，SOG-Si）或半导体行业所用的电子级硅（IC-grade silicon，ICG-Si），相应的生产过程复杂且漫长，耗能较大。21世纪初，晶体硅电池就曾经遭遇过高纯硅材料供应短缺的问题。石英砂经提纯可得到纯度较高的原生多晶硅材料，提纯方式主要有改良西门子法、硅烷法和流化床法。[1-3]

晶硅太阳电池所用的单晶硅及多晶硅片是以原生多晶硅为材料，通过进一步提纯生长得到的。在20世纪，人们尝试了多种将原生多晶硅转变成晶体硅的技术，其中两种被广泛应用于太阳能晶硅电池的实际生产，分别为直拉单晶法和定向凝固多晶硅法。之后再经过开方（或多晶硅切块）、切片、抛光、清洗等一系列工艺才能用于电池的制备。图6-1展示了从原材料到硅片的整个生产过程。[4]

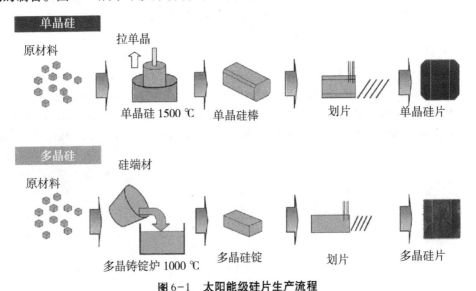

图6-1 太阳能级硅片生产流程

本节主要介绍单晶/多晶硅晶体生长的基本原理、生长工艺流程，以及太阳电池用硅片的切割、规格和性能测试等，并简单介绍抛光、清洗等硅片后处理过程。

## 6.1.1　高纯硅材料生产技术

多晶硅生产技术主要有西门子法及其改良、硅烷热分解法、流化床法。西门子法通过气相沉积的方式生产柱状多晶硅，在此基础上，采用闭环式生产工艺，提高了原材料的利用率和环境友好性，即改良西门子法。该工艺将工业硅粉与 HCl 反应，加工成 $SiHCl_3$，在含 $H_2$ 的还原炉中还原沉积得到多晶硅。硅烷热分解法以多晶硅晶种作为流化颗粒放入流化床中，并通入硅烷加热裂解后沉积在晶种上，从而得到颗粒状的多晶硅。改良西门子法和硅烷法都可以生产出电子级晶体硅，作为太阳能级多晶硅，在性能指标上是完全达到要求的。[5]

### 6.1.1.1　西门子法

西门子法由德国西门子（Siemens）公司发明并于 1954 年申请专利，在 1965 年左右实现了工业化。经过几十年的应用和发展，西门子法不断完善，先后开发出第一代、第二代和第三代多晶硅生产工艺。第三代多晶硅生产工艺即改良西门子法（也称为闭环式三氯氢硅氢还原法），它在第二代的基础上增加了还原尾气干法回收系统、$SiCl_4$ 回收氢化工艺，实现了完全闭环生产，是西门子法生产高纯多晶硅技术的最新技术，也是当今生产电子级多晶硅的主流技术，其具体工艺流程（图 6-2）如下：

（1）把石英砂冶炼提纯到 97%～99% 并生成工业硅。工业硅的制备方法很多，通常是用还原剂将 $SiO_2$ 还原成单质硅。还原剂有碳、镁、铝等。工业生产中常常采用焦炭，在 1600～1800 ℃ 的温度下还原出单质硅和 $CO_2$。产品中存在的杂质有铁、碳、硼、磷等，其中以铁含量为最多，因此又称工业硅为硅铁。其化学反应式如下：

$$SiO_2 + C \longrightarrow Si + CO_2$$

（2）为了满足高纯度的要求，必须进一步提纯。为此，把工业硅粉碎并用无水氯化氢（HCl）反应，生成三氯氢硅（$SiHCl_3$）。

$$Si + 3HCl \xrightarrow{280～320\,℃} SiHCl_3 + H_2$$

（3）把（2）中产生的气态混合物进一步提纯，需要分解过滤硅粉，冷凝 $SiHCl_3$、$SiCl_4$，而气态 $H_2$、HCl 返回到反应中或排放到大气中；然后分离冷凝物 $SiHCl_3$、$SiCl_4$，得到高纯的 $SiHCl_3$。目前提纯 $SiHCl_3$ 和 $SiCl_4$ 的方法很多，包括精馏法、络合物法、固体吸附法、部分水解法和萃取法。精馏法处理量大、操作方便、效率高，又避免引进任何试剂，绝大多数杂质都能被完全分离，特别是非极性重金属氧化物，现有工业中基本都采用精馏法提纯。

（4）将精馏后的 $SiHCl_4$ 采用高温还原工艺，使高纯的 $SiHCl_3$ 在 $H_2$ 中还原沉积而生成多晶硅。其化学反应式如下：

$$SiHCl_3 + H_2 \longrightarrow Si + 3HCl$$

改良西门子法生产的高纯 n 型硅的电阻率可以达到 2000 $\Omega \cdot cm$ 以上，且 $SiHCl_3$ 比较安全，运输方便，易于存储，适用于现代化年产 1000 t 以上的太阳能级多晶硅工厂。其特点是提高多晶硅的沉积速度，完善回收系统以保证物料的充分利用。

### 6.1.1.2 硅烷法

1956 年，英国标准电信实验所成功研发出硅烷热分解制备多晶硅的方法，即通常所说的硅烷法(图6-2)。美国联合碳化合物公司综合并改良了之前的工艺，研发了生产多晶硅的新硅烷法。硅烷法制备多晶硅包含硅烷的制备、硅烷的提纯和硅烷热分解三个基本步骤：以氟硅酸、钠、铝、氢气为主要原辅材料，通过 $SiCl_4$ 氢化法、硅合金分解法、氢化物还原法、硅的直接氢化法及二氧化硅氧化法等方法制取 $SiH_4$；然后将 $SiH_4$ 气体提纯后通过其热分解生产纯度较高的棒状多晶硅。

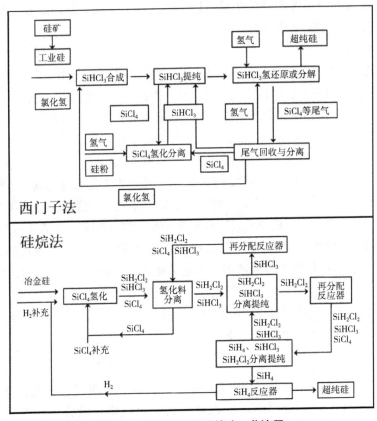

**图 6-2　西门子法和硅烷法工艺流程**

硅烷法与改良西门子法接近，只是中间产品不同，改良西门子法的中间产品是 $SiHCl_3$，而硅烷法的中间产品是 $SiH_4$。与西门子法相比，硅烷法的优点主要在于硅烷较易提纯，含硅量较高(87.5%)且分解速度快、分解温度较低，生成的多晶硅产品纯度高；但是缺点也很突出，不但制造成本较高，而且易燃、易爆，安全性差。因此，在工业生产中，改良西门子法的应用更为广泛。目前虽拥有最大的市场份额，但西门子法也有其固有缺点，即效率低、能耗高、成本高、资金投入大、资金回收慢等。另外，为了降低生产成本，流化床技术也被引入西门子法和硅烷热分解技术中。流化床分解炉可大大提高 $SiH_4$ 的分解速率和硅的沉积速率，虽然所得产品的纯度不及固定床分解炉技术，但完全可以满足太阳能级硅的质量要求。

### 6.1.1.3 流化床法

流化床法是美国联合碳化合物公司早年研发的多晶硅制备工艺技术。该方法以 $SiCl_4$ 或 $SiF_4$、$H_2$、$HCl$ 和冶金硅为原料，在高温高压流化床或沸腾床内生成 $SiHCl_3$，将 $SiHCl_3$ 再进一步歧化加氢反应生成 $SiH_2Cl_2$，继而生成 $SiH_4$，制得的 $SiH_4$ 气通入加有小颗粒硅粉的流化床反应炉内进行连续热分解反应，生成粒状多晶硅产品。如图 6-3 所示，原料气体入口在底部，气体从底部进入反应器后上升至加热区，在加热区气体原料分解成固体硅颗粒。从底部不断进入的具有一定流速的气体使分离生成的硅颗粒处于悬浮状态，这些悬浮的颗粒不断地外延生长长大，直到硅颗粒足够重时沉降到底部容器里。[6]

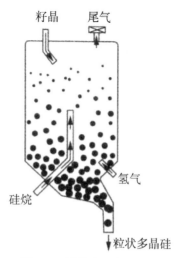

**图 6-3　流化床反应炉结构**

与改良西门子法相比，流化床法有许多优点：能耗低，可连续化生产以提高装置生产效率，无须破碎即可直接用于直拉单晶和多晶铸锭生产，同时颗粒料比块状多晶硅在坩埚中的填充密度大大提高，可以提升每炉的投料量。流化床法也存在明显的缺点，其安全性较差，且产品纯度也不高，并不适合太阳能级多晶硅的大规模生产。

## 6.1.2　太阳电池用硅晶体的生长

单晶硅的制备按晶体生长方式的不同，分为直拉（Czochralski，CZ）法、悬浮区熔（float zone，FZ）法、外延法。以 CZ 法、FZ 法生长单晶硅棒，以外延法生长单晶硅薄膜。工业上主要利用 CZ 法和 FZ 法生长单晶硅棒，然后通过金刚线切割得到单晶硅片。[1, 7, 8]

### 6.1.2.1 直拉法单晶硅的生产

CZ 法工艺是波兰人 J. Czochralski 在 1918 年发明的。1950 年，美国贝尔实验室的 G. K. Teal 和 J. B. Little 将该方法发展为一种工业化的半导体单晶生长技术，并首先应用于锗单晶和硅单晶的生长。在此基础上，W. C. Dash 提出了直拉单晶硅生长的"缩颈"技术，G. Ziegler 提出了快速引颈生长细颈的技术，从而构成了生长无位错直拉硅单晶的基本方法。通过不断改进，直拉法晶体生长理论及生长技术工艺也日趋成熟，晶体尺寸如直径和长度等不断增大，晶体缺陷不断减少，晶体中的杂质分布不均匀性也不断降低。目前，直拉法已是硅单晶制备的主要技术，也是太阳电池用硅单晶的主要制备方法之一。[9]

**CZ法**单晶硅生长原理及设备如图6-4。直拉单晶炉主要包括炉体、真空和充气系统、晶体和坩埚的升降旋转传动系统、热场和电气控制系统等。炉体最外层是金属外壳，并具有可隔热的水冷系统，中间是保温层，里面是石墨加热器，实现加热、保温、隔热作用；炉体下部有一石墨托，固定在支架上，可以上下移动和旋转，在石墨托上面放置石墨坩埚，石墨坩埚里置有石英坩埚，坩埚的上方悬空放置着籽晶轴，同样可以自由上下移动和转动；保护气体一般采用氩气，也可采用氮气。

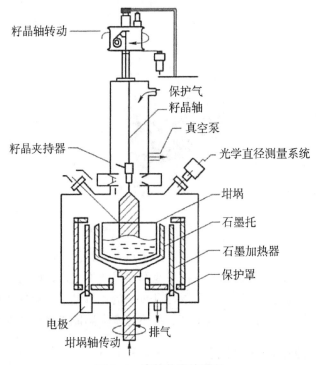

**图6-4 直拉单晶炉原理**

将原生多晶硅料放在石英坩埚中加热熔化，并获得一定的过热度，待温度达到平衡，将固定在提拉杆上的籽晶浸入熔体中，发生部分熔化后，缓慢向上提拉籽晶，并通过籽晶和上部籽晶杆散热，与籽晶接触的熔体首先获得一定的过冷度而发生结晶，不断提升籽晶拉杆，使结晶过程连续进行。

直拉硅单晶的生长工艺一般包括装料、熔化、种晶、引晶、放肩、等径和收尾等步骤，具体工艺过程如图6-5所示。

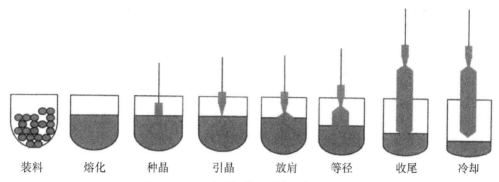

装料　　熔化　　种晶　　引晶　　放肩　　等径　　收尾　　冷却

**图 6-5　Cz 法生长单晶硅棒工艺流程示意**

1）装料。

装料是直拉单晶最为关键的第一步，即将事先配比好的硅料装入坩埚。一般利用高纯多晶硅作为原料，有时也利用微电子工业或太阳能光伏用直拉单晶硅的头尾料、边皮料或其生产线破损片等回收料，或者将高纯多晶硅和回收料以一定比例混合作为原料。在放料时应注意放置的位置，不能使石英坩锅底部有过多的空隙，因为在多晶硅熔化时，底部首先熔化，过多的空隙会使熔硅液面和上部未熔化的多晶硅有一定的空间，造成熔硅外溅。同样，硅原料之间也不应该有较多的空隙，否则会使硅原料的装载量较少，不利于提高生产效率。因此，在实际生产时，在加装大块硅原料时，也可以加入硅颗粒、硅粉等材料，以充填块状硅原料的间隙，增加生产效率。但是，不同尺寸硅料的熔化时间不一样，要根据硅料的尺寸合理安排，避免大块的硅料在熔化时冲击坩埚底部和侧壁，造成坩埚的损坏进而发生漏硅事故。最为重要的一点是根据原材料配比中的质量、杂质浓度和分凝系数来计算添加母合金的质量，使其达到预定的电阻率范围。

2）熔化。

熔化又称为"化料"。装料完成后，将坩埚放到直拉单晶炉中的石墨坩埚中，然后将单晶炉抽到一定的真空，再充入一定流量和压力的高纯氩气（氮气）作为保护气。随后，通过对石墨加热器通电，使炉体加热升温。首先让所有石墨部件及隔热罩吸附的湿气和硅块表面的湿气被蒸发掉，温度越高越好，时间尽可能短，这个温度基本在 1200 ℃左右。之后再缓慢加热至 1500 ℃左右，使石英坩埚内硅材料的熔化，最终形成硅熔体。原料硅熔化后，需要保温一段时间，使熔硅的温度和流动达到稳定，然后再晶体生长，称为"稳定"阶段。

3）种晶。

种晶又称为"浸润"。在硅晶体生长时，首先将单晶籽晶固定在旋转的籽晶轴上，然后将籽晶缓缓下降，将籽晶轻轻浸入熔硅，使头部首先少量溶解，使籽晶和熔硅形成一个固液界面；然后，将籽晶逐步提升，和籽晶相连并离开固液界面的硅原子温度降低，形成硅单晶，这个阶段称为"种晶"。籽晶一般是已经精确定向好的单晶，可以是长方形或圆柱形，直径为 5 mm 左右，籽晶截面的法线方向就是直拉硅单晶的晶体生长方向，对于太阳电池用硅单晶其晶向一般为 <100> 方向。籽晶制备后，还需要化学抛光，去除表面损伤，避免表面损伤层中的位错延伸到生长的直拉硅单晶中，也可以减少由籽晶表面带来的金属污染。

4）引晶。

引晶，又称为"缩颈"。去除了表面机械损伤的无位错籽晶，虽然本身不会在新生长的硅晶体中引入位错，但是在籽晶刚碰到液面时，由于受到籽晶与熔融硅温度差所造成的热应力和表面张力等多重作用，会产生位错。20 世纪 50 年代 Dash 发明了"缩颈"技术，可以使位错消失而进入无位错的生长状态。

硅单晶作为金刚石结构，其滑移面为 [111] 面，通常硅单晶的生长方向为 <111> 或 <100>，这些方向和滑移面的夹角分别为 36.16° 和 19.28°；一旦位错产生，将会沿着滑移面向体外滑移，如果此时硅单晶的直径很小，位错很快就滑移出硅单晶表面，而不是继续向晶体体内延伸，以保证直拉硅单晶能无位错生长。因此，"种晶"完成后，将籽晶快速向上提升，减小新生长的硅晶体直径，直到 3 mm 左右，其长度为此时晶体直径的 6～10 倍，称为"缩颈"阶段。

5）放肩。

在"缩颈"完成后，必须将直径拉回目标直径，通过降低籽晶的提升速度实现。此时，硅晶体的直径急速增加，从籽晶的直径增长到所需要的直径，这个阶段为"放肩"。放肩阶段的晶体长度一般要小于最后的晶体直径。

6）等径。

当放肩达到预定晶体直径时，适当提高拉晶速度，并保持几乎恒定的拉晶速度以维持稳定的硅棒直径，此时的阶段称为"等径"。在硅晶体等径生长时，在保持晶体直径不变的同时，要注意保持单晶的无位错生长。

7）收尾。

在晶体生长结束时，硅晶体的生长速度再次加快，同时升高硅熔体的温度，使硅晶体的直径不断缩小，形成一个圆锥形，最终晶体离开液面，硅单晶体生长完成，最后硅晶体的直径不断变小，以致脱离硅熔体，这个阶段是"收尾"。硅单晶生长完成时，如果硅晶体突然脱离硅熔体液面，其中断处受到很大的热应力，超过硅中位错产生的临界应力，将导致大量位错在界面处产生，同时位错向上部单晶部分反向延伸，延伸的距离一般能达到一个直径。因此，在硅晶体生长结束时，要逐渐缩小晶体的直径，直至很小的一点，然后再脱离液面，完成单晶生长。

8）冷却。

直拉硅晶体生长完成后，要放在晶体炉中随炉冷却，直至冷却到接近室温，然后打开炉膛，取出单晶。在冷却过程中，一般需要同时通入保护气体。

图 6-6 是直拉硅单晶硅棒的实物照片，图中还标出了晶体硅棒部位和生长步骤之间的对应关系。

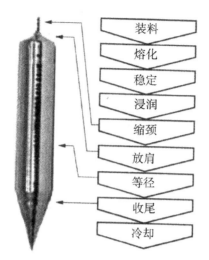

**图 6-6　直拉单晶硅棒各部位和晶体生长步骤的对应关系**

### 6.1.2.2　铸造多晶硅的生长

直拉单晶硅技术无论在基础理论，还是装备、配套材料及后序加工等方面都已经十分成熟。然而，直拉单晶硅为圆柱状，其硅片制备的圆形太阳电池不能最大限度地利用太阳电池组件的有效空间；单台设备的产出量低进而使得电力消耗偏高；引晶、放肩、收尾等关键步骤还需要熟练技工进行监控，相对来说人力成本较高。为此，各国大力开发生产效率高、成本低的晶硅生产技术。利用铸造技术制备的硅多晶体，即铸造多晶硅（multi-crystalline silicon，mc-Si），在国际上得到了广泛的应用。铸造多晶硅虽然存在大量的晶界、位错和杂质，但因为省去了费用高昂的晶体拉制的过程，切割损耗小，而且能耗也较低，所以相对成本更低。[10, 11]

利用铸造技术制造多晶硅主要有三种方法，分别为浇铸法、直接熔融定向凝固法及电磁感应冷坩埚连续拉晶法（electro-magnetic continuous pulling，EMC 或 EMCP）。铸造设备示意如图 6-7 所示。

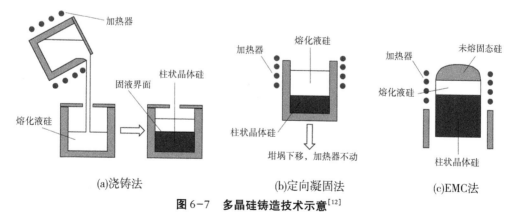

(a)浇铸法　　　　　　　(b)定向凝固法　　　　　　　(c)EMC法

**图 6-7　多晶硅铸造技术示意[12]**

浇铸法，即在一个坩埚内将硅原材料熔化，然后浇铸在另一个经过预热的坩埚内冷却，通过控制冷却速率，采用定向凝固技术制备大晶粒的铸造多晶硅。直接熔融定向凝固法，简称直熔法，又称为布里奇曼法，即在坩埚内直接将多晶硅熔化，然后通过坩埚底部的热交换等方式，使熔硅从底部开始冷却最后到顶部，采用定向凝固技术制造多晶硅。目前，定向凝固生长多晶硅的方法在产业界应用更为广泛，而浇铸法已很少使用。

从生长机理来讲，两种技术没有根本区别，都是在坩埚容器中熔化硅材料并利用温度梯度来生长多晶硅，只是前者在不同的坩埚中完成，而后者在同一个坩埚中完成晶体生长。但是，采用后者生长的铸造多晶硅的质量较好，它可以通过控制垂直方向的温度阶梯，使固液界面尽量保持水平，有利于生长出取向性较好的柱状多晶硅晶锭。而且，这种技术所需的人工少，晶体生长过程容易实现全过程自动化控制。

但是，定向凝固技术有其天然的缺陷，生长速度慢，并且每炉需要消耗一只石英陶瓷坩埚，坩埚不能重复循环使用；另外，重金属沉淀和坩埚中杂质的扩散、杂质漂浮物及分凝作用分别在硅锭底部和顶部引入几十毫米厚无法利用的劣质层。EMC 方法即针对这些缺点所研发，其原理就是利用电磁感应来熔化硅原料。这种技术可以在不同部位同时熔化和凝固硅原材料，由于没有坩埚的直接接触和消耗，在节约生产时间的同时降低了生产成本；没有了熔体和坩埚的直接接触，因此杂质污染程度减少，特别是氧浓度和金属杂质浓度大幅度降低。另外，该技术还可以实现连续浇铸，生长速度可达 5 mm/min；由于电磁力对硅熔体的搅拌作用，掺杂剂在硅熔体中的分布更加均匀。显然，这是一种很有前途的铸造多晶硅技术。

### 6.1.2.3 铸造单晶硅的生长

直拉单晶硅和铸造多晶硅作为太阳电池的基础材料，占据了光伏市场 85% 以上的份额。但是，两种硅晶体各自有不同的缺点。直拉单晶硅的单位能耗高、对原料硅的质量要求高；直拉单晶硅棒在后续切片时要去除头尾锥形和四周圆弧部分，造成原料的浪费，切完后的圆角方形仍然无法完全覆盖整个太阳电池组件的面积，导致单位面积组件功率的降低。正方形的铸造多晶硅单位能耗低，对原料硅要求不高，晶体边皮切割损耗相对较小，成本具有明显的优势，但是，铸造多晶硅中有大量的晶界和高密度的位错，金属杂质和碳杂质、氮杂质浓度较高，会在缺陷处形成沉淀；另外，铸造多晶硅由于其晶粒的随机取向，无法使用各向异性的碱制绒工艺，只能利用各向同性酸腐蚀液生成大小均匀的浅腐蚀坑，与单晶硅表面金字塔结构相比，腐蚀坑的表面陷光效果更差，这也导致了制绒后的铸造多晶硅平均表面反射率比单晶硅要大，所以铸造多晶硅的光电转换效率比直拉单晶硅平均低 1.0%～1.5%。

利用铸造技术生长铸造单晶硅(又称为准单晶或类单晶)，是结合了直拉单晶硅和铸造多晶硅技术优点的新技术。铸造单晶硅具有正方形、单晶、氧浓度低、光衰减低、结构缺陷密度低的特点，成为一种比较理想的太阳电池用新型硅晶体材料。图6-8 为铸造单晶硅生长原理示意图，其铸造方法跟多晶硅极其类似，只是在坩埚底部或者侧壁铺设了单晶硅籽晶，在晶体生长时，通过控制温度场，保持籽晶或部分籽晶在化料过程中不熔化，然后晶体在未熔化的籽晶上沿垂直方向外延生长，最终完成晶体生长，使晶锭中央的大部分区域是单晶。单晶籽晶可以来自直拉硅单晶，一般切成方形或长方形，籽晶的厚度一般在 1～5 cm 之间；籽晶铺放时，籽晶间要尽量不留空隙地铺满坩埚底部；然后，将细小的多晶硅料填满籽晶与坩埚壁之间的缝隙；最后，将原料硅和掺杂剂放入坩埚。

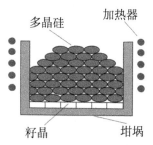

**图 6-8 铸造单晶硅生长原理示意**

利用铸造法生长的准单晶硅在硅锭的边缘处存在部分多晶区域，内部几乎都是同一个晶向，以铸造单晶硅为基底的电池转换效率可以媲美直拉单晶硅片电池。尽管优势如此明显，铸造单晶硅也存在一些弱点：该过程需要单晶籽晶的辅助，增加了晶体生长的成本，虽然目前可以实现单晶籽晶的循环利用，但刻蚀循环次数有限，成本还是偏高；该方法对生长控制的要求十分高，很容易受到扰动而生长出多晶硅区域，切片后出现部分区域是准单晶而部分是多晶的状况；边缘多晶硅区域的面积占比仍然比较高，占 30%～40%，也就是说，如果是 G5 的晶锭（即按 5×5 的方式可以切割成 25 个晶块的晶锭），边缘将有 16 个含有多晶区域、电池效率低的硅块，仅有 9 块中间部分的晶块是完全单晶的。另外，就算是中间的单晶锭，由于冷却过程中热应力的作用，依然存在大量位错缺陷，使其电池效率比普通的直拉硅单晶的效率低 0.5% 左右。因此，铸造单晶硅的大规模工业生产应用还需要进一步改良技术、降低成本。

## 6.1.3 硅片的切割及测试

硅晶体生长完成后，根据晶体生长方式的不同，其形状为圆柱形（直拉法）或者四方形（铸造法），要得到硅电池所需的硅片，还需要进一步的切割加工。直拉硅单晶和铸造多晶硅的初始加工过程有所不同，但晶块切割成晶片的工艺，则是基本相同的。

### 6.1.3.1 直拉硅单晶的切断和切方

直拉硅单晶生长完成后是圆棒状。要制备成太阳电池用的硅片，需要对硅晶体棒进行切断（割断）和切方。切断又称为割断，是指在晶体生长完成后，沿垂直于晶体生长的方向，切去硅晶体头尾无用的部分，即头部的籽晶和放肩部分及尾部的收尾部分，以及电阻率不符合要求的部分。早期切断通常利用外圆切割机，这种切割机的刀片厚，速度快，操作方便；但是刀缝宽，浪费材料，而且硅片表面机械损伤严重，因此逐渐被产业界淘汰。目前，产业界基本都使用带式切割机来割断硅晶体。利用带状不锈钢锯片的边缘修饰金刚石颗粒，通过带锯的上下运动，对硅晶锭头尾进行切割分离。为了最大化利用太阳电池组件的面积，太阳电池用硅片需要制成方形；为了尽量减少直拉硅单晶圆棒在切割过程中的损耗，直拉硅单晶往往加工成带圆角的方形，可以最大化利用圆棒的面积。也就是说，要将圆棒进行四边处理，形成圆角方形结构的硅锭。因此，通常利用线锯，对直拉硅单晶圆棒进行切边处理，即沿着晶体棒的纵向方向（晶体的生长方向），将硅晶体锭切成各种尺寸的圆角方形晶锭，其晶体加工的截面如图6-9所示。

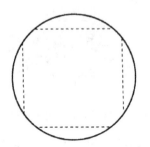

图6-9　直拉单晶硅切方示意

#### 6.1.3.2　铸造多晶硅的切方

铸造多晶硅晶体生长完成后，是一个方形的晶锭，底部、顶部和四周边缘与坩埚接触的部分，存在质量较差的低少子寿命区域，需要切除。

切割时，首先进行硅锭的纵向切割。一般根据晶锭大小，利用线锯，将晶锭切割成5×5的25块晶块，或者6×6的36块晶块，同时将四边2～3 cm的区域切除。切除的材料为边皮料，可以重复利用。然后，用带锯或线锯，将晶块的底部切除3～5 cm，顶部切除2～3 cm，从而形成如图6-10所示的方形晶块。

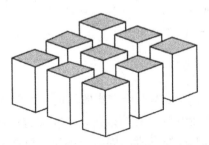

图6-10　铸造多晶硅晶锭开方示意

在硅晶体的切方过程中，特别是直拉硅单晶的切方过程中，硅块晶体的表面会造成严重的机械损伤，甚至有微裂纹。这些损伤会在其后的切片过程中引起硅片的崩边和微裂纹，因此，在切方块后，一般要对晶块表面进行机械磨削处理，或者进行化学腐蚀，以去除切方所造成的机械损伤。

#### 6.1.3.3　硅晶体切片

在硅晶体表面处理完成后，需要对硅晶块（棒）进行切片。目前，太阳电池用硅晶体片的厚度为150～200 μm，若硅片太厚，则浪费材料，而太薄又容易在太阳电池加工过程中造成大量破损，从而增加太阳电池的成本。目前工业界最主要的硅片切割方式是线切割技术，即利用含有金刚砂的切割浆料，通过金属丝线的运动来达到切片的目的，如图 6-11 所示。线切割的金属线直径只有 120 μm 左右，对于同样的硅晶体，用线切割机可以使材料损耗降低 25% 以上，所以切割损耗小。

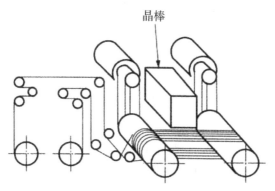

**图 6-11　金刚线切割硅片示意**

　　线切割的应力小，切割后硅片的表面损伤也小。在切割时，金属线运动的速度、压力，金刚砂浆料的配比、黏度、流速等，都会影响切割的质量和速度，而金刚砂浆料的回收综合利用可以有效地降低切割成本。

　　常规直钢线表面光滑，在对硅块进行切割时携带砂浆的能力相对较弱，这就限制了其对硅片的切割能力。为了满足更快的切割速度和更高的生产效率，通常需要输送更多的砂浆来参与切割，这导致切割成本的增加。因此，产业界开发了将金刚砂镶嵌在金刚线上的切割技术，其切割作用机理是通过附着在钢线的金刚石颗粒，使用金刚石上分布的棱角直接切削硅块。切割效率比游离磨料可以提高 2 倍以上。图 6-12 展示了两种镶嵌金刚石的切割线，分别为电镀金刚线和树脂金刚线。电镀金刚线是把金刚石颗粒通过电镀镍的方式附着在钢线上，其优势是附着力非常强，金刚石颗粒露出的棱角多，切割能力强，切割效率高；不足是切割能力过强，对硅片的表面损伤较大，影响制绒效率。树脂金刚线是通过有机树脂将金刚石颗粒附着在钢线表面，金刚石颗粒棱角露出较少，附着力相对电镀金刚线偏弱，耐扭曲力较强，切割中断线较少。

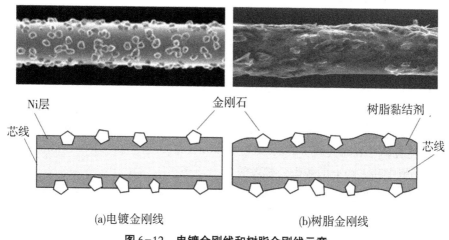

(a)电镀金刚线　　　　　　　　　　(b)树脂金刚线

**图 6-12　电镀金刚线和树脂金刚线示意**

#### 6.1.3.4 硅片的测试分选

硅片的性能对晶硅太阳电池的转换效率起着十分关键的作用，除了尺寸外，基本的 p 型或 n 型决定了不同的电池结构；电阻率与扩散深度及串/并联电阻直接相关；少子载流子寿命除了用于判断晶体生长的优劣外，还对电池转换效率起着关键的作用；还有其他性能对太阳电池起着相互牵制的作用。

硅片检验的目的就是将不良品挑选出来，主要分为外观检测和电学性能检测两个部分；对检验合格的硅片再进行分类、标识、包装、运输、存储等环节。

1) 单晶硅片的检验。

单晶硅片的检验内容通常包括硅片外观尺寸、硅片表面质量、硅片电学性能、杂质含量。除此之外还要检测硅片的翘曲度、厚度变化、弯曲度等。电学性能测试主要为电阻率测试及少子寿命测试两项；杂质含量测试主要为氧含量测试、碳含量测试、掺杂型号测试等。

2) 多晶硅片的检验。

多晶硅片外观监测包含硅片正(侧)面、线痕、崩边、污片、凹坑、色差片，硅片侧面检查缺角、缺口、裂纹，硅片正面检查微晶、雪花晶等。电学性能检测包含导电类型、电阻率、少子寿命等。

### 6.1.4 硅片的清洗

通过线切割生产单晶或多晶硅片，会在表面形成 $20 \sim 30~\mu m$ 的机械损伤层，同时会残留油脂、松香、石蜡、金属离子等杂质。在利用这些硅片制造太阳电池之前，要消除表面机械损伤层，去除表面有机物和金属杂质。因此，对硅片表面进行清洗处理是非常必要的。通常，对比较洁净的硅片，只要通过纯水超声清洗，再经过腐蚀制绒工序后即可进入后续扩散制结等工序。但当硅片表面污染比较严重时，需要严格地预清洗。本小节将介绍硅片表面常见的污染源及对应的清洁方式。

#### 6.1.4.1 硅片表面污染源

在硅片加工和太阳电池制造过程中引入的硅片表面的杂质污染，通常通过物理的或化学的吸附作用被吸附在硅片表面，大致可归纳为以下三类：

(1) 油脂、松香、蜡等有机化合物。晶体硅锭切割成硅片过程中，硅片切割机中经常有各种油脂(如滑润油等)；切割硅片时，为了固定硅片，会使用黏合剂(如松香、蜡等)。

(2) 金属、金属离子、氧化物。切割硅片时的金刚砂线或磨料，如 SiC 或 $Al_2O_3$ 等物质；还有硅片表面受潮生成的 $SiO_2$ 等。

(3) 环境中和人身上的灰尘、颗粒等。

按污染物质的微观结构又可分为分子型污染、离子型污染和原子型污染。

(1) 分子型污染包括硅片加工过程中引入的蜡、松香和油脂，以及操作人员的皮肤或者储存硅片的容器上的不溶性有机化合物。这些有机物通常由弱的静电引力吸附在硅片表面上,必须首先除去。

(2)离子型污染包括 $Na^+$、$Cl^-$、和 $F^-$ 等。硅片表面与酸性或碱性腐蚀液接触后,这些离子会吸附在硅片表面,既有物理吸附,也有化学吸附。化学吸附一般只有通过化学反应才能去除。

(3)原子型污染主要来自酸性腐蚀液,包括 Au、Fe、Cu 和 Cr 等金属元素。这些过渡金属的原子会严重地降低太阳电池转换效率。需要采用反应性的试剂才能溶解,并形成可溶性络合物,防止其重新沉积到硅片表面。

### 6.1.4.2 清洗原理

1)有机溶剂清洗。

利用物质相似相溶原理,可用有机溶剂溶解硅片表面的油脂、松香、蜡等有机物杂质,常用的有机溶剂有甲苯、丙酮、乙醇等。石蜡是碳氢化合物,油脂是甘油和脂肪酸生成的脂,都含有碳氢基团,与水分子在结构上有很大差异,所以在水中很难溶解,而甲苯($C_7H_8$)、丙酮($CH_3COCH_3$)、乙醇($C_2H_5OH$)的分子结构中也都含有碳氢基团,可以用来溶解油污。

使用有机溶剂清洗时要按一定的次序。乙醇分子的结构中既含有与甲苯、丙酮类似的碳氢基团,又含有与水分子相似的羟基(—OH),所以既能与甲苯、丙酮互相溶解,又能与水以任意比例互相溶解。因此,应采用甲苯→丙酮→乙醇→水的次序清洗。此外,还有三氯乙烯、四氯化碳、苯和合成洗涤剂等,都能去除油污。

2)无机酸和氧化剂清洗。

对于金属、金属离子、氧化物,以及其他无机化合物,如 Al、Cu、Ag、Au、$Al_2O_3$、$SiO_2$ 等物质和部分有机杂质,可用具有强氧化性的各种无机酸和过氧化氢去除,常用的无机酸有盐酸、硫酸、硝酸及王水。

(1)盐酸(HCl)。清洗时利用盐酸的强酸性溶解硅片表面吸附的杂质,如 Al、Mg 等活泼金属及其氧化物。其反应式如下:

$$2Al + 6HCl = 2AlCl_3 + 3H_2\uparrow$$
$$Al_2O_3 + 6HCl = 2AlCl_3 + 3H_2O$$

但是,HCl 不能溶解 Cu、Ag、Au 等不活泼的金属及 $Al_2O_3$、$SiO_2$ 等难溶物质。

(2)硫酸($H_2SO_4$)。浓硫酸具有很强的酸性、氧化性、吸水性及腐蚀性。硫酸与盐酸一样,能溶解 Al、Mg 等活泼金属及其氧化物。由于浓硫酸具有氧化性,它还能溶解不活泼金属 Cu、Ag 等。Au 和 $Al_2O_3$、$SiO_2$ 等仍然不能溶于浓硫酸。浓硫酸与 Cu、Ag 的反应如下:

$$Cu + 2H_2SO_4 = CuSO_4 + SO_2\uparrow + 2H_2O$$
$$2Ag + 2H_2SO_4 \longrightarrow Ag_2SO_4\downarrow + SO_2\uparrow + 2H_2O$$

(3)硝酸($HNO_3$)。浓硝酸具有强酸性、强氧化性及强腐蚀性,跟浓硫酸一样,浓硝酸既可以溶解活泼金属及其氧化物,也可以溶解不活泼金属 Cu、Ag 等。例如:

$$Cu + 4HNO_3 \longrightarrow Cu(NO_3)_2 + 2NO_2\uparrow + 2H_2O$$

$$Ag + 2HNO_3 \longrightarrow AgNO_3 \downarrow + NO_2 \uparrow + H_2O$$

同样地，硝酸也不能溶解一些极不活泼的金属（如 Au）及难溶的氧化物（如 $Al_2O_3$、$SiO_2$）等。

（4）王水。三份浓盐酸和一份浓硝酸混合而得的溶液称为王水。王水具有极强的氧化性和腐蚀性，不仅能溶解活泼金属、氧化物，而且能溶解极大部分不活泼金属，如 Cu、Ag、Au 等。例如：

$$Au + 3HCl + HNO_3 \longrightarrow AuCl_3 + NO_2 \uparrow + 2H_2O$$

$$AuCl_3 + HCl \longrightarrow H[AuCl_4]$$

王水不能溶解 $SiO_2$ 等一些难溶的氧化物。

（5）过氧化氢（$H_2O_2$）。在清洗过程中，过氧化氢既可作为强氧化剂，又可作为还原剂。过氧化氢能氧化有机物、非金属和大多数金属。例如，高浓度的 $H_2O_2$ 能使有机物质燃烧，与二氧化锰（$MnO_2$）作用则发生爆炸；当遇到强氧化剂（如 $H_2SO_4$ 等）时，过氧化氢又能起还原剂的作用。例如：

$$MnO_2 + H_2SO_4 + H_2O_2 \longrightarrow MnSO_4 + 2H_2O + O_2 \uparrow$$

综上，HCl、$H_2SO_4$ 等无机酸可以溶解除掉几乎所有的金属污染和部分活泼金属的氧化物污染，对稳定的氧化物（如 $Al_2O_3$、$SiO_2$ 等）始终无能为力。这时就需要用到氢氟酸（HF）。HF 是弱酸，不易挥发，但有很强的腐蚀性，能溶解许多金属（但不能溶解 Au、Pt、Cu 等）。HF 最为突出也最重要的特性是能溶解 $SiO_2$，在清洗和腐蚀工艺中，常用于除去硅片表面的氧化层。

HF 与 $SiO_2$ 作用生成易挥发的四氟化硅气体：

$$SiO_2 + 4HF \longrightarrow SiF_4 \uparrow + 2H_2O$$

过量的 HF 会进一步与反应生成的四氟化硅反应，生成可溶性的络合物（六氟硅酸），反应式如下：

$$SiF_4 + 2HF \longrightarrow H_2[SiF_6]$$

总的反应式为

$$SiO_2 + 6HF \longrightarrow H_2[SiF_6] + 2H_2O$$

HF 能溶解 $SiO_2$，使其在硅片的腐蚀、清洗中具有不可替代的作用，因此是太阳电池制造过程中极其重要的化学试剂。

3）碱溶液清洗。

一些碱溶液（如氢氧化铵溶液）也能对硅片表面起到有效的清洁作用。

氢氧化铵可以和许多金属离子（如 $Fe^{3+}$、$Al^{3+}$ 和 $Cr^{3+}$）作用，生成相应的氢氧化物沉淀。同时，氢氧化铵又是很好的络合剂，它能与 $Cu^{2+}$、$Ag^+$、$Co^{2+}$、$Ni^{2+}$、$Pt^{4+}$ 等金属离子发生络合作用，生成可溶性的络合物，从而去除吸附在硅片表面的杂质金属原子和离子。

### 6.1.4.3 标准 RCA 清洗工艺

RCA 清洗工艺是美国无线电公司（RCA）所发明，指的是先后采用酸性和碱性过氧化氢溶液清洗硅片，是一种典型的湿式化学清洗法，至今仍是普遍使用的硅片表面清洗标准工艺。

RCA 清洗方法中使用的碱性过氧化氢清洗液 APM（又称为 I 号清洗液）由去离子水（DI water）、30% 的过氧化氢溶液和 25% 的浓氨水按一定配比混合而成，其体积比为 5 : 1 : 1 ～ 5 : 2 : 1。

酸性过氧化氢清洗液 HPM（又称为 II 号清洗液）由去离子水、30% 的过氧化氢溶液和 37% 的浓盐酸按一定配比混合而成，其体积比为 6 : 1 : 1 ～ 8 : 2 : 1。

酸性和碱性过氧化氢清洗液一方面基于过氧化氢的强氧化作用使有机物和无机物杂质被氧化去除，另一方面使一些难以氧化的金属或其他难以溶解的物质通过与络合剂（$NH_4OH$、$HCl$）作用形成稳定的可溶性络合物而将其去除。这类清洗液的优点是能去除硅片上残存的蜡、松香等有机杂质和无机杂质，包括 Au、Cu 等重金属杂质；清洗过程中不会发生有害的化学反应，$Na^+$ 的污染少，操作安全，使用和处理方便。

两步 RCA 工艺一般应在 75 ～ 85 ℃ 温度下清洗，时间为 10 ～ 20 min。I 号清洗液清洗后用稀氢氟酸短时间腐蚀，去除表面氧化层。具体工艺是先将硅片在 1 : 50 的稀氢氟酸溶液中处理 10 s 左右去除表面氧化硅等氧化层，之后在短时间（如 30 s）内用去离子水冲洗残留的氢氟酸。不同清洗溶液之间用大量去离子水冲洗。

## 6.1.5　硅片的制绒

为了减少太阳电池表面对太阳光的反射，增加光能吸收，需要在硅片表面形成凹凸形的织构，称为硅片表面织构化。由于硅片表面织构化后，外表酷似丝绒，通常称为绒面，将硅片表面织构化的过程称为"制绒"。在制绒加工前，要先腐蚀去除硅片表面由线切割造成的机械损伤层。

### 6.1.5.1　**硅片腐蚀减薄**

硅片腐蚀工序主要是为了去除硅片表面的损伤层，有湿法腐蚀和干法腐蚀两类。湿法腐蚀的原理是利用氧化剂将硅片表面氧化，再通过化学反应将硅表面的氧化物溶解在溶液中，因此腐蚀液中通常含有能氧化硅表面和溶解氧化物的两类试剂，让两个过程在腐蚀液中同时进行。

硅表面的缺陷、腐蚀液的温度、腐蚀液的成分及硅与腐蚀液之间界面的吸附过程等因素对腐蚀速率和腐蚀均匀性有显著影响。

可以用于硅的化学腐蚀试剂有很多，包括酸、碱和各种盐类，选择时需要考虑试剂纯度、成本和重金属离子的污染等因素。现在工业上常用的腐蚀液有两种：硝酸和氢氟酸混合的酸性腐蚀液、NaOH 和 KOH 等碱性腐蚀液。用碱腐蚀成本较低，环境污染较小。

热的浓碱溶液（如 10% ～ 30% 的 NaOH 或 KOH 溶液）是硅的强腐蚀液，通常用于单晶硅片的腐蚀减薄，同时去除损伤层。反应式如下：

$$Si + 2NaOH + H_2O \longrightarrow Na_2SiO_3 + 2H_2 \uparrow$$

具体生产工艺条件由原始硅片的表面损伤情况和厚度决定。常用 NaOH 溶液质量分数为20%左右，温度为$(85\pm5)$ ℃，时间为 $0.2\sim3$ min。硅片腐蚀后，要用大量去离子水冲洗，保证表面无残留。

### 6.1.5.2　单晶硅片表面制绒

以单晶硅片为例，通常采用低浓度的无机碱溶液(NaOH 或 KOH)制绒，它在硅各种晶面上具有不同的腐蚀速率(各向异性腐蚀)，在实验室也会用到一些有机碱液，如四甲基氢氧化铵(TMAH)[13]。一般来说，硅晶面上的原子密度越高，共价键密度就越高，也就越难腐蚀，因此各向异性腐蚀趋向于终止在硅原子密度最高的(111)晶面上。这种低浓度的碱溶液在(100)晶面上的腐蚀速率是(111)晶面上的几百倍。经过腐蚀后，四个相交的(111)面与(100)面成54.7°的角，即可得到形状为金字塔的绒面，腐蚀过程如图6-13 所示。

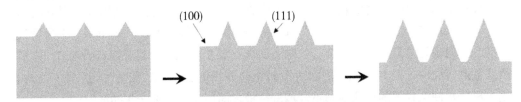

**图6-13　单晶硅形成金字塔绒面示意**

绒面的形成是金字塔成核与长大的过程，金字塔成核从某点开始，逐渐长大，直到布满整个硅片表面。这个过程可以用微电池电化学理论来解释。硅片表面存在的微区杂质浓度差，有局部微小缺陷和损伤，在区域间形成了电位差，产生了随机分布的微电极(阳极或阴极)，电极电位高的是阳极，电极电位低的是阴极，反应时阳极被腐蚀溶解。这些微区在不同的时段有不同的极性，如果各个微区起阴极和阳极作用的时间大致相等，就会形成均匀腐蚀；反之，若时间相差大，则会形成选择性的腐蚀。在碱液中的反应方程式如下：

阳极处为

$$Si + 6OH^- \longrightarrow SiO_3^{2-} + 3H_2O + 4e^-$$

阴极处为

$$4H^+ + 4e^- \longrightarrow 2H_2 \uparrow$$

总的反应方程式为

$$Si + 2OH^- + H_2O = SiO_3^{2-} + 2H_2 \uparrow$$

硅的腐蚀特性及腐蚀的各向异性已经被大量研究。Palik 等[14]对反应过程采用原位拉曼光谱进行了分析，确定溶液中的主要反应物质为 $OH^-$，$OH^-$ 提供电子并与表面悬挂键发生反应，最终产物为 $SiO_2(OH)_2^{2-}$。反应过程如图6-14 所示。

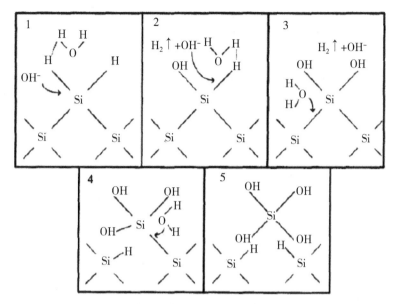

**图 6-14　硅片表面在碱性溶液中的电化学腐蚀过程**

　　理想的金字塔结构应该大小近似一致并均匀分布在整个硅片表面，没有空隙。小、密且均匀的金字塔结构对后续的扩散及烧结金属接触都更有利，这也是产业发展的方向。金字塔的形貌，包括大小、密度、均匀性等会受到腐蚀剂成分、配比、温度、时间等诸多因素影响，反射率是对绒面质量最直接的表征方式之一。经过研究，金字塔尺寸控制在 $1 \sim 4~\mu m$ 左右性能较佳，图 6-15 展示了尺寸约为 $2~\mu m$ 金字塔的形貌及其反射率大小。下面分别对各影响因素进行分析。

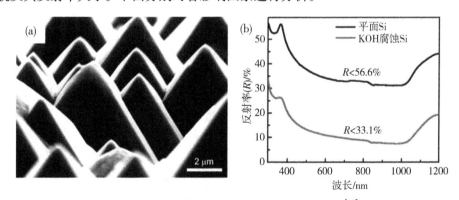

**图 6-15　碱腐蚀金字塔形貌及其对应的反射率[15]**

　　碱制绒腐蚀液大致有两类，其中一类是有含醇添加剂的 NaOH（或 KOH）混合溶液，通常为异丙醇（IPA），也可用无水乙醇。上文所述拉曼光谱的研究表明，在 NaOH/IPA 溶液中，IPA 并不参与化学反应过程。Seidel 等[16]的研究表明，硅的三个主要晶面（100）、（110）和（111）在 KOH 和 KOH/IPA 溶液中的腐蚀速度是不同的，在 KOH 中是 $v(110) > v(100) > v(111)$，在 KOH/IPA 中是 $v(100) > v(110) >$

$v(111)$。异丙醇的加入可以有效降低溶液的表面张力，并能帮助反应形成的气泡快速离开硅片表面，因此有助于形成均匀分布的大小一致的金字塔结构。

优化金字塔结构的形成与工艺条件密切相关，腐蚀液中碱的浓度、反应温度、反应时间及 IPA 添加剂的浓度都会影响到金字塔的结构。图 6-16 至图 6-18[17] 给出了不同 NaOH 浓度、反应温度、IPA 浓度条件下金字塔结构的变化。反应时间越长、碱浓度越高、反应温度越高，生成的金字塔尺寸越大。当 IPA 浓度太小或过大时，比较容易在金字塔之间产生平坦区域。

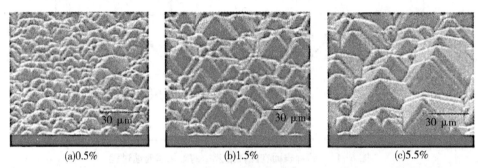

(a)0.5%　　　　　　　(b)1.5%　　　　　　　(c)5.5%

图 6-16　NaOH 浓度对金字塔结构的影响

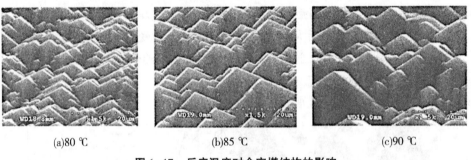

(a)80 ℃　　　　　　　(b)85 ℃　　　　　　　(c)90 ℃

图 6-17　反应温度对金字塔结构的影响

(a)0%　　　　　　　(b)5%　　　　　　　(c)10%

图 6-18　IPA 浓度对金字塔结构的影响

异丙醇有一定的毒性、易燃，存在爆炸危险性，且挥发性强，价格又比较昂贵，废水不容易处理，环保成本高。因此，近几年人们一直在研究不含异丙醇等醇类的腐蚀液。例如，D. Leninella 等提出用四甲基氢氧化铵（TMAH）替代异丙醇作为腐蚀液的添加剂，但是 TMAH 这类有机胺类物质对环境仍有污染[13]；Nishimoto 等提出使

用 $Na_2CO_3$ 溶液作为无醇制绒液[18]；席珍强等提出使用 $Na_3PO_4$ 溶液作为无醇制绒液[19]。丁兆兵报道了一种单晶硅无醇制绒腐蚀液，主要成分为 NaOH、$Na_2CO_3$、$Na_2SiO_3$，以及自制的聚丙烯酸钠和改性淀粉等[20]。

不断改进添加剂性能，主要改进方向是改善表面活性，降低制绒液的表面张力，增强硅片表面亲水性，加速硅片表面气泡脱离，去除硅片表面油污；控制硅片在碱液中的腐蚀速度；利用分子中的有机基团作为硅片表面的成核点，提高金字塔织构的成核密度，改善绒面金字塔外形，增强反应的各向异性。已经有多种性能良好的无醇添加剂克服了早期产品存在气泡黏附、硅片漂浮等不良现象，越来越多地用于单晶硅制绒，取得了较好的效果。

### 6.1.5.3　其他制绒方式

1）化学腐蚀方法制备纳米线阵列绒面。

纳米线阵列结构具有显著的光学减反射特性，采用液相化学腐蚀方法可用较低的成本和较快的速度制备出纳米线。图 6-19 展示了氢氟酸和硝酸盐混合溶液在单晶硅表面的腐蚀原理示意[21]和腐蚀后所得的垂直纳米线阵列照片[22]。在 $300 \sim 1000$ nm 波段，纳米线结构的反射率低于 3%，与金字塔绒面结构相比，吸收率提高了近 10%。尽管纳米表面结构太阳电池的转换效率只有 12.68%，低于传统金字塔绒面电池，但通过钝化及电极制备工艺的深入研究，仍具有大幅度提高电池性能的可能性。

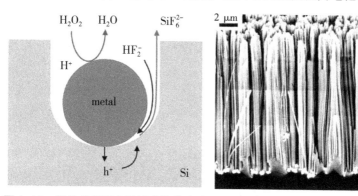

图 6-19　单晶硅表面金属辅助化学腐蚀原理示意及纳米线阵列电镜照片[21, 22]

2）反应离子刻蚀（RIE）。

反应离子刻蚀（RIE）工艺属干法刻蚀制绒，采用 $SF_6$（或 $CF_4$）、$O_2$ 及 $Cl_2$ 作为反应气体，在 13.56 MHz 高频电场作用下产生辉光放电，使气体分子或原子发生电离，形成等离子体，这些等离子体的带电离子撞击到硅片表面上，并逐层进行可重复性和各向异性剥蚀，反应原理如图 6-20 所示。通过对工艺参数的控制，RIE 腐蚀可以实现 1% 的反射率，增加电池的光吸收。但是等离子体的轰击会在硅片表面产生损伤，形成表面复合中心，导致电池的转换效率下降，所以需要通过酸腐蚀消除伤层，同时进行表面钝化处理。

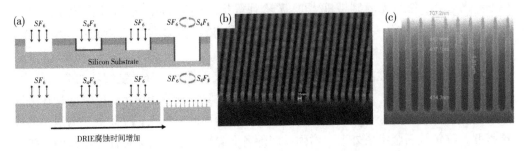

**图6-20  RIE反应原理及其刻蚀形成的典型阵列陷光结构**

## 6.2  晶体硅的扩散

所谓扩散技术，是指将杂质引入半导体中，使之在半导体的特定区域中具有某种导电类型和一定电阻率的方法。当前制备 p-n 结的最主要方法是扩散法。在太阳电池的产业化生产中，根据扩散源的种类，可以分成：①原位扩散源，包括气态源（如 $POCl_3$、$PH_3$、$BBr_3$、$B_2H_6$）和固态扩散源（如 BN 等）；②预沉积的扩散源，包括液态源和固态源。液态源主要是喷涂扩散源和旋涂扩散源，固态源主要是掺杂玻璃（磷硅玻璃和硼硅玻璃）。从设备方法来说，包含离子注入法和合金法和热扩散制结法，其中，热扩散法又包含管式扩散法（利用 $POCl_3$、$BBr_3$ 等气态源）和涂布扩散法（通过丝网印刷或者旋涂、喷涂、滚筒等涂覆液态掺源）。本章节主要介绍太阳电池产业中最常用的热扩散制结法。

### 6.2.1  扩散原理

#### 6.2.1.1  扩散的基本机理

扩散是物质分子或者原子热运动引起的一种自然现象，浓度差别的存在是产生扩散运动的必要条件，环境温度的高低是决定扩散运动快慢的重要因素。杂质原子可以占据硅晶格中的间隙位置或者硅格点位置，分别称为间隙式扩散和替位式扩散。

杂质原子从晶体中原子之间的间隙中跃迁，运动到相邻的原子间的间隙，称为间隙式扩散。晶体中的间隙原子运动时，必须通过一个较窄的缝隙，如图6-21(a)所示，从能量的角度分析，间隙中原子越过一个势垒为 $E_i$ 的区域，它至少需要具备能量 $E_i$。根据玻尔兹曼统计原理，在一定温度下，间隙原子在间隙中心位置附近进行振动频率为 $\nu_0$ 的热运动，间隙原子依靠热涨落获得大于 $E_i$ 能量的概率正比于 $\exp(-E_i/kT)$，其中，$k$ 为玻尔兹曼常数，$E_i$ 为激活能。因此，单位时间内间隙原子越过势垒到达相邻间隙的概率为

$$P_i = \nu_0 \exp(-E_i/kT) \tag{6-1}$$

由此可见，间隙原子的运动与温度密切相关。利用一维扩散模型可以得到间隙原子的扩散流密度为

$$J(x) = C(x)aP_i - C(x+a)aP_i = -a^2 P_i \frac{\partial C(x)}{\partial x} \qquad (6-2)$$

其中，$C(x)$ 和 $C(x+a)$ 分别为 $x$ 和 $x+a$ 处的间隙原子浓度，$a$ 为晶格常数。可得扩散系数 $D$ 为

$$D = a^2 P_i = a^2 \nu_0 \exp(-E_i/kT) \qquad (6-3)$$

当晶体中格点处存在空位时，杂质原子运动进入邻近格点填充空位，如图 6-21 (b)所示，称为替位式扩散。显然，替位式扩散取决于晶格中出现空位的概率。根据玻尔兹曼分布，在温度为 $T$ 时，单位晶体体积中的空位数目为

$$N_v = N\exp(-E_v/kT) \qquad (6-4)$$

因此，杂质原子近邻出现空位的概率为 $\exp(-E_v/kT)$。其中，$E_v$ 是晶体形成一个空位所需的能量(对硅晶体，$E_v \approx 2.3$ eV)，$N$ 为晶体原子的密度。

替位式杂质原子从一个格点运动到另一个格点位置，也必须越过一个势垒 $E_s$，如图 6-21(b)所示。若替位式杂质原子依靠热涨落越过势垒的概率为 $\nu_0\exp(-E_s/kT)$，则替位式杂质原子跳跃到相邻位置的概率等于邻近位置出现空位的概率乘以杂质原子跃入该空位的概率，即

$$P_v = \exp(-E_v/kT)\nu_0\exp(-E_s/kT) = \nu_0\exp[-(E_s+E_v)/kT] \qquad (6-5)$$

替位式扩散的扩散系数和温度的关系为

$$D = a^2 \nu_0 \exp[-(E_s+E_v)/kT] \qquad (6-6)$$

式(6-3)和式(6-6)可以统一表示为

$$D = D_0 \exp(-E_a/kT) \qquad (6-7)$$

其中，$D_0 = a^2 \nu_0$，$E_a = E_i$ 或 $E_a = E_v + E_s$。

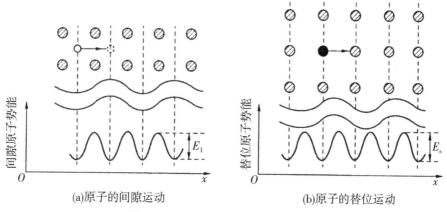

图 6-21　原子扩散运动及其势能曲线

Ⅲ、Ⅴ族元素杂质，如 P、B、As、Sb 等，由于离子半径接近或小于硅原子半径，能以替位的方式进入硅体内，而 Au、Ag、Cu、Fe 和 Ni 等原子半径较大的杂质或一些重金属离子，一般按间隙式(或两种方式兼有)的形式进行扩散。表 6-1 列出了几种杂质原子在硅[111]晶面中 $D_0$ 和 $E_a$ 的实验值，图 6-22 给出了不同杂质在低浓度下扩散系数对温度的依赖关系。可以看出，替位式杂质原子的扩散比间隙式杂质

原子更慢，因此替位式杂质也叫作慢扩散杂质，间隙式杂质称为快扩散杂质。慢扩散杂质的扩散系数随温度变化而迅速变化，温度越高，其扩散系数越大，因此，在工业中要获得一定的扩散速度，必须在较高温度下进行。

表 6-1　几种杂质在硅内部扩散的 $D_0$ 和 $E_a$ 值

| 杂质名称 | $D_0/$ $(cm^2 \cdot s^{-1})$ | $E_a/eV$ | 适用范围/℃ | 杂质名称 | $D_0/$ $(cm^2 \cdot s^{-1})$ | $E_a/eV$ | 适用范围/℃ |
|---|---|---|---|---|---|---|---|
| P | 10.5 | 3.69 | 950～1235 | Fe | $6.2 \times 10^{-3}$ | 1.6 | 1100～1350 |
| As | 0.32 | 3.56 | 1095～1381 | Cu | $4 \times 10^{-2}$ | 1.0 | 800～1100 |
| Sb | 5.6 | 3.95 | 1095～1380 | Ag | $2 \times 10^{-3}$ | 1.6 | 1100～1350 |
| B | 10.5 | 3.69 | 950～1275 | Au | $1.1 \times 10^{-3}$ | 1.12 | 800～12000 |
| Al | 8 | 3.47 | 1080～1375 | Ni | $1 \times 10^{5}$ | — | 1100～1360 |
| In | 16.5 | 3.9 | 1105～1360 | O | 0.21 | 2.44 | 1300 |
| Ga | 3.6 | 3.51 | 1105～1360 | H | $1 \times 10^{-2}$ | 0.48 | — |

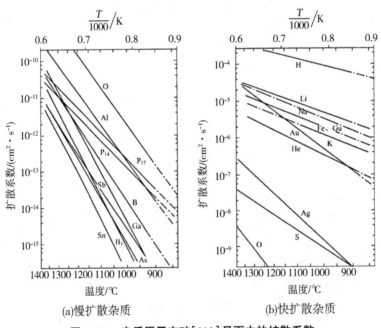

(a)慢扩散杂质　　(b)快扩散杂质

图 6-22　杂质原子在硅[111]晶面中的扩散系数

#### 6.2.1.2　扩散方程

硅太阳电池工艺中，主要有两种类型的扩散，即恒定表面源扩散和有限表面源扩散。第一种就是所谓的无限源扩散，或者有源扩散预沉积，在扩散过程中表面存在固定的源。第二种是有限源扩散，也叫作无源扩散，在表面首先引入一定量的掺杂原子，然后在高温作用下掺杂原子进一步向硅体内扩散，在扩散过程中表面不再引入新的外来杂质原子。

在对杂质在硅中的剖面求解之前，需要掌握一些硅中杂质扩散的基本概念。图6-23给出了硅中杂质浓度随着深度而变化的曲线，相关的参数有如下定义：

（1）杂质的剖面分布，硅中杂质浓度与深度的关系；

（2）衬底浓度，硅衬底中的杂质掺杂浓度；

（3）结深，掺杂的杂质深度，剖面上浓度等于衬底掺杂浓度时的深度。

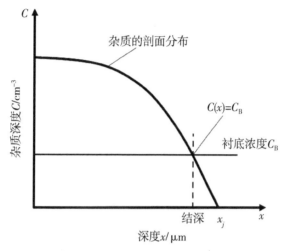

**图 6-23　杂质的剖面分布，衬底掺杂浓度和结深示意**

1）无限源扩散分布。

恒定表面源是指在扩散过程中，硅片表面的杂质浓度始终保持不变。根据这种扩散的特点，开始时半导体中掺杂杂质为零，表面杂质为 $C_s$，远离表面处无杂质原子，所以初始条件和边界条件为

$$C(x, \ t=0)=0 \tag{6-8}$$

$$C(x=0, \ t)=C_s, \ C(x=\infty, \ t)=0 \tag{6-9}$$

在扩散工艺中，硼、磷等杂质的扩散通常都分成预沉积和再分布两步进行。在预沉积过程中，扩散是在恒定表面浓度的条件下进行。在此条件下，解扩散方程得到的扩散分布是一种余误差函数，表达式为

$$C(x,t) \ = \ C_s\Big[1-\frac{2}{\sqrt{\pi}}\int_0^{\frac{x}{2\sqrt{(Dt)_{\text{predep}}}}}e^{-\xi}\mathrm{d}\xi\Big]$$

$$=C_s\text{erfc}\Big[\frac{x}{2\sqrt{(Dt)_{\text{predep}}}}\Big], \ t>0 \tag{6-10}$$

其中，$C_s$ 是掺杂原子在某个温度下的固溶度，$D$ 是掺杂原子的扩散系数，$t$ 是扩散时间，$\xi$ 表示掺杂原子进入硅中所占的体积，$x$ 表示掺杂原子扩散进硅体内的深度坐标。

恒定表面浓度扩散分布曲线下面的面积积分表示扩散进入硅片单位表面的杂质总

量，为

$$Q(t) = \frac{2}{\sqrt{\pi}}\sqrt{Dt}C_s \qquad (6-11)$$

式(6-11)的余误差函数给出的浓度随结深的分布如图6-24所示。

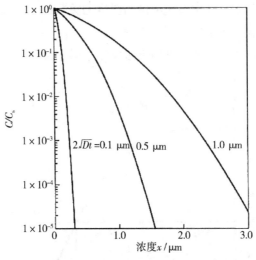

图6-24 无限源扩散情况下的掺杂原子浓度剖面分布[23]

2) 有限源扩散分布。

有限源扩散是在扩散源总量恒定的条件下进行的。整个扩散过程的杂质源，局限于扩散前积累在硅片表面有限薄层内的杂质总量 $Q$，没有外来杂质补充。此时扩散原子的初始条件为

$$C(x,\ t=0) = C_0 \mathrm{erfc}\left[\frac{x}{2\sqrt{(Dt)_{\mathrm{predep}}}}\right] \qquad (6-12)$$

其中，$C_0$ 为预沉积扩散源之后的表面杂质浓度。

杂质的分布可以通过解扩散方程使其满足以下的边界条件：

$$\left.\frac{\partial c}{\partial x}\right|_{(0,t)} = 0 \qquad (6-13)$$

$$C(\infty,\ t) = 0 \qquad (6-14)$$

这个方程的解必须保证在半导体内存在恒定的 $Q$。在此条件下解扩散方程，得到的扩散分布是高斯函数分布，表达式为

$$C(x,\ t) = \frac{Q}{\sqrt{\pi Dt}}\mathrm{e}^{-x^2/4Dt} \qquad (6-15)$$

图6-25 中给出了杂质浓度随再分布时间的剖面分布。由图6-25可见，随着扩散时间的增加，一方面杂质扩散入硅片内部的深度逐渐增大，另一方面硅片表面的杂质浓度不断下降。因此，表面浓度 $N_s$ 和结深 $x_j$ 都随扩散时间而改变。因为扩散过程中杂质总量不变，所以各条曲线下的面积都是相等的。

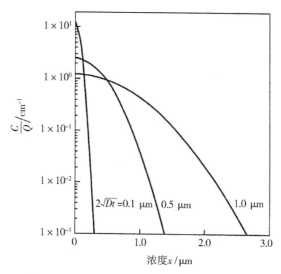

图 6-25  有限源扩散的杂质扩散浓度随着深度的高斯函数分布[23]

### 6.2.1.3  p 型硅片的磷扩散原理

磷的扩散速率也可以通过空位主导的扩散来解释。图 6-26 说明了磷扩散中的三个明显的区域：

（1）总的磷浓度超过自由载流子浓度的高浓度区域；

（2）在剖面中的拐弯区域；

（3）增强扩散率的尾部区域。

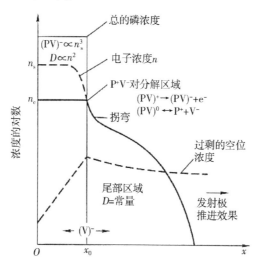

图 6-26  理想的磷扩散剖面及空位模型

当表面浓度很高时，在表面附近的分布近似于余误差函数分布，此时的扩散系数与浓度相关，正比于电子浓度的二次方。在此高浓度区域，$P^+$ 离子与 $V^{2-}$ 空位形成 $P^+V^{2-}$ 对［标记为 $(PV)^-$］。$(PV)^-$ 的浓度正比于表面浓度的三次方（$n_s^3$），这个值是一个经验值。但是当磷的浓度降低到电子浓度 $n_e$ 时，会出现一个拐点，此时对应的费米能级位置刚好比导带边低 0.11 eV，并且与带两个负电荷的空位所占据的能级重合，这样彼此结合的杂质-空位对 $(PV)^-$ 会分解为 $P^+$、$V^{2-}$，同时释放一个电子。

在拐点之后掺杂浓度迅速下降，掺杂原子的扩散速率从高浓度区域的正比于 $n^2$ 下降到正比于 $n^{-2}$。这个区域的厚度一般为几十到几百纳米，其数值根据扩散温度的不同而不同。例如，875 ℃时厚度为 150 nm，而在 1000 ℃时为 50 nm。在这个拐弯区域之后，存在一个掺杂原子快速扩散的尾区，此时掺杂原子的扩散速率为一个常数值。造成这种现象的原因在于在前面 $n_e$ 拐点处 $P^+V^{2-}$ 分解产生大量负一价的受主空位 $V^-$，这些受主空位的过饱和加速了在尾部区域的磷散。在图 6-26 中，"发射极推进效果"指的是在发射极（磷掺杂区域）的硼原子（衬底掺杂原子）的扩散速率也会因为 $P^+V^{2-}$ 对的分解而增加。

为了防止温度梯度导致的晶格损伤及硅片翘曲，一般情况下都是在相对低的温度下将硅片放进扩散炉里，然后再以一定的升温速率将温度升到工艺温度。在完成工艺之后，炉温再次下降到一个较低的温度以便取出硅片。通常都是在 750 ℃时放进硅片和取出硅片。

### 6.2.1.4　n 型硅片的硼扩散原理

硼扩散几乎完全通过自间隙机理进行。相比磷原子，硼在硅中的扩散要更快。硼的原子半径为 0.082 nm，硅的原子半径为 0.118 nm，不匹配比例为 0.75。由于硼和硅之间存在较大的不匹配比例，因此在扩散过程中产生晶格张力，从而导致位错的形成并且降低扩散速率。

硼原子的扩散速率还受到扩散温度和硼原子浓度的影响。图 6-27 显示，在相同的扩散温度下，随着硼掺杂原子的增加，硼的扩散速率也会增加。另外，在不同的硼原子浓度下，扩散速率都会随着扩散温度的增加而升高。

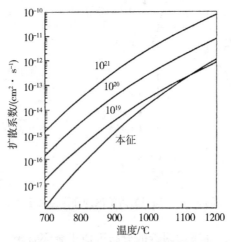

图 6-27　硼在硅中的扩散速率与温度和硼浓度之间的关系

### 6.2.2　扩散技术

#### 6.2.2.1　气相扩散

亨利定律提出了掺杂原子的分压强 $P$ 与表面浓度 $C_s$ 的关系，即

$$C_s = HP \qquad\qquad (6-16)$$

其中，$H$ 为亨利气体定律常数。

因此，表面浓度依赖于在气体中的掺杂原子的分压（除非表面达到了固溶度的极限）。硼扩散（图 6-28）使用的气态源为 $BBr_3$，磷掺杂使用的气态源为 $POCl_3$。两者在室温下都是液态，为了将这些液态物质作为气态源引入扩散炉中，使用惰性气体（如 $N_2$）在控制的流量和温度下通过液态鼓泡将其携带出来。

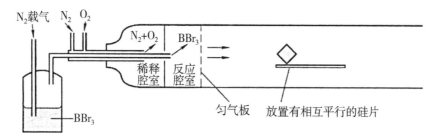

**图 6-28　硼扩散的液态源设备**

液态磷扩散可以得到较高的表面浓度，所以在单晶硅太阳电池工艺中最为常见。$POCl_3$ 液态源气体携带法扩散制造的 p-n 结均匀性好，不受硅片尺寸的影响，特别适合制造浅结电池，便于大量生产，但工艺控制比液态涂源法更严格。

$POCl_3$ 在 $600\ ℃$ 以上分解，生成 $PCl_5$ 和 $P_2O_5$，如果有足够的氧存在，$PCl_5$ 能进一步分解成 $P_2O_5$，并放出氯气。因此，为了避免产生 $PCl_5$，在扩散时系统中须通入适量的氧气。生成的 $P_2O_5$ 进一步与硅作用，在硅片表面形成一层磷-硅玻璃，然后磷再向硅中扩散。

$POCl_3$ 沉积的主要反应方程式为

$$4POCl_3 + 3O_2 \longrightarrow 2P_2O_5 + 6Cl_2$$

$$2P_2O_5 + 5Si \longrightarrow 4P + 5SiO_2$$

磷被释放出来并扩散进入硅，氯气则被排走。

$BBr_3$ 的主要沉积反应为

$$4BBr_3 + 3O_2 \longrightarrow 2B_2O_3 + 6Br_2$$

#### 6.2.2.2　固态源扩散

固态源扩散，即蒸发固态源使掺杂原子进入携带气体中。大部分杂质的预沉积过程都可以采用固态源。

固态磷扩散是指利用与硅片相同形状的固体磷材料，如 $Al(PO_3)_3$，即所谓的磷微晶玻璃片，与单晶硅片紧密相贴，一起放置在石英热处理炉内，在一定的温度下，磷源材料表面挥发出磷化合物（$P_2O_5$），借助于浓度梯度附着在单晶硅表面上，与硅

反应生产磷原子及其他化合物，其中磷原子将向单晶硅片体内扩散。发生的反应如下：

$$Al(PO_3)_3 \longrightarrow AlPO_4 + P_2O_5$$
$$5Si + 2P_2O_5 \longrightarrow 5SiO_2 + 4P$$

硼的固态源主要是氮化硼（BN）片。BN 晶体为白色粉末，使用前需要冲压成片状，或者用高纯氮化硼棒切割成和硅片大小一样的薄片。扩散前，氮化硼片预先在扩散温度下通氧 30 min，使氮化硼片表面生成三氧化二硼。在扩散温度下，氮化硼表面的三氧化二硼与硅发生反应，形成硼-硅玻璃沉积在硅表面，硼向硅内部扩散。氮化硼片与硅片之间的间距减小，可以减少扩散时间，氮气流量较低可以使扩散更为均匀，这些对于大量生产是有利的，而且均匀性、重复性比液态源要好。

固态源扩散还可以利用印刷、喷涂、旋涂、化学气相沉积等技术，在硅片的表面沉积一层磷或者硼的化合物。喷涂或者旋涂扩散方法是用包含磷和硼原子的物质溶解在水或者乙醇中，预先旋涂或者喷涂在 p 型或 n 型硅片表面作为杂质源。在扩散温度下，杂质源与硅反应，生成磷-硅或硼-硅玻璃。磷或者硼原子向内部扩散，形成重掺杂的扩散层 p-n 结。常用的有旋涂磷酸、硼酸，或者喷涂磷酸、硼酸。涂源扩散工艺的主要控制因素是扩散温度、扩散时间和杂质源浓度。最佳扩散条件随硅片的性质不同（基体导电类型、电阻率、晶向等）而改变。

除此之外，在太阳电池的生产中还出现了可以适应连续性生产的技术，如适应丝网印刷和喷墨打印的掺杂源。

### 6.2.2.3 扩散方法的选择

扩散方法可以分为气-固扩散、液-固扩散和固-固扩散三种类型，分别为气态杂质源中的杂质向固态硅片扩散、液态杂质源中的杂质向固态硅片扩散和固态杂质源中的杂质向固态硅片扩散。其中，气-固扩散又可分为闭管扩散、箱法扩散和气体携带法扩散，固-固扩散可分为氧化物源扩散和涂源法扩散。各种扩散方法见表6-2。

表6-2　各种扩散方法

| | | | |
|---|---|---|---|
| 气-固扩散 | | 闭管扩散 | |
| | | 箱法扩散 | |
| | 气体携带法扩散 | 气态源 | $B_2H_6$、$PH_3$ |
| | | 液态源 | $POCl_3$、$B(O_6H_3)_2$ |
| | | 固态源 | BN、$P_2O_5$ |
| 液-固扩散 | | 合金法扩散 | |
| 固-固扩散 | | 氧化物源扩散 | |
| | | 涂源法扩散 | |

闭管扩散是把杂质源和待掺杂衬底硅片密封于同一石英管内，扩散时受外界影响小，扩散的均匀性、重复性较好，能避免杂质蒸发；缺点是工艺操作烦琐，要破碎石

英管取出硅片，石英管耗费大。箱法扩散是将源和衬底硅片同置于石英管内，箱体具有气密性可拆分结构，源蒸汽泄漏率恒定，基本具备闭管扩散的优点，但工艺操作仍较烦琐。

气体携带法扩散包括气态源、液态源和固态源三种。气态源（如 $B_2H_6$、$PH_3$）扩散的稳定性较差，毒性大，很少采用。液态源，如 $POCl_3$、$B(O_6H_3)_2$，扩散不用配源，且装源后可使用较长的时间，系统简单，操作方便，生产效率高，但它受温度、时间、流量、杂质源的液面大小及系统是否漏气等外界因素的影响较大，对操作工艺控制的要求较高，应用于太阳电池生产时，重复性和稳定性能满足要求，是最常用的扩散方法。固态源扩散（如氮化硼片、磷钙玻璃片扩散法等）因为杂质源片与硅片是交替平行排列，有较好的重复性、均匀性，适合大面积扩散，生产效率高；但源片很容易吸潮变质，在扩散温度较高时容易变形，较多应用于硼扩散。

氧化物源扩散的特点是，当氧化层较厚且温度一定时，表面浓度只和氧化层掺杂量有关，结深只和时间有关。氧化层掺杂量可在很宽的范围内加以控制，因此可方便地控制扩散层的表面浓度和扩散结深，而且不必进行预扩散，但工艺的重复性较差。

早期的合金法可以简单理解为一种液-固扩散，即一种导电类型杂质的合金熔化后掺入另一种导电类型的半导体中。液-固扩散在半导体工业中较为少见，已经被其他方法取代。

根据高杂质浓度固体层的成膜方式，固-固扩散法有氧化物源法和涂源法两种。涂源法细分又有旋涂、喷涂、印刷等各种方式；氧化物源扩散的特点是，当氧化层较厚且温度一定时，表面浓度只和氧化层掺杂量有关，结深只和时间有关。氧化层掺杂量可在很宽的范围内加以控制，因此可方便地控制扩散层的表面浓度和扩散结深，而且不必进行预扩散，但工艺的重复性较差。固-固扩散法具有扩散后晶格缺陷少、p-n 结均匀性和重复性好、表面掺杂浓度可调范围宽等优势。

## 6.2.3　扩散设备

扩散设备主要分为两类，管式系统和传输带链式系统。其中，管式系统按照其尾气排放方式又分为开管和闭管两种，链式系统包括网带、陶瓷滚轮和陶瓷线等。

链式扩散设备适应在线式自动化生产方式。包含磷化合物的物质通过丝网印刷、喷涂或者 CVD 方法沉积在硅片的表面，在干燥之后，放置在传送带上。炉子开放或通入气体，并分成几个温区。传送带以一定的速度带着片子通过不同的温区。首先在 600 ℃保温几分钟，通入清洁的空气，在这个温度下浆料中的有机杂质挥发掉，然后开始在氮气中 950 ℃下进行 15 min 的扩散。链式扩散炉中片子只有一面扩散，但是高温过程中会有一部分杂质从硅片表面挥发出来扩散到炉子中，在侧面和背表面进行气相扩散，在边缘处形成并联的结。

链式扩散炉的优势是适应大尺寸、薄硅片工艺，便于前后关联设备连接以形成流水线生产作业方式，减少在线操作员工，提高整线自动化水平。链式扩散炉中的硅片传输系统有金属网带、陶瓷滚轮和陶瓷线。金属网带扩散系统结构简单，并且投资成本低，但是金属直接与硅片接触，会带来金属污染，同时温度的范围限制导致工艺窗口有限。陶瓷滚轮的链式扩散炉不会有金属污染，可对于翘曲的硅片会有输运不顺畅的问题，陶瓷线的传输系统不会有这个问题，但是两者的成本均较高，工艺窗口有限。

管式石英扩散炉具有产量大、工艺成熟、操作简单的优势，且没有受热的金属元素引入，也没有在管中通入空气，相比于链式设备更为干净。因此，目前主流的扩散设备是管式高温扩散炉，采用氮气携带三氯氧磷和三溴化硼完成掺杂，盛放硅片的石英舟放置在炉子的石英管中，采用电阻加热方式加热到工作温度。在石英管的一端进行硅片的推进和拉出，在另一端通入气体。磷或者硼可以通过氮气在三氯氧磷、三溴化硼等液体中鼓泡而被携带出来进入扩散炉中。固体掺杂源也适用于管式炉的扩散工艺。但是，管式石英炉只能一批一批地制备，与产线上前后设备的关联性较差，通常是在一管中同时放入很多硅片，以达到提高产能的目的。产业上使用的炉子一般有四根管子。

## 6.3　钝化和减反技术

表面钝化和减反射使用了同一种工艺，即在太阳电池的表面镀制一层薄膜，常用的减反射膜为氮化硅、氟化镁等，氮化硅薄膜也兼具钝化性能。其他钝化膜还有氢化本征非晶硅、氧化铝、氧化硅等。目前采用的镀膜方法有等离子体增强化学气相沉积（PECVD）技术、磁控溅射（PD）和原子层沉积（ALD）等。

### 6.3.1　氮化硅薄膜钝化和减反技术

沉积氮化硅（$SiN_x$）膜通常利用化学气相沉积（CVD）方法，有 3 种方式：常压CVD（APCVD）、低压 CVD（LPCVD）和等离子体增强 CVD（PECVD）。

APCVD 是在常压、$700 \sim 900$ ℃温度下使硅烷和氨气进行反应制备 $SiN_x$；LPCVD 是在低压（约 0.1 Torr）、750 ℃左右温度下使二氯硅烷和氨气反应制备 $SiN_x$；而 PECVD 则是在低压（约 1 Torr）、低于 450 ℃的温度下，利用等离子体增强作用，使硅烷、氨气或氮气进行反应制备 $SiN_x$。目前广泛使用的是 PECVD，因为该技术制备的氮化硅薄膜富含氢原子，在减反的同时能够有效钝化晶硅表面。

#### 6.3.1.1　PECVD 方法制备 $SiN_x$ 膜的原理

PECVD 沉积技术的原理是利用辉光放电产生低温等离子体，在低气压下将硅片置于辉光放电的阴极上，借助于辉光放电加热或另加发热体加热硅片，使硅片达到预定的温度，然后通入适量的反应气体，气体经过一系列反应，在硅片表面形成固态薄膜。例如，以硅烷、氨作为反应气体，采用 PECVD 沉积 $SiN_x$，薄膜的反应式为[24, 25]

$$3SiH_4 \xrightarrow[450\,℃]{\text{等离子体}} SiH_3^- + SiH_2^{2-} + 6H^+$$

$$2NH_3 \xrightarrow[450\ ℃]{等离子体} NH_2^- + NH^{2-} + 3H^+$$

总反应式为

$$3SiH_4 + 4NH_3 \xrightarrow[450\ ℃]{等离子体} Si_3N_4 + 12H_2 \uparrow$$

实际上，所形成的膜并不是严格按氮化硅的化学计量比 3:4 构成的，其中氢原子的含量高达 40%，写作 $SiN_x:H$。因此将反应式表述为[26]

$$SiH_4 + NH_3 \xrightarrow[350\sim 450\ ℃]{等离子体} SiN_x:H + H_2 \uparrow$$

与其他 CVD 沉积方法相比，PECVD 沉积技术的优点是：等离子体中含有大量高能量的电子，可提供化学气相沉积过程所需的激活能。由于与气相分子的碰撞促进气体分子的分解、化合、激发和电离过程，生成高活性的各种化学基因，从而显著降低了 CVD 薄膜沉积的温度，实现了在低于 450 ℃ 的温度下沉积薄膜，而且在降低能耗的同时，还能降低高温引起的硅片中少子寿命衰减。此外，这种沉积方法还有利于电池的规模化生产。

#### 6.3.1.2　PECVD 沉积技术类型

PECVD 沉积设备有两种分类方法。按结构形式可分为平板式和管式。按等离子体的激发方式可分为直接式和间接式。

1）平板式和管式。

平板式 PECVD 是基片水平放置在卡位上，沉积系统分为上下两个平板；而管式 PECVD 中，基片竖直放置在石墨舟上，然后将舟推入石英管中进行反应，电极通常垂直放置。平板式和管式 PECVD 的设备结构如图 6-29 所示。

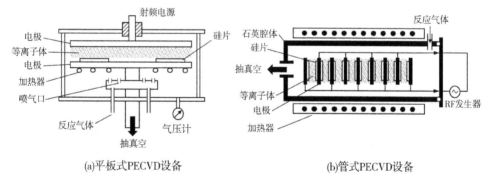

(a)平板式PECVD设备　　　　　　　　　　(b)管式PECVD设备

**图 6-29　平板式和管式 PECVD 沉积系统结构示意**

2）直接式和间接式。

直接式设备中，电极置于真空腔内，并将硅基片作为一个电极，直接与等离子体接触。这种方法能使电池表面更清洁、活性更高，基底表面电场分布均匀，所以硅基片受热均匀，获得更均匀的薄膜。但是等离子体的轰击会使硅片表面受到损伤，影响表面钝化。间接式设备中，将高频线圈置于真空腔外，等离子体在反应腔外面的设备中产生。等离子体由石英管导入反应腔中，反应气体 $SiH_4$ 直接进入反应腔。由于等离子体激发源远离放置硅片的反应腔，与硅片直接置于电极上的直接式沉积相比，等离子体对硅片表面的损伤要小得多。间接式 PECVD 的沉积速率高于直接式沉积，有利于大规模生产，但不易获得均匀的薄膜。直接式 PECVD 有平板式和管式两种，而间接式 PECVD 只有平板式。

采用 PECVD 方法低温沉积 $SiN_x$ 绝缘介质薄膜时，等离子体通常采用射频激发方法产生。按射频电场的耦合方式不同，PECVD 又可分为电容耦合和电感耦合。电容耦合属于低密度等离子体，沉积速率慢，但是相对均匀。而电感耦合法(ICP)属于高密度等离子体，沉积速率快，但是相对较难做到大面积均匀薄膜的沉积。

以上各方法又可按产生等离子体激发频率，分为直流、低频($10\sim500$ kHz)、高频(常用 13.56 MHz)、超高频($30\sim100$ MHz)和微波(2.45 GHz)激发等激发方式。低频 PECVD 沉积薄膜均匀性好，而且电源稳定性高，但是沉积速率较慢。对于微波频率 PECVD 技术，沉积速率很高，但是均匀性较差，可以通过基片运动得到提升。

目前在产业化中比较典型的 PECVD 技术是 40KHz 的管式直接法 PECVD 设备和微波间接法 PECVD 设备。

管式直接法 PECVD，如图 6-29(b)所示，这种结构的优点是，等离子体轰击硅片表面，可使其中所含有的氢原子深入硅片中，加强对硅片表面甚至体内的钝化效果。但是这种优势更多地针对多晶硅片，因为多晶硅片有很多晶界及晶粒内部的缺陷，氢离子的深入可以有效地钝化这些缺陷；而单晶硅片体内缺陷很少，钝化主要是表面钝化，这种氢离子的深入作用效果会弱很多，反而会因为轰击作用致使表面损伤严重，形成更多的表面缺陷，使表面复合速率提高。这种由轰击造成的表面损伤在后续的退火工艺中可以很好地去除。另外，这种低频沉积 PECVD 速度较慢，沉积时间较长，可以通过增加管内同时放置的硅片数目来提高沉积效率。

微波间接法 PECVD 装置，一般采用微波频率为 2.45 GHz 的电源激发产生等离子体，也称为电子回旋共振(ECR)方法 PECVD。如图 6-30 所示，微波能量由微波波导耦合导入反应室，在反应室中将 $NH_3$(工作气体 1)离化，产生 $H^+$ 和 $N^-$，这两种离子与 $SiH_4$(工作气体 2)碰撞，使其分解为硅离子，硅离子与 $H^+$ 和 $N^-$ 反应形成 $SiN_x:H$ 沉积在样品表面。

微波法 PECVD 有诸多优势：沉积速率较高，典型值可以达到 0.67 nm/s，而 40 kHz 直接法 PECVD 的典型沉积速率仅为 $0.1\sim0.3$ nm/s；等离子体辉光区与样品区分离，不会产生等离子体轰击引起的表面损伤，表面少子寿命不受影响；微波等离子源的电场由微波天线提供，不像直接法 PECVD 设备那样需要基片的底板作为电极，因此在基片运动的情况下也可以连续释放等离子体，这样一方面提高了沉积速率，另一方面也避免了每次开启等离子电源所造成的初期不稳定性，在沉积过程中衬底的运动还可以减小薄膜的纵向不均匀性。

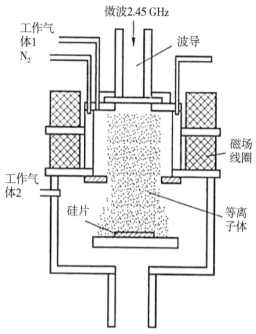

**图 6-30　微波间接法 PECVD 设备原理示意**

但是微波法 PECVD 也有缺点：等离子体与硅片不接触，导致薄膜的致密性较低；没有等离子体对氢的驱动作用，使氢只能分布在 SiN$_x$ 薄膜中，很难进入基片中，多晶硅片这种内部缺陷较多的基片无法得到较高的钝化性能；没有等离子体对硅片表面的直接轰击作用，使镀膜前表面上天然生长的氧化膜对于后续制备的 SiN$_x$ 的效果有较大影响。在实际生产中，如果硅片在空气中放置时间较长，会生成较厚的天然氧化膜，其上生长的 SiN$_x$ 膜的钝化效果会下降，要求在清洗后较短的时间内即将硅片放入 PECVD 设备制膜。而直接法由于有等离子体对表面的直接轰击，可以将这层天然生长的 SiO$_x$ 膜部分去除，因此直接法 PECVD 对清洗后到制膜之间的时间间隔的要求不是很严。

综上所述，直接法与间接法各有优势和缺陷，在工业领域实际应用中，微波法在操作上更加便于机械化的连续作业，而且均匀性较高，成品率较高。因此，尽管其电池效率稍逊于直接法，但在工业中得到了非常广泛的应用。但是，随着对电池效率的要求越来越高，以及清洗过程的改进使硅片表面状态变得更加一致，直接法 PECVD 越来越显示出其优越性，后续建设的追求更高效率的生产线中，管式直接法 PECVD 设备的比例在上升。

### 6.3.1.3　PECVD 沉积氮化硅的钝化性能

SiN$_x$ 膜沉积后，在加热炉中经过短时间的高温热处理，氢将从 SiN$_x$ 膜中的 Si-H 和 N-H 释放出来，一部分与表面的悬挂键结合，另一部分扩散进基片中，与体内的悬挂键结合，完成表面钝化和体钝化。

在 SiN$_x$ 钝化的诸多工艺参数中最重要的是薄膜中的 Si 与 N 的比，这个比例对薄膜的折射率影响最显著，而折射率又与该薄膜的减反作用和钝化作用紧密相关。

不论是直接法还是间接法 PECVD 制备的 $SiN_x$ 膜，其有效少子寿命都与折射率相关。当折射率 $n$ 接近 1.9 时，有效少子寿命最低，薄膜中的 Si 与 N 的比接近 $Si_3N_4$ 化学剂量比。当折射率提高时，薄膜中硅含量随之升高，有效少子寿命显著升高；当折射率达到 2.1～2.2 时，少子寿命达到饱和，之后继续提高折射率，少子寿命不再提高。[27-29]

#### 6.3.1.4 氮化硅薄膜的质量要求

在第 5 章中，我们总结了影响薄膜减反射能力的因素，主要由薄膜折射率和厚度，PECVD 氮化硅膜的质量要求如下所述：

（1）折射率。PECVD 氮化硅膜折射率 $n$ 的控制范围为 2.0～2.15。氮化硅膜折射率可随 Si 与 N 的比在 1.8～2.4 范围内变化。

（2）膜厚。氮化硅膜的厚度控制范围：单晶，70～83 nm；多晶，70～89 nm。随沉积设备不同有一定的差异。

（3）颜色。淀积后硅片表面颜色为深蓝且均匀。不同氮化硅厚度的太阳电池表面呈现不同的颜色，深蓝色表明氮化硅膜的厚度为 80 nm 左右。

PECVD 质量检测项目主要是膜厚、折射率、反射率、少子寿命、致密性、外观颜色和均匀性等。外观颜色和均匀性等通过目测检查；致密性测定是将镀有 $SiN_x$ 薄膜的硅片放入一定浓度的 HF 溶液中进行腐蚀，以腐蚀速度的快慢来衡量；膜厚、折射率使用椭圆偏振光测试仪测量，反射率通过反射仪测量。

## 6.3.2 氧化硅钝化技术

二氧化硅薄膜在半导体领域被广为应用，制备 $SiO_2$ 膜有以下三种常用的方法：

（1）热氧化法。

干氧氧化：

$$Si + O_2 \longrightarrow SiO_2$$

湿氧氧化：

$$Si + 2H_2O \longrightarrow SiO_2 + 2H_2$$

（2）PECVD 沉积法。

（3）室温湿法氧化法。

其中，热氧化的温度通常很高，在 900～1200 ℃。干氧氧化生长的膜质量很高，但是其生长速率很低（小于 1.7 nm/min），而湿氧氧化膜质量较低，但是生长速率很高（大于 29 nm/min）。热氧化的 Si-SiO_2 体系在实验室太阳电池中表现出了非常好的钝化特性[30,31]，虽然在规模化生产中很少使用，但可以在制备高效电池或者在制备叠层钝化膜时使用。澳大利亚新南威尔士大学研发的 PERL 电池中，利用了热氧化 $SiO_2$ 的钝化作用，获得了 24.7% 的转换效率[32,33]。

目前硅太阳电池产业中，氧化硅钝化层主要应用在 TOPCon 电池中，成本高昂的热氧化工艺显然不满足大规模产业化的要求。因此，湿化学氧化、紫外线激发臭氧氧化等技术得到了发展，结合氢化、后退火等工艺获得高质量钝化界面，在 TOPCon 电池产业中都有所应用。[34]

## 6.3.3　氧化铝钝化技术

### 6.3.3.1　氧化铝沉积方法

目前制备 $Al_2O_3$ 的方法有原子层沉积（ALD）法、等离子体辅助 ALD 法、热解沉积法、离域 PECVD 法、分子束外延、沉积 Al 后氧化法等。

1）ALD 法[35]。

原子层沉积是化学气相沉积的一种特殊形式。沉积过程中，交替通入反应气体（前驱体），与基片表面官能团发生反应。前驱体在气相中并不相遇，通过惰性气体 Ar 或 $N_2$ 冲扫隔开。这种反应属于自限制性反应，当一种前驱体与另一种前驱体反应达到饱和时，反应自动终止，可通过原子层尺度上控制沉积过程。通常采用两种前驱体反应物，通过轮番反应形成多层膜，在一种反应物反应之后要通过抽气将其抽空，再通以另一种反应物，两种反应物相互作为反应的表面官能团，将其抽空后完成一个循环，每个循环的典型厚度为 0.5～1.5 Å。这些循环可以一直持续下去，直至达到所需的厚度。基于原子层生长的自限制性特点，用原子层沉积制备的薄膜具有厚度可精确控制、表面平滑、均匀性好、无针孔、重复性好且可在较低温度（100～350 ℃）下进行沉积等特点。

$Al_2O_3$ 层的沉积通常使用三甲基铝［$Al(CH_3)_3$，TMA］作为铝源。水、臭氧或来自等离子体的氧自由基作为氧源。使用水及臭氧直接进行的反应称为热 ALD，而借助等离子体进行的反应称为等离子体辅助 ALD。[36-38]

2）PECVD 法。

在 ALD 技术应用之前，$Al_2O_3$ 的沉积基本使用 PECVD 技术，所使用的源为 $Al(CH_3)_3$ 或 $AlCl_3$。近几年，PECVD 被用来改进 ALD 的一些缺点。最早使用电容性的 PECVD 系统在 $Al(CH_3)_3$、$H_2$、$CO_2$ 的混气中产生等离子体进行沉积。微波 PECVD 的引入使 $Al_2O_3$ 沉积得到一定的进展，使用 2.45 GHz 的微波脉冲，$N_2O$、$Al(CH_3)_3$、Ar 作为反应气体，沉积速率可以达到 100 nm/min。最近又发展出了脉冲式 $Al_2O_3$ 喷气工艺，对薄膜特性进行控制。综合各方面的报道，使用 PECVD 法制备的 $Al_2O_3$ 膜的钝化特性已经可以与 ALD 技术制备的膜相比拟。[39,40]

3）其他方法。

有报道使用常压等离子体化学气相沉积（APCVD）法制备 $Al_2O_3$ 膜，使用的前驱体为三异丙基氧化铝，并已经开发出了可以沉积大尺寸 $Al_2O_3$ 膜的 APCVD 设备。磁控溅射技术也可以沉积 $Al_2O_3$ 膜，使用磁控溅射铝靶，在 $O_2$/Ar 气氛下沉积速率可达 4 nm/min，但是磁控溅射制备的膜的钝化特性比 ALD 和 PECVD 法制备的膜要差[41]。

### 6.3.3.2　传统 ALD 和"空间 ALD"

图 6-31 展示了 ALD 沉积 $Al_2O_3$ 的反应过程。由于水蒸气被吸附，放入腔体的

硅片表面带有羟基，如图6-31(a)所示，TMA与吸附的羟基团发生反应，生成反应产物甲烷。反应式为

$$Al(CH_3)_3(g) + Si\text{-}O\text{-}H(s) \longrightarrow Si\text{-}O\text{-}Al(CH_3)_2(s) + CH_4(g)$$

TMA与羟基不断发生反应，直到表面被全部钝化，铝原子与甲基团将覆盖在整个硅表面上，如图6-31(c)所示。TMA与TMA相互之间不会发生反应，反应被限定，即使TMA过量，硅片表面也只能生成单层，所以膜层非常均匀。然后，用惰性气体将反应后剩余的TMA分子和反应产物甲烷一起吹扫出腔外，完成反应的前半段。

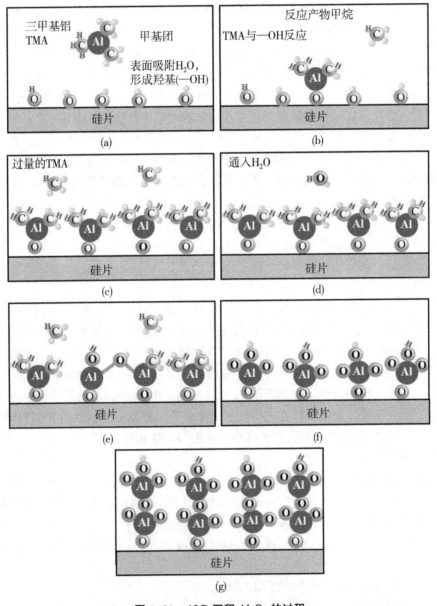

图6-31 ALD沉积 $Al_2O_3$ 的过程

将 TMA 和甲烷吹出后，水蒸气被脉冲输入反应腔，开始进行反应的后半段，即进行热 ALD 反应。水蒸气中的水分子会很快与悬挂的甲基团 Al—CH₃ 发生反应，形成 Al—O 键和新的表面烃基团，并吸附在硅基底表面，如图 6-31(e)所示。氢与甲基团反应生成甲烷，过量的水蒸气不会和表面烃基团发生反应，与反应产物甲烷一起用真空泵抽出，完成一个完整的循环，生成第一层氧化铝单原子层。后半段的反应式为

$$2H_2O\ (g) + Si\text{-}O\text{-}Al(CH_3)_2(s) \longrightarrow Si\text{-}O\text{-}Al(OH)_2(s) + 2CH_4(g)$$

而后，等待再次 TMA 的脉冲输入，开始下一个循环，再次生成甲烷。重复上述过程，交替输入 TMA 和水蒸气，完成原子层的沉积。

在传统的 ALD 工艺中，通过交替改变前驱体气体进行两步反应，在两个"半反应"之间，反应腔室需要经过惰性气体的吹扫清洗，以避免发生寄生的化学气相反应影响 ALD 工艺。虽然表面上生长只需几毫秒的时间就能完成，但是将残余的前驱工艺气体和反应产物排出腔室的真空泵抽气过程却需要几秒，导致生长膜层速度很慢，一般为 2 nm/min 左右，所以传统的 ALD 工艺并不适用于太阳电池的工业化生产[42]。

Poodt 等提出了一种高速沉积的技术，称为"空间 ALD"方法。这种方法将两个"半反应"的反应气体在空间上进行隔离，取消了传统工艺中两步反应中间的真空泵抽气步骤，使沉积速率提高到 70 nm/min。空间 ALD 装置原理如图 6-32 所示。[42, 43]

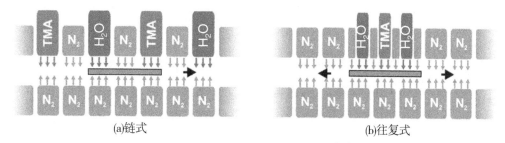

(a)链式　　　　　　　　　(b)往复式

**图 6-32　空间 ALD 装置原理示意**[42]

TMA 和水蒸气从反应腔的顶端进入，两种前驱体之间用压缩氮气流所形成的气体支撑盘隔离开，硅片悬浮于气体中在一个轨道上传输，在不同反应腔室进行沉积。由于两个反应区域已被氮气流密封，可有效地避免工艺气体之间的相互干扰，可在常压条件下实施沉积。硅片可以是链式传输，依次经过反应腔室，大约每传输 1 m 可以沉积 1 nm，也可以在两个反应腔室间往返运动。

### 6.3.3.3　Al₂O₃ 的叠层结构

1）Al₂O₃/a-SiNₓ 叠层。

制备 SiNₓ 的高温过程可以作为 Al₂O₃ 的钝化激活，SiNₓ 盖层也可以扩展丝网印刷工艺的窗口。当这种叠层结构用作背表面时可以改善其化学稳定性。金属浆料直接用于背表面的 Al₂O₃ 时，会使浆料在烧结过程中形成块状开裂的现象。富含 N 元素的 SiNₓ 似乎更加坚固并且化学稳定性更高，因此这种盖层可以使 Al₂O₃ 免受金属浆料的损坏。此外，当 SiNₓ 用在背表面时可以增加背表面薄膜的厚度，减少背表面的光反射。[44, 45]

2）SiO$_2$/Al$_2$O$_3$ 叠层。

Al$_2$O$_3$ 作为 SiO$_2$ 的盖层对 n 型和 p 型硅都具有钝化的潜力。不论采用何种方法制备，Al$_2$O$_3$ 对于 SiO$_2$ 的钝化特性和稳定性都具有很好的改善作用[46-48]。已研究了多种方法制备 SiO$_2$ 层，包括热氧化、PECVD、ALD。

包含热氧化 SiO$_2$ 的叠层钝化膜经 N$_2$ 退火的 $S_{eff}$ <4 cm/s，略低于单层 SiO$_2$ 经 N$_2$、H$_2$ 混合气的 5 cm/s[48,49]。大于 10 nm 厚度的 Al$_2$O$_3$ 就足以完全激活叠层膜的钝化活性（图 6-33）。此外，采用低温法制备的钝化特性较差的 SiO$_2$ 可以被超薄的 Al$_2$O$_3$ 非常明显地改进。使用 PECVD 和 ALD 法生长的 SiO$_2$ 膜（10～85 nm），经 Al$_2$O$_3$ 盖层改进后可使 $S_{eff}$ 小于 5 cm/s[46]。此外，叠层钝化膜具有很好的烧结稳定性，并且不像单层 SiO$_2$ 膜那样存在长期不稳定性[47,49-51]。

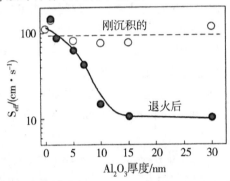

图 6-33　SiO$_2$/Al$_2$O$_3$ 叠层钝化特性与 Al$_2$O$_3$ 厚度的关系

SiO$_2$/Al$_2$O$_3$ 叠层膜出色的钝化特性归因于其很低的界面态密度（即 $D_{it}$ < $10^{11}$ cm$^{-2}$·eV$^{-1}$）。这点可以从图 6-34 的 SiO$_2$/Al$_2$O$_3$ 叠层膜对 p 型硅的 $C-V$ 曲线看出。从图 6-34 中可见，电容对频率的依赖关系几乎可以忽略，表明了非常好的界面 p 型硅的质量。而这种低的表面陷阱态密度是由于在退火过程中 Si-SiO$_2$ 界面的氢化受到 Al$_2$O$_3$ 盖层的影响[48]。在退火过程中 Al$_2$O$_3$ 作为牺牲层来确保 SiO$_2$ 的钝化。一种假设是 Al$_2$O$_3$ 层中 Al 与 H$_2$O 分子氧化，形成 AlO$_x$ 和 H 原子，而这些原子氢到达表面使表面缺陷钝化[52]。这层 Al$_2$O$_3$ 层也可以用 HF 移去而不改变钝化特性。

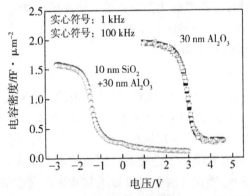

图 6-34　PECVD 制备的 SiO$_2$/Al$_2$O$_3$ 叠层钝化膜和单层 Al$_2$O$_3$ 膜的低频和高频 $C-V$ 结果

叠层钝化膜的场钝化效果随着 $SiO_2$ 层厚度的增加迅速下降[46, 49]。如图 6-34 中 $C-V$ 曲线所示，PECVD 制备的 $SiO_2/Al_2O_3$ 叠层膜的平带电压发生明显变化。在 $SiO_2$ 层厚度为 0 时，平带电压为 +3 V 左右，这表明薄膜中的 $Q_f$ 为负值，必须外加正电荷才能抵消负 $Q_f$ 引起的能带弯曲形成平带；而当 $SiO_2$ 层厚度为 10 nm 时，平带电压平移到 -1.5 V 左右，表明 $Q_f$ 为正值，必须外加负电荷才能抵消正 $Q_f$ 引起的能带弯曲形成平带。其他的研究也观察到当 ALD 制备的 $SiO_2$ 层厚度为 1～5 nm 时，场钝化效果明显下降[46]。总的来看，$Al_2O_3$ 与 $SiO_2$ 的界面带有负电荷，而 Si 与 $SiO_2$ 的界面带有正电荷，随着 $SiO_2$ 层厚度的增加，其中的正电荷逐渐增加，而 $Al_2O_3$ 与 $SiO_2$ 的界面逐渐远离 Si 表面，它所发挥的场纯化效果越来越弱，因此表面由负电荷转变为正电荷。这种表面固定电荷的变化还与 $SiO_x$ 层中的正电荷量有关：对于热氧化生成的 $SiO_2$ 层，其正电荷较少，而使用低温法生长的 $SiO_x$，其正电荷较多。这种场钝化效应的降低也更常见于 $SiO_2/SiN_x$ 叠层之中[49]。因此，叠层膜不仅可以优化其光学和物理特性，还可以用来对衬底材料的钝化机理进行调整。

## 6.3.4　非晶硅钝化技术

氢化非晶硅(a-Si:H)对单晶硅片具有很好的钝化效果。利用 PECVD 可以在很低的温度(200～250 ℃)下沉积 a-Si:H 薄膜。低温沉积 a-Si:H 薄膜的主要优点是既弱化了杂质向基体扩散，又降低了电池的制造能耗。利用 a-S:H 薄膜钝化晶体硅太阳电池，可以获得低的表面复合速率和优良的陷光性能，形成良好的欧姆接触。三洋公司最早利用本征和掺杂 a-Si 钝化层钝化作用开发的 HIT 太阳电池，其转换效率大于 20.0%。a-Si:H 的缺点是热稳定性较差，高温下容易晶化，因此除 HIT 电池外应用于常规电池的制造尚有一定的困难。

非晶硅沉积一般就是在低温(如 560 ℃)低压(约 1 Torr)下由硅烷分解为硅和氢气，反应式如下：

$$SiH_4 \longrightarrow Si + 2H_2$$

在工厂中有多种反应可以沉积氧化硅，在实验室中方法则更多，这取决于应用场景、温度限制、设备条件等因素。通常使用硅烷(silane)和多种氧化剂，通过 PECVD 的方式进行。发生的反应如下：

$$SiH_4 + O_2 \longrightarrow SiO_2 + 2H_2 \text{(氧气有限的情况下)}$$
$$SiH_4 + 2O_2 \longrightarrow SiO_2 + 2H_2O$$

两个反应在 450 ℃ 常压的沉积条件下会同时进行。第一个反应也会在氩气或氦气氛围中、硅烷与氧气比为 10:1、压力为 15～300 mTorr、温度范围为 200～300 ℃ 的条件下发生。通过加入掺杂气体如乙硼烷($B_2H_6$)或磷化氢($PH_3$)，上述两个反应可用来制备掺杂氧化硅。

另一个常用的沉积反应是使用二氧化碳为氧化剂，温度范围为 200～600 ℃，压力通常小于 1 Torr。

一氧化二氮($N_2O$)是另一个常用的氧化剂，可以和硅烷一起在 $200 \sim 350 \ ℃$ 下反应，一氧化二氮与硅烷比为 $(15 \sim 30):1$。一氧化二氮也可以和二氯甲硅烷在低压（小于 1 Torr）、$850 \sim 950 \ ℃$ 条件下反应，反应式如下：

$$SiCl_2H_2 + 2N_2O \longrightarrow SiO_2 + 2HCl + 2N_2$$

过氧化氢($H_2O_2$)是很好的氧源。反应分多步，首先是形成气态的硅酸，伴随着聚合反应和 $H_2O$ 的剥离，反应式如下：

$$SiH_2 + 2H_2O_2 \longrightarrow Si(OH)_4$$

$$H[OSi(OH_2)]_nOH \longrightarrow nSiO_2 + (n+1)H_2O$$

## 6.4 电极的丝网印刷技术

丝网印刷方法具有制作成本低、生产量高等特点，是目前规模化生产中普遍采用的方法。除了采用丝网印刷方法制作电极外，还可采用其他方法，如刻槽埋栅法，使用激光刻划或者机械刻划的方法在电池表面刻出沟槽，在沟槽内重掺杂之后将金属电极材料填充在沟槽内，形成电极。这种方法制作的电池转换效率高，但成本也高，一般用于制作高效电池。另有一种正在研制的方法是喷墨打印法。这种方法使用气体带动金属浆料从特制的喷枪嘴喷出，沉积到电池表面形成电极，这种方法形成的电极具有较好的高宽比，但设备和工艺尚未成熟，还不能应用于规模化生产。也有人研究模板印刷方法，以期提高太阳电池转换效率。

### 6.4.1 丝网印刷原理

图 6-35 显示了丝网印刷金属电极的过程。在印刷前，首先设计印刷图案并制作网版，网版和硅片之间无接触。然后在网版面上加入印刷浆料，通过刮刀将压力施加于浆料上，在刮刀的运动下，挤压浆料使其通过网版开口处到达硅片。网版不开口的位置不通过浆料，这样将浆料按照网版图形转移到了硅片上。由于浆料具有一定的黏性，因此所印刷图形可以保持与网版图形一致。在印刷过程中，刮刀始终与网版及硅片接触。由于网版的弹性和丝网间距的存在，丝网与硅片呈移动式线接触，而丝网其他部分与硅片呈分离状态，这样就保证了印刷尺寸的准确度并避免了弄脏硅片。刮板从网版的一端运动到另一端后抬起，同时丝网也与硅片分离，丝网工作台返回到上料位置，完成一个印刷行程。

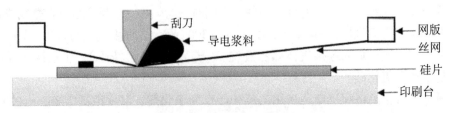

图 6-35 丝网印刷工艺示意

### 6.4.2 印刷用网版

丝网印刷的网板由网框、丝网和掩膜图形构成,如图 6-36 所示。尼龙或不锈钢丝网绷在网框上,掩膜图形用照相腐蚀方法制作在丝网上。有感光胶的部分在印刷时不通过浆料,无感光胶的部分为开口部分,在丝印过程中通过浆料。太阳电池用网版的各种参数具有一定的相关性,在使用中要随着浆料的特性而调整,丝网的目数、厚度、张力都会影响印刷效果。

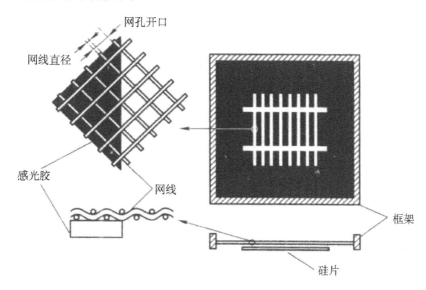

**图 6-36 丝网印刷网版示意**

(1)丝网目数。丝网目数即每英寸内网孔的个数,用来说明丝网的丝与丝之间的疏密程度。目数越高丝网越密,网孔越小;反之,目数越低丝网越稀疏,网孔越大。因此,网版目数和线径确定之后,开口尺寸及开口率就确定了。在丝印过程中,网孔越小,印刷图形准确度越高,但浆料通过性越差;网孔越大,印刷图形准确度越低,但浆料通过性越好。丝网的目数及丝径决定印刷图形的宽度。在电池制备工艺中,背面银电极或铝电极由于实际图形不复杂,对目数要求较低,一般 250 ~ 280 目即可。正银是印刷过程中图形最复杂和精密的,对栅线宽度要求较高,一般需要 300 ~ 330 目,目数太高将不利于浆料的通过。在电极丝印中,网孔要几倍大于浆料中的金属颗粒。

(2)丝网厚度。丝网厚度指丝网表面与底面之间的距离,一般以毫米(mm)或微米(μm)计量。厚度应是丝网在无张力状态下静置时的测定值。厚度由构成丝网的直径决定。

(3)丝网张力。丝网的张力与丝网的材料和目数及线径有关。目数越低、丝线越粗,丝网承受的张力越大。不锈钢丝网较尼龙丝网张力小。当丝网张力太高时,在刮板压力作用下会出现开口扩大，从而导致图形变形；丝网张力太低会导致丝网松弛，同样会影响印刷质量。在电极印刷过程中，影响网版寿命的主要因素为网版张力，在网版经过多次反复印刷后会出现张力变低、网版松弛的问题，这时应考虑更换网版。对印刷电极而言，金属网线比尼龙网线更好，因为它们可以制备出更细的且有更好高宽比的电极，可以使用更长时间而不会损坏，清洗维护也更少。

当浆料通过网版的空隙时成块状，如图6-37所示，这个块状浆料的厚度由网版参数决定。由于浆料的流动性，块状浆料流动形成均匀厚度的膜，最终的膜厚低于网版参数决定的膜厚。印刷厚膜在烘干前的高度 $S^*$ 可由以下公式决定：

$$S^* = (S \times A) + S_e \tag{6-16}$$

其中，$S$ 为丝线直径，$A$ 为开口比例，$S_e$ 为感光胶厚度。

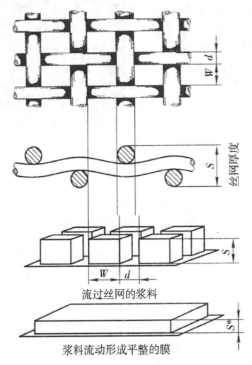

图6-37　丝印浆料的厚度和网版参数之间的关系

印刷膜厚度主要由丝网厚度决定，如图6-38所示。通常平织丝网的厚度略大于线径的2倍，由于太阳电池使用的不锈钢丝网的网线很细，丝网的厚度可按线径的2倍计算。压延丝网的厚度可以达到与线径基本相同，而3D丝网的厚度约为线径的3倍。通常使用的丝网是平织结构，其精度较高。

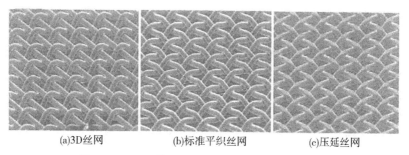

(a)3D丝网　　　　　　　(b)标准平织丝网　　　　　　(c)压延丝网

图 6-38　不同的丝网结构，对应不同的丝网厚度

## 6.4.3　浆料

浆料是将活性材料转移到硅片表面的载体，是电极形成的关键材料。除影响到印刷质量外，还在一定程度上决定发射区的掺杂特性，并直接决定了所需的烧结工艺。在晶体硅太阳电池生产中，印刷电极所需浆料分别为正银、背银及背铝。

### 6.4.3.1　浆料的作用

经过烧结后，浆料对电池有多种作用，主要是形成电池的接触电极和铝掺杂的背表面场等，显著提高了电池转换效率。

1）形成电池接触电极。

电极结构太阳电池的电极分为正面电极和背面电极，分别位于电池的正面和背面两个表面上，正面是指电池的受光面。对基底为 p 型材料的晶硅电池，正面电极与 n 型区接触，是电池的负极；背面电极与 p 型区接触，是电池的正极。为使电池表面接收入射光，正面电极做成栅线状。为了增大透光面积，使绝大部分入射光进入电池，同时保持良好的导电性，使通过电池正面扩散层的方块电阻尽可能多地收集电流，栅线宽度要尽可能小，厚度要尽可能大。由于栅线电极细而长，需要用高导电率的银浆制造。电池背面电极是 2～4 条银主电极，再加上用铝浆烧结后覆盖电池全部背表面，可有效收集太阳电池内的电流。也可以直接用铝浆栅线，呈网格状交叉布满整个背面，再加印主电极。

2）形成背面场。

印刷的铝浆经过烧结后，可在 p 型硅电池背面形成背场，机理是基于铝对硅的掺杂。

硅片表面印刷上铝浆后，在烧结炉里进行烧结，温度低于共晶温度 577 ℃时，铝与硅不发生作用。当温度升到高于共晶温度时，在铝-硅交界面处，铝原子和硅原子相互扩散。随着时间的增加和温度的升高，硅、铝熔化，界面处变成铝-硅熔体，冷却后形成硅固熔体，部分铝析出形成再结晶层。实际上，这也是对硅的铝掺杂过程，铝为 p 型杂质源，在足够厚的铝层和合金温度（800 ℃）下，利用 p 型杂质源铝对磷掺杂的补偿作用能有效地除去 $n^+p$ 背结。同时，在电池背面产生一层 $p^+$ 浓掺杂层，与电池基底 p 区形成 $pp^+$ 浓度结，建立从 p 区指向 $p^+$ 区的自建电场，称为背面场。

### 6.4.3.2　浆料的成分

印刷电浆料需要具有一定的流动性、黏性及导电性。对正银电极浆料而言，还需对介质膜具有一定的腐蚀性。制作太阳电池电极浆料通常由银、铝等导电金属粉体组成的功能组分、低熔点玻璃等材料组成的黏结组分和有机载体混合而成。

1）金属粉体材料。

金属粉体所占的比例决定了电极的电学性能和机械性能，如电阻率、可焊性和成本。金属粉料用化学方法或超音速喷射方法制成。电极中各金属颗粒之间通过接触和隧穿等方式导电。

金属粉体材料的选择必须具备下列条件：能与硅形成欧姆接触，接触电阻小，导电率高，接触牢固和化学稳定性好，材料本身纯度高。在金属材料中，银的特性是熔点为 961.78 ℃，室温时电阻率为 $1.586 \times 10^{-6}$ Ω·cm；银的特征氧化活性较低；有很好的柔韧性和延展性，导电性和导热性都很好。为减少电极遮光面积，正面电极必须设计成细栅状，具有高导电性能的银材料能较好地满足栅状电极的导电性要求，同时银-硅合金和银-铝合金的共熔温度较低，使其也能满足工艺上的要求。

用金属银粉做成银浆，掺加含氧化铅的硼酸玻璃粉（主要成分为 PbO、$B_2O_3$ 和 $SiO_2$）。其作用是通过高温烧结时玻璃粉中的硼酸成分与正面具有电绝缘性的减反射膜氮化硅反应，并刻蚀穿透氮化硅薄膜，让银渗入硅中形成局部区域的电接触。铅的作用是通过银-铅-硅共熔，降低银的熔点，银-铅二元合金系统的最低液相温度为 304 ℃。

银和被腐蚀的硅同时溶入浆料中，冷却时浆料中的铅和银分离，多余的硅在硅片上外延生长，从玻璃中析出的银粒则在硅片表面上随机生长，在晶面上结晶，与表面形成欧姆接触。为了获得优良的欧姆接触，银浆中还需掺少量的Ⅳ、Ⅴ族或过渡族元素，共同烧结而成。材料成分、厚膜工艺和固相反应等因素使银-硅界面状态比较复杂，其能带结构与势垒高度与理论值差距较大，欧姆接触性能通常由测量值决定。

综合考虑烧结温度、导电性能、附着力及材料成本等因素，用于正面和背面的高导电性和可焊接电极浆料的功能组分选用银是最合适的，银浆料中的银含量大于70%。当然，由于银是半导体硅的深能级杂质，对非平衡少数载流子起复合中心的作用，会影响太阳电池的转换效率，因此，在电极设计时应尽可能减小它与硅基片的接触面积。

铝具有良好的导电性能，电阻率为 $2.65 \times 10^{-6}$ Ω·cm，是一种 p 型掺杂剂。使用铝作为晶体硅太阳电池的 p 型接触电极材料，能形成低电阻的欧姆接触。同时，铝浆烧结掺杂会使原本掺硼的 p 型片背面形成数微米厚的一层重掺杂 $p^+$ 型 Si 层，形成 $pp^+$ 浓度结，有效地阻挡了电子向背表面移动，降低了背表面的少数载流子的复合速度，提高了电池的开路电压和转换效率。金属铝具有优良的导热性，其热传导率为 0.343 cal/(cm·s·℃)；金属铝的延展性和化学稳定性均比较好，在空气中其表面能形成一层致密的氧化膜，不易进一步氧化。此外，铝、硅的共熔点低，可在较低温度下进行烧结，并且铝的价格较低。总之，采用铝浆黏结制作电极很适合大规模生产的工艺要求。

2）黏结材料。

低熔点玻璃起黏结的作用，关系到厚膜电极对硅基片的附着力。低熔点玻璃粉料需要在球磨机中研磨到适合丝网印刷的颗粒度，直径为 $1 \sim 3$ μm。为了使电极浆料印刷烧结后能与硅基片形成良好的欧姆接触，还应添加一些特定的掺杂剂。

3）有机载体材料。

有机载体是金属粉末和低熔点玻璃粉料的临时黏结剂。它包括有机高分子聚合物、有机溶剂、有机添加剂等。有机载体用于调节浆料的黏度，改变其流变性，改变固体粒子的浸润性、金属粉料的悬浮性和流动性，以及浆料整体的触变性。浆料的触变性决定了印刷质量的优劣。具有触变性的浆料，在加上压力或搅拌剪切应力时，浆料的黏度下降，撤除应力后，黏度恢复。丝网印刷过程中，浆料添加到丝网上，能黏在丝网上；当印刷头在丝网掩膜上加压拖动浆料时，浆料黏度降低，能透过网孔，刷头停止运动后，浆料黏在丝网上，不再流动。浆料黏度必须通过添加有机载体调节到规定值。流动性太强时会减小电极图形边沿锐度，流动性弱会导致漏印。

浆料制造过程是将这些金属粉料和低熔点玻璃粉料放在搅拌器中与有机载体湿混，进行充分搅拌和分散后形成膏状的厚膜浆料。浆料的质量对电池性能有很大的影响。浆料配比成分的变化、组成材料热膨胀系数的差异等均会引起烧结后电池硅片翘弯，减小烧结后浆料的附着力。

## 6.4.4　电极浆料的烧结

太阳电池金属电极的制备工艺包括 3 次印刷、3 次烘干和 1 次烧结。它们分别是印刷电池的背银（用于焊接）、背铝（用于背接触及背场）及正银（用于正接触），在每次印刷后需要将所印刷浆料烘干，烘干的充分与否将影响到电池后续的烧结效果。丝网印刷法制备电池电极的工艺流程如图 6-39 所示。

**图 6-39　丝网印刷法制备电池电极的工艺流程**

太阳电池的烧结工序要求是：正面电极浆料中的 Ag 穿过 $SiN_x$ 减反射膜扩散进表面，但不可到达电池前面的 p-n 结区；背面浆料中的 Al 和 Ag 扩散进背面硅薄层，使 Ag、Ag/Al、Al 与 Si 形成合金，实现优良的电极欧姆接触电极和 Al 背场，有效地收集电池内的电子。

### 6.4.4.1　**烧结原理**

烧结是在高温下金属与硅形成合金，即正面栅极的银-硅合金、背场的铝-硅合金、背电极的银-铝-硅合金。烧结也是高温下对硅片进行扩散掺杂的过程，实际上是一个融熔、扩散和物理化学反应的综合作用过程。

烧结前，印有电极浆料的硅片要经过烘干除碳过程，使浆料中的有机溶剂挥发，呈固态状的膜层紧贴在硅片上。此时，浆料是高度分散的粉末系统，其中的固体颗粒具有很大的比表面积和很不规则的表面状态，加之在颗粒的细化加工过程中造成严重的晶格缺陷等，导致浆料系统具有很高的表面自由能，处于不稳定状态。通过烧结过程，浆料中的颗粒由接触到结合、自由表面收缩、晶体间的间隙减小和晶体中的缺陷消失等过程降低了系统的自由能，使浆料系统转变为热力学中稳定的状态，最终形成密实的厚膜结构。

烧结过程是要使金属电极和硅片合金化形成欧姆接触，其原理为：当电极浆料里的金属材料和半导体硅材料加热到共晶温度以上时，晶体硅原子以一定比例融入熔融的电极合金材料中。晶体硅原子融入的数目和速度取决于电极合金材料的温度和体积。电极金属材料的温度越高，融入的硅原子数越多。合金温度升高到一定的值后，温度开始降低，融入电极金属材料中的硅原子重新再结晶，在金属和晶体接触界面上生长出一层外延层。当外延层内含有足够的与基质硅晶体材料导电类型相同的杂质量时，杂质浓度将高于基质硅材料的掺杂浓度，则可形成 $pp^+$ 或 $nn^+$ 浓度结，外延层与金属接触处将形成欧姆接触。

#### 6.4.4.2 烧结设备及工艺

市场中使用的烧结炉都为链式结构，总体要求是网带运行平稳、温度均匀、气流稳定，能耗低且废气排放符合环保要求，以及工作可靠。一般烧结炉体分为三部分：烘干区、烧结区及冷却区，烘干区和烧结区又分若干个温度不同的分区，冷却区为水冷，给水温度 20～25 ℃。

图 6-40 为典型的烧结炉结构示意（图中未给出冷却区），图中预烧区和烧尽区都属于烘干区，目的是挥发烘干金属浆料中的溶剂，分解排除其中的有机树脂，并碳化除焦。烧结区内进行快速加热烧结，腔室内的温度迅速上升至 1000 ℃左右。

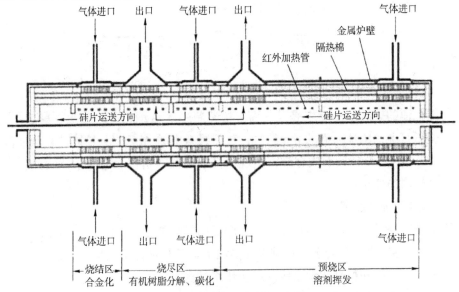

图 6-40 烧结炉结构分区示意

太阳电池浆料的烧结时间很短，仅有几分钟，分四个阶段：烘干碳化、除焦、快速加热烧结和降温冷却。图 6-41 显示了烧结曲线。

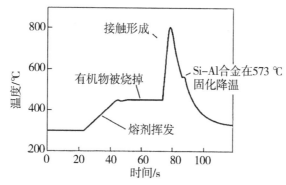

**图 6-41　典型烧结过程中温度变化曲线**

上述四个阶段对应的温度区间如下：

第一阶段烘干，温度从室温上升至约 300 ℃。在此阶段浆料中的有机溶剂挥发。有机溶剂如果挥发不干净，将在接下来的高温工艺中产生气泡，可能会导致金属层的断裂。

第二阶段为 300～500 ℃温度区。在此阶段中，乙基纤维素（ethyl cellulose）、聚乙烯醇（polyvinyl alcohol）等有机黏结剂在含氧气氛中分解、碳化。当温度达到 400 ℃以上时，浆料中的玻璃体开始软化。

第三阶段在 600～900 ℃下进行。这一阶段是电极形成的重要步骤，在此阶段，玻璃料熔化腐蚀下层介质膜，银颗粒经煅烧发生熔融或其他反应。同时，在电池背面，由于环境温度高于硅铝合金温度，硅铝发生熔融形成合金。

第四阶段为降温阶段。在此过程中，正面的银颗粒经熔融后析出沉淀在硅表面实现与硅的接触，形成正电极的接触；背面的硅从硅铝合金中析出并外延生长到硅表面，形成 p 背场，同时剩余的金属铝形成背接触。烧结过程中由于温度较高，烧结的高温历程还将影响到电池表面的钝化介质膜 $SiN_x:H$。将薄膜中的 H 释放并扩散到硅片中，钝化界面和体内的悬挂健。但是烧结温度超过 1100 ℃后氮化硅中的 H 将全部跑光，反而不利于表面钝化。

## 参考文献

[1] 阙端麟，陈修治. 硅材料科学与技术[M]. 杭州：浙江大学出版社，2000.

[2] 杨德仁. 太阳电池材料[M]. 北京：化学工业出版社，2018.

[3] 邓丰，唐正林. 多晶硅生产技术[M]. 北京：化学工业出版社，2009.

[4] BYE G, CECCAROLI B. Solar grade silicon：technology status and industrial trends[J]. Solar energy materials and solar cells, 2014, 130：634 -646.

[5] BALAJI S, DU J, WHITE C M, et al. Multi-scale modeling and control of fluidized beds for the production of solar grade silicon[J]. Powder technology, 2010, 199(1)：23 -34.

[ 6 ] HSU G, ROHATGI N, HOUSEMAN J. Silicon particle growth in a fluidized-bed reactor[ J ]. AlChE journal, 1987, 33(5): 784 −791.

[ 7 ] 陈哲艮, 郑志东. 晶体硅太阳电池制造工艺原理[ M ]. 北京: 电子工业出版社, 2017.

[ 8 ] 介万奇. 晶体生长原理与技术[ M ]. 北京: 科学出版社, 2010.

[ 9 ] ZULEHNER W. Czochralski growth of silicon[ J ]. Journal of crystal growth, 1983, 65(1/2/3): 189 −213.

[ 10 ] WU B, STODDARD N, MA R, et al. Bulk multicrystalline silicon growth for photovoltaic(PV) application[ J ]. Journal of crystal growth, 2008, 310(7/8/9): 2178 −2184.

[ 11 ] ARAFUNE K, OHISHI E, SAI H, et al. Directional solidification of polycrystalline silicon ingots by successive relaxation of supercooling method[ J ]. Journal of crystal growth, 2007, 308(1): 5 −9.

[ 12 ] BALLIF C, HAUG F J, BOCCARD M, et al. Status and perspectives of crystalline silicon photovoltaics in research and industry[ J ]. Nature reviews materials, 2022, DOI: 10.1038/s41578 −022 −00423 −2.

[ 13 ] LENCINELLA D, CENTURINIO E, RIZZOLI R. An optimized texturing process for silicon solar cell substrates using TMAH[ J ]. Solar energy materials and solar cells, 2005, 87(1): 725 −732.

[ 14 ] PALIK E D, GRAY H F, KLEIN P B. A Raman study of etching silicon in aqueous KOH[ J ]. Journal of the electrochemical society, 1983, 130: 956 −959.

[ 15 ] YANG J, LUO F, KAO T S, et al. Design and fabrication of broadband ultralow reflectivity black Si surfaces by laser micro/nanoprocessing[ J ]. Light-science & applications, 2014, 3(7): e185.

[ 16 ] SEISEL H, CSEPREGI L, HEUBERGER A, et al. Anisotropic etching of crystalline silicon in alkaline solutions. I. Orientation dependence and behaviour of passivation layers[ J ]. Journal of the electrochemical society, 1990, 137(17): 3612 −3626.

[ 17 ] 李海玲, 赵雷, 周春兰, 等. 单晶硅太阳电池中不同绒面制备方法的比较[ C ]. 常州: 第十届 中国太阳能光伏会议, 2008.

[ 18 ] VALLEGO B, GONZALEZ M, MARTINEZ J L, et al. On the texturization of monocrystalline silicon with sodium carbonate solutions[ J ]. Solar energy, 2007, 81(5): 565 −569.

[ 19 ] XI Z, YANG D, QUE D. Texturization of monocrystalline silicon with tribasic sodium phosphate [ J ]. Solar energy materials and solar cells, 2003, 77(3): 255 −263.

[ 20 ] 丁兆兵, 景崤壁, 杨进. 新型无醇单晶硅制绒添加剂的研究[ J ]. 人工晶体学报, 2012, 41: 354 −358.

[ 21 ] MATSUMOTO A, SON H, EGUCHI M, et al. General corrosion during metal-assisted etching of n-type silicon using different metal catalysts of silver, gold, and platinum[ J ]. RSC Advances, 2020, 10(1): 253 −259.

[ 22 ] SMITH Z R, SMITH R L, COLLINS S D. Mechanism of nanowire formation in metal assisted chemical etching[ J ]. Electrochimica acta, 2013, 92: 139 −147.

[ 23 ] 施敏, 李明逵. 半导体器件物理与工艺[ M ]. 王明湘, 赵鹤鸣, 译. 苏州: 苏州大学出版社, 2014.

[ 24 ] SMITH D L. Controlling the plasma chemistry of silicon nitride and oxide deposition from silane

[J]. Journal of vacuum science & technology A, 1993, 11(4): 1843 −1850.

[25] SMITH D L, ALIMONDA S, CHEN C C, et al. Reduction of charge injection into PECVD SiN$_x$H$_y$ by control of deposition chemistry[J]. Journal of electronic materials, 1990, 19(1): 19 − 27.

[26] SMITH D L. Mechanism of SiNxHy deposition from N$_2$-SiH$_4$ plasma[J]. Journal of vacuum science & technology B, 1990, 8(3): 551 −557..

[27] CLAASSEN W A, VALKENBURG J N, HABRAKEN P M, et al. Characterization of plasma silicon nitride layer[J]. Journal of the electrochemical society, 1983, 130(12): 2419 −2423..

[28] ABERLE A G, HEZEL R. Progress in low-temperature surface passivation of silicon solar cells using remoter-plasma silicon nitride[J]. Progress in photovoltaics: research and applications, 1997, 5: 29 −50.

[29] SCHMIDT J, KERR M. Highest-quality surface passivation of low-resistivity p-type silicon using stoichiometric PECVD silicon nitride[J]. Solar energy materials and solar cells, 2001, 65(1/2/3/4): 585 −591.

[30] SCHULTZ O, METTE A, HERMLE M, et al. Thermal oxidation for crystalline silicon solar cells exceeding 19% efficiency applying industrially feasible process technology[J]. Progress in photovoltaics: research and applications, 2008, 16(4): 317 −324.

[31] BENICK J, ZIMMER K, SPIEGEL J, et al. Rear side passivation of PERC-type solar cells by wet oxides grown from purified steam[J]. Progress in photovoltaics: research and applications, 2011, 19(3): 361 −365.

[32] ZHAO J, WANG A, GREEN M A. 24.5% efficiency PERT silicon solar cells on SEH MCZ substrates and cell performance on other SEH CZ and FZ substrates[J]. Solar energy materials and solar cells, 2001, 66(1/2/3/4): 27 −36.

[33] ZHAO J, WANG A, GREEN M A. High-efficiency PERL and PERT silicon solar cells on FZ and MCZ substrates[J]. Solar energy materials and solar cells, 2001, 65(1/2/3/4): 429 −435.

[34] FELDMANN F, BIVOUR M, REICHEL C, et al. Passivated rear contacts for high-efficiency n-type Si solar cells providing high interface passivation quality and excellent transport characteristics [J]. Solar energy materials and solar cells, 2014, 120(A): 270 −274.

[35] GEORGE S M. Atomic layer deposition: an overview[J]. Chemical reviews, 2010, 110(1): 111 −131.

[36] PUURUNEN R L. Correlation between the growth-per-cycle and the surface hydroxyl group concentration in the atomic layer deposition of aluminum oxide from trimethylaluminum and water[J]. Applied surface science, 2005, 245(1/2/3/4): 6 −10.

[37] GRONER M D, FABREGUTTE F H, ELAM J W, et al. Low-temperature Al$_2$O$_3$ atomic layer deposition[J]. Chemistry of materials, 2004, 16(4): 639 −645.

[38] GOLDSTEIN D N, CORMICK J A, GEORGE S M. Al$_2$O$_3$ atomic layer deposition with trimethylaluminum and ozone studied by in situ transmission FTIR spectroscopy and quadrupole mass spectrometry[J]. Journal of physical chemistry C, 2008, 112: 19530 −19539.

[39] CIBERT C, HIDALGO H, CHAMPEAUX C, et al. Properties of aluminum oxide thin films depos-

ited by pulsed laser deposition and plasma enhanced chemical vapor deposition[J]. Thin solid films, 2008, 516(6): 1290 −1296.

[40] SZYMANSKI S F, ROWLETTE P, WOLDEN C A. Self-limiting deposition of aluminum oxide thin films by pulsed plasma-enhanced chemical vapor deposition[J]. Journal of vacuum science & technology A, 2008, 26(4): 1079 −1084.

[41] LI A T, CUEVAS A. Role of hydrogen in the surface passivation of crystalline silicon by sputtered aluminum oxide [J]. Progress in photovoltaics: research and applications, 2011, 19 (3): 320 −325.

[42] TOODT P, CAMERON C, DICKEY E, et al. Spatial atomic layer deposition: A route towards further industrialization of atomic layer deposition[J]. Journal of vacuum science & technology A, 2012, 30(1): 010802.

[43] TOODT P, LANKHORST A, ROOZE F B, et al. High-speed spatial atomic-layer deposition of aluminum oxide layers for solar cell passivation [J]. Advanced materials, 2010, 22 (32): 3568 −3567.

[44] SCHMIDT J, VEITH B, BRENDEL R. Effective surface passivation of crystalline silicon using ultrathin $Al_2O_3$ films and $Al_2O_3/SiNx$ stacks[J]. Physica status solidi (RRL), 2009, 3: 287 −289.

[45] RICHTER A, BENICK J, HERMLE M, et al. Excellent silicon surface passivation with 5 Å thin ALD $Al_2O_3$ layers: influence of different thermal post-deposition treatments[J]. Physica status solidi (RRL), 2011, 5(5/6): 202 −204.

[46] DINGE G, TERLINDEN N M, VERHEIJEN M A, et al. Controlling the fixed charge and passivation properties of $Si(100)/Al_2O_3$ interfaces using ultrathin $SiO_2$ interlayers synthesized by atomic layer deposition[J]. Journal of applied physics, 2011, 110(9): 042112.

[47] DINGE G, BEYER W, VAN DE M C, et al. Hydrogen induced passivation of Si interfaces by $Al_2O_3$ films and $SiO_2/Al_2O_3$ stacks[J]. Applied physics letters, 2010, 97(15): 042112.

[48] DINGE G, EINSELE F, BEYER W, et al. Influence of annealing and $Al_2O_3$ properties on the hydrogen-induced passivation of the $Si/SiO_2$ interface[J]. Journal of applied physics, 2012, 111(9): 093713.

[49] MACK S, WOLF A, BROSINSKY C, et al. Silicon surface passivation by thin thermal oxide/ PECVD layer stack systems[J]. IEEE journal of photovoltaics, 2011, 1(2): 135 −145.

[50] DINGE G, VAN DE M C, W. KESSELS M M. Excellent Si surface passivation by low temperature $SiO_2$ using an ultrathin $Al_2O_3$ capping film[J]. Physica status solidi (RRL), 2011, 5(1): 22 −24.

[51] DINGE G, HELVOIRT A A, PIERREUX D, et al. Plasma-assisted ALD for the conformal deposition of $SiO_2$: process, material and electronic properties[J]. Journal of the electrochemical society, 2012, 159(3): H277 −H285.

[52] ABERLE A G. Surface passivation of crystalline silicon solar cells: a review[J]. Progress in photovoltaics: research and applications, 2000, 8: 473 −487.

# 第7章 太阳电池的模拟

## 7.1 FDTD

### 7.1.1 软件简介

FDTD 即时域有限差分(finite difference time domain),用以解决复杂几何形态的麦克斯韦方程组。

FDTD 法是一种基于时域电磁场微分方程的数值算法,它直接在时域将麦克斯韦方程组进行二阶精度的中心差分近似,即采用时域有限差分法将空间网格化,将时域微分方程的求解转换为差分方程的迭代求解,时间上一步步计算,从时间域信号中获得宽波段的稳态连续波结果,可模拟求解电磁场和电磁波的运动规律和运动过程。

其独有的材料模型可以在宽波段内精确描述材料的色散特性,且内嵌高速、高性能计算引擎,能一次计算获得宽波段多波长结果,能模拟任意三维形状,提供精确的色散材料模型。相关软件如图7-1所示。

**Material Modeling**

**图7-1 FDTD Solutions 软件**

原则上,FDTD 法可以求解任意形式的电磁场和电磁波的技术和工程问题,并且对计算机内存容量要求较低,计算速度较快。该方法已广泛应用于天线的分析与设计、目标电磁散射、电磁兼容、微波电路与光路时域分析、生物电磁计量学、瞬态电磁场研究等多个领域。

## 7.1.2 FDTD 法基本原理

FDTD 法是由麦克斯韦旋度方程的微分形式出发，利用二阶精度的中心差分近似，直接将微分运算转换为差分运算，这样达到了在一定体积内和一段时间上对连续电磁场数据的抽样压缩。

麦克斯韦方程的旋度方程组为

$$\nabla \times \boldsymbol{H} = \varepsilon \frac{\partial \boldsymbol{E}}{\partial t} + \sigma \boldsymbol{E} \tag{7-1}$$

$$\nabla \times \boldsymbol{E} = -\mu \frac{\partial \boldsymbol{H}}{\partial t} - \sigma_m \boldsymbol{H} \tag{7-2}$$

在直角坐标系中可将式(7-1)和式(7-2)转化为如下偏微分标量方程：

$$\begin{cases} \dfrac{\partial H_z}{\partial y} - \dfrac{\partial H_y}{\partial z} = \varepsilon \dfrac{\partial E_x}{\partial t} + \sigma E_x, \\[2mm] \dfrac{\partial H_x}{\partial z} - \dfrac{\partial H_z}{\partial x} = \varepsilon \dfrac{\partial E_y}{\partial t} + \sigma E_y, \\[2mm] \dfrac{\partial H_y}{\partial x} - \dfrac{\partial H_x}{\partial y} = \varepsilon \dfrac{\partial E_z}{\partial t} + \sigma E_z \end{cases} \tag{7-3}$$

$$\begin{cases} \dfrac{\partial E_z}{\partial y} - \dfrac{\partial E_y}{\partial z} = -\mu \dfrac{\partial H_x}{\partial t} - \sigma_m H_x, \\[2mm] \dfrac{\partial E_x}{\partial z} - \dfrac{\partial E_z}{\partial x} = -\mu \dfrac{\partial H_y}{\partial t} - \sigma_m H_y, \\[2mm] \dfrac{\partial E_y}{\partial x} - \dfrac{\partial E_x}{\partial y} = -\mu \dfrac{\partial H_z}{\partial t} - \sigma_m H_z \end{cases} \tag{7-4}$$

上面的六个偏微分方程是 FDTD 法的基础。

首先建立矩形差分网格，在 $n\Delta t$ 时刻，$F(x, y, z, t)$ 可以写为

$$F(x, y, z, t) = F(i\Delta x, j\Delta y, k\Delta z, n\Delta t) = F^n(i, j, k) \tag{7-5}$$

用中心差分取二阶精度，得

$$\frac{\partial F(x, y, z, t)}{\partial x}\Big|_{x=i\Delta x} \approx \frac{F^n\left(i+\frac{1}{2}, j, k\right) - F^n\left(i-\frac{1}{2}, j, k\right)}{\Delta x} + o[(\Delta x)^2] \tag{7-6}$$

$$\frac{\partial F(x, y, z, t)}{\partial y}\Big|_{y=i\Delta y} \approx \frac{F^n\left(i, j+\frac{1}{2}, k\right) - F^n\left(i, j-\frac{1}{2}, k\right)}{\Delta y} + o[(\Delta y)^2] \tag{7-7}$$

$$\frac{\partial F(x, y, z, t)}{\partial z}\Big|_{z=i\Delta x} \approx \frac{F^n\left(i, j, k+\frac{1}{2}\right) - F^n\left(i, j, k-\frac{1}{2}\right)}{\Delta z} + o[(\Delta z)^2] \tag{7-8}$$

$$\frac{\partial F(x,\ y,\ z,\ t)}{\partial t}\ \Big|_{\ t=i\Delta t} \approx \frac{F^{n+\frac{1}{2}}(i,\ j,\ k)-F^{n-\frac{1}{2}}(i,\ j,\ k)}{\Delta t}+o\big[\,(\Delta t)^2\,\big] \quad (7\text{-}9)$$

矩形差分网格如图 7-2 所示。

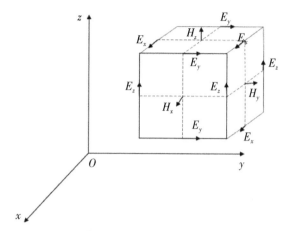

图 7-2　矩形差分网格

电场和磁场分量在空间交替放置，各分量的空间相对位置也适合于麦克斯韦方程的差分计算，能够恰当地描述电磁场的传播特性。同时，电场和磁场在时间上交替抽样，抽样时间间隔相差半个时间步长，使麦克斯韦旋度方程离散以后构成差分方程，从而可以在时间上迭代求解，而不需要进行矩阵求逆运算。因此，由给定相应电磁问题的初始条件，FDTD 法就可以逐步推进地求得以后各个时刻空间电磁场的分布。根据这一原则可以写出 6 个差分方程：

$$E_x^{n+1}(i+1,\ j,\ k)=\frac{1-\dfrac{\sigma\!\left(i+\frac{1}{2},\ j,\ k\right)\Delta t}{2\varepsilon\!\left(i+\frac{1}{2},\ j,\ k\right)}}{1+\dfrac{\sigma\!\left(i+\frac{1}{2},\ j,\ k\right)\Delta t}{2\varepsilon\!\left(i+\frac{1}{2},\ j,\ k\right)}}\cdot E_x^n\!\left(i+\frac{1}{2},\ j,\ k\right)+$$

$$\frac{\Delta t}{\varepsilon\!\left(i+\frac{1}{2},\ j,\ k\right)}\cdot\frac{1}{1+\dfrac{\sigma\!\left(i+\frac{1}{2},\ j,\ k\right)\Delta t}{2\varepsilon\!\left(i+\frac{1}{2},\ j,\ k\right)}}\cdot$$

$$\left[\frac{H_z^{n+\frac{1}{2}}\!\left(i+\frac{1}{2},\ j,\ k\right)-H_z^{n+\frac{1}{2}}\!\left(i+\frac{1}{2},\ j-\frac{1}{2},\ k\right)}{\Delta y}\right.$$

$$\left.+\frac{H_y^{n+\frac{1}{2}}\!\left(i+\frac{1}{2},\ j,\ k-\frac{1}{2}\right)-H_y^{n+\frac{1}{2}}\!\left(i+\frac{1}{2},\ j,\ k+\frac{1}{2}\right)}{\Delta z}\right]$$

$$(7\text{-}10)$$

其他 5 个方程可以类似写出。每个网格上的场分量的新值依赖于该点在前一时间步长时刻的值及该点周围临近点上另一场量在早半个时间步长时的值。因此任一时刻可一次算出一个点，并行算法可计算出多个点，通过这些运算可以交替算出电场磁场在各个时间步的值。

FDTD 法具有以下基本要素：差分格式、数值特性和吸收边界条件。

1）数值稳定性条件。

时间步长 $\Delta t$ 与空间步长 $\Delta x$、$\Delta y$、$\Delta z$ 之间需要满足一定的关系才能保证数值的稳定性。对于非均匀媒介，这一关系可写为如下形式：

$$\Delta t \leqslant \frac{1}{v\sqrt{\left(\frac{1}{\Delta x}\right)^2 + \left(\frac{1}{\Delta y}\right)^2 + \left(\frac{1}{\Delta z}\right)^2}} \tag{7-11}$$

对于均匀立方体网格，有

$$\Delta x = \Delta y = \Delta z = \Delta s, \ \Delta t \leqslant \frac{\Delta s}{v\sqrt{3}} \tag{7-12}$$

一般情况下，有

$$\Delta t = \frac{\Delta x}{2c} \tag{7-13}$$

其中，$c$ 为光速。

当 $\Delta x$，$\Delta y$，$\Delta z$ 不相等时，有

$$\Delta t = \frac{\min(\Delta x, \ \Delta y, \ \Delta z)}{2c} \tag{7-14}$$

2）数值色散。

在 FDTD 网格中，数字波模会发生改变，这种改变是由计算网格本身引起的，而非物理因素，所以必须考虑。在 FDTD 网格中，电磁波的相速与频率有关，电磁波的相速度随波长、传播方向及变量离散化的情况不同而改变。色散将导致非物理因素引起的脉冲波形畸变、人为的各向异性和虚假折射等现象。显然，色散与空间、时间的离散间隔有关。

$$\frac{1}{(c\Delta t)^2}\sin^2\frac{\omega\Delta t}{2} = \frac{1}{(\Delta x)^2}\sin^2\frac{k_x\Delta x}{2} + \frac{1}{(\Delta y)^2}\sin^2\frac{k_y\Delta y}{2} + \frac{1}{(\Delta z)^2}\sin^2\frac{k_z\Delta z}{2} \tag{7-15}$$

与数值色散关系相对应，在无耗介质中的单色平面波，色散解析关系是

$$\left(\frac{\omega}{c}\right)^2 = k_x^2 + k_y^2 + k_z^2 \tag{7-16}$$

由式（7-15）可知，当其中的 $\Delta t$、$\Delta x$、$\Delta y$、$\Delta z$ 均趋于零时，它就趋于式（7-16）。也就是说数值色散是由近似差分替代连续微分引起的，而且在理论上可以减小到任意程度，只要此时时间步长和空间步长都足够小。为获得理想的色散关系，问题空间分割应按照小于正常网格的原则进行。一般选取最大空间步长为 $\Delta_{max} = \lambda_{min}/20$，$\lambda_{min}$ 为所研究范围内电磁波的最小波长。由以上分析可知，数值色散在用 FDTD 法分析电磁

场传播中的影响是不可避免的，但我们可以尽可能地减小数值色散的影响。

现在适当选取时间步长和空间步长、传播方向，可以得到以下的理想情况：

（1）3D 方形网格。数值稳定的极限状态，可得理想色散关系。取波沿对角线传播，$k_x = k_y = k_z = \dfrac{k}{3}$，$\Delta x = \Delta y = \Delta z = \delta$，$\Delta t = \dfrac{\delta \sqrt{\mu \varepsilon}}{3}$。

（2）2D 方形网格。取波沿对角线传播，$k_x = k_y = k_z = \dfrac{k}{\sqrt{2}}$，$\Delta t = \dfrac{\delta \sqrt{\mu \varepsilon}}{\sqrt{2}}$。

（3）1D 网格：$\Delta t = \delta \sqrt{\mu \varepsilon}$。

3）吸收边界条件。

在电磁场的辐射和散射问题中，边界总是开放的，电磁场占据无限大空间，而计算机内存是有限的，所以只能模拟有限空间，即时域有限差分网格将在某处被截断。这要求在网格截断处不能引起波的明显反射，因此对向外传播的波而言，就像在无限大的空间传播一样。一种行之有效的方法是在截断处设置一种吸收边界条件，使传播到截断处的波被边界吸收而不产生反射。

下面只给出 Engquist-Majda 吸收边界条件，采用 Mur 差分格式，其总体虚假反射在 1%～5% 之间。

（1）一维一阶近似情形，$x = 0$ 边界：$u^{n+1}(0) = u^n(1) + \dfrac{c\Delta t - \Delta x}{c\Delta t + \Delta x}[u^{n+1}(1) - u(0)]$。

（2）二维二阶近似情形，$x = 0$ 边界：$W^{n+1}(0, j) = -W^{n-1}(1, j) + \dfrac{c\Delta t - \Delta x}{c\Delta t + \Delta x}[W^{n+1}(1, j) - W^{n-1}(0, j)] + \dfrac{2\Delta x}{c\Delta t + \Delta x}[W^n(0, j) + W^n(1, j)] + \dfrac{(c\Delta t)^2 \Delta x}{2(\Delta y)^2(c\Delta t + \Delta x)}[W^n(0, j+1) - 2W^n(0, j) + W^n(0, j-1) + W^n(1, j+1) - 2W^n(1, j) + W^n(1, j-1)]$。

（3）三维二阶近似情形，$x = 0$ 边界：$W^{n+1}(0, j, k) = -W^{n-1}(1, j, k) + \dfrac{c\Delta t - \Delta x}{c\Delta t + \Delta x}[W^{n+1}(1, j, k) - W^{n-1}(0, j, k)] + \dfrac{2\Delta x}{c\Delta t + \Delta x}[W^n(0, j, k) + W^n(1, j, k)] + \dfrac{(c\Delta t)^2 \Delta x}{2(\Delta y)^2(c\Delta t + \Delta x)}[W^n(0, j+1, k) - 2W^n(0, j, k) + W^n(0, j-1, k) + W^n(1, j+1, k) - 2W^n(1, j, k) + W^n(1, j-1, k)] + \dfrac{(c\Delta t)^2 \Delta x}{2(\Delta Z)^2(c\Delta t + \Delta x)}[W^n(0, j, k+1) - 2W^n(0, j, k) + W^n(0, j, K-1) + W^n(1, j, K+1) - 2W^n(1, j, K) + W^n(1, j, K-1)]$。

FDTD 法求解过程如图 7-3 所示。

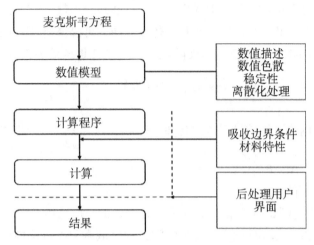

**图 7-3　FDTD 求解过程**

### 7.1.3　FDTD 法在太阳电池中的应用

基于 FDTD 法的模拟器可以根据太阳电池的材料及几何特征，预测电池吸收层的金属离子等离子体共振、减反层的减反效果等问题，为太阳电池的优化提供参考。

## 7.2　PC1D

### 7.2.1　软件简介

PC1D 是由新南威尔士大学的 A. Basore 于 1980 年发布的，基于差分法求解一维太阳电池问题的手段，它利用完全耦合的非线性方程模拟单晶半导体器件中电子和空穴的准一维传输过程，并着重于光伏器件的模拟。该程序在硅太阳电池物理特性研究方面起着重要作用，并逐渐成为模拟典型光伏器件的标准软件。PC1D 操作界面简单直接，可输出多种物理量的关系图供全面分析光伏电池的性能，内建较为完备的半导体器件模型，模拟结果具有极高的准确性和可靠性。

### 7.2.2　PC1D 基本原理

利用有限元法求解以下基本方程：

$$J_n = -qn\mu_n(x)\left(\frac{\partial\psi}{\partial x} + \frac{\mathrm{d}\phi_n}{\mathrm{d}x}\right) + qD_n(x)\frac{\partial n}{\partial x} \tag{7-17}$$

$$\frac{\partial n}{\partial t} = \frac{1}{q}\cdot\frac{\partial J_n}{\partial x} + G(x,\ t) - R(n,\ p) \tag{7-18}$$

$$J_p = -qn\mu_p(x)\left(\frac{\partial\psi}{\partial x} - \frac{\mathrm{d}\phi_p}{\mathrm{d}x}\right) - qD_p(x)\frac{\partial p}{\partial x} \tag{7-19}$$

$$\frac{\partial p}{\partial t} = -\frac{1}{q} \cdot \frac{\partial J_p}{\partial x} + G(x, \ t) - R(n, \ p) \qquad (7-20)$$

$$\frac{\partial^2 \psi}{\partial x^2} = -\frac{q}{\varepsilon}\left[p - n + N_D(x) - N_A(x)\right] \qquad (7-21)$$

式(7-17)、式(7-18)分别为电子的电流密度方程和连续性方程,式(7-19)、式(7-20)分别为空穴的电流密度方程和连续性方程,其中,$\mu_n(x)$、$\mu_p(x)$分别为电子和空穴的迁移率。式(7-21)为泊松方程,其中,$\psi$为电势,$\varepsilon$为半导体介电常数。

边界条件是求解微分方程的必要条件,PC1D 模拟光伏电池有以下三个边界条件:

(1)在电池表面无金属接触处,扩散和复合达到平衡,表面钝化很差时,表面少子个数为零;

(2)与金属接触区域少子立即复合消失,个数为零;

(3)在耗尽区电场作用下,耗尽区边界处的少子个数为零。

## 7.2.3　PC1D 在太阳电池中的应用

PC1D 软件界面主要由菜单栏、工具栏和工作窗口三部分组成。菜单栏几乎包括该软件的所有功能;工具栏集中了大部分常用工具按钮;工作窗口由五部分组成,分别是模型区(DEVICE)、材料性能区(REGION1)、测试条件设置区(EXCITATION)、结果显示区(RESULT)和模型显示区(Device Schematic)。

(1)模型区(DEVICE)。使用 PC1D 模拟之前,需要提前建立好电池模型,与电池结构相关的参数都在这里设置,包括电池面积(Device area)、绒面参数(Surface texture)、表面电荷状态(Surface charge)、反射率参数设置(Reflectance)、电极串联电阻相关参数设定(Contact definition)、内部并联电阻参数设计(Internal shunt elements)。

(2)材料性能区(REGION1)。设置与材料相关的性能参数,包括电池厚度(Thickness)、半导体材料种类(Material)、半导体材料的基础掺杂(Background doping)、扩散参数设置(diffusion)、体复合参数设置(Bulk recombination)、表面复合速率设置(Surface recombination)。

(3)测试条件设置区(EXCITATION)。电池模型及材料特性设置完成后,还需要设置电池的测试条件,包括激发条件设置(Excitation)、选择测试模式(Excitation mode)、模拟温度设置(Temperature)、定义发射极与基极的电路(Circuit)、光源设置(Light Source)。

## 7.3 Griddler Pro

### 7.3.1 软件简介

如图7-4所示，Griddler Pro 是一款便捷的2D 太阳能电池模拟器，具有设计太阳能电池、计算太阳能电池效率、量化限制因素、存储从世界各地收集的已发表的电池参数、预测采用不同设计带来的效率提升空间等功能。它与 SolarEYE 结合使用，可以为工厂环境下太阳能电池的改进提供参考。

**图7-4　Griddler Pro 模拟器**

### 7.3.2 Griddler Pro 基本原理

如图7-5所示，Griddler Pro 的核心是对太阳能电池平面的有限元(FEM)表示。通常可以有1～8个平面：最简单的情况是用1个平面来描述正面电极的金属栅线，假定背面接地，并没有横向电阻；最复杂的情况是，正面和背面分别有半导体平面、金属栅线平面(如果栅线与半导体之间存在接触电阻)、金属主栅平面(使用分次印刷，非烧穿主栅，使主栅"悬浮")和焊带平面。在有限元模型中，这些平面(除了焊带平面)被精细地分解成三角形网格，以实现太阳能电池的网格化模型。三角形的一个角被称为一个节点(node)，每个节点都有一个电压。三角形的边缘(edge)通过电阻将节点连接在一起，电阻的值取决于该区域的薄层电阻；基于伽辽金法，电阻的值也取决于三角形的形状。

在每个电池正面和背面平面中，如果定义了焊带，那么焊带与下层平面有焊点/探针点的地方相连接，焊带与下层平面通过电阻相连接；如果没有，焊带与下层平面直接连接，没有压降。如果主栅是悬浮的，那么主栅平面与金属栅线平面形成的指状交叉节点将作为连接点。如果存在非零的金属-半导体接触电阻，那么金属栅线上的每个节点通过接触电阻连接到半导体平面上相同位置的节点。若没有金属-半导体接触电阻，则将栅线和半导体平面合并为一个。

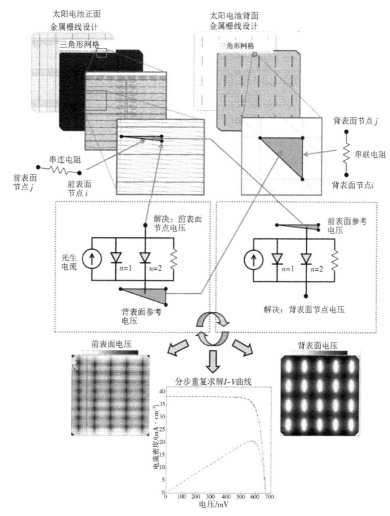

**图 7-5　Griddler Pro 模拟流程**

在正面与背面半导体平面之间是一个夹层，这个夹层定义了太阳能电池的光伏特性。这种夹层结构提供了一个小的等效电路，连接到半导体层的每个节点。这个等效电路也成为双二极管模型，因为它用两个具有不同 $I-V$ 特性的二极管来描述节点内发生的复合电流。与这些二极管并联的电流源用以描述光感应电流，并联的分流电导用以描述分流电流（如果有的话）。这个等效电路的 $I-V$ 特性是

$$I(V_{\mathrm{diode},i}) = I_{\mathrm{L},i} - I_{01,i}\exp\frac{qV_{\mathrm{diode},i}}{kT} - I_{02,i}\exp\frac{qV_{\mathrm{diode},i}}{kT} - G_{\mathrm{shunt},i}V_{\mathrm{diode},i} \tag{7-22}$$

$$V_{\mathrm{diode},i} = V_{\mathrm{node},i} - V_{\mathrm{ref},i} \tag{7-23}$$

其中，$V_{\mathrm{diode},i}$ 是等效电路上的电压；$q$ 是元电荷；$k$ 是玻尔兹曼常数；$T$ 是电池温度，以开尔文(K)为单位；$I_{\mathrm{L},i}$ 是光感应电流，$I_{01,i}$ 和 $I_{02,i}$ 分别是 $n=1$ 和 $n=2$ 二极管的饱

和电流；$G_{\text{shunt},i}$是分流电导。$V_{\text{diode},i}$由$V_{\text{node},i}-V_{\text{ref},i}$给出，其中，$V_{\text{node},i}$是对应节点$i$的电压，$V_{\text{ref},i}$是在节点位置相对的半导体平面上的电压的内插值。由此，根据基尔霍夫节点定律得到节点$i$处的电流连续性条件为

$$\sum_{\text{neighbournode},j}\frac{V_{\text{node},j}-V_{\text{node},i}}{R_{\text{series},i,j}}+I(V_{\text{diode},i})=0 \qquad (7-24)$$

据此可以得到一组系统的节点电压的方程组，并进行迭代求解。一旦半导体节点电压在每个平面上被求解，$V_{\text{diode},i}$和$I(V_{\text{diode},i})$也可以被同时确定。然后，太阳能电池的总电流是在正面或背面半导体平面上所有节点上$I(V_{\text{diode},i})$的总和，而太阳能电池的总电压则是提取电流的节点处，正面节点与背面节点电压之间的差值。

太阳能电池的操作点由光照强度$I_{\text{L},i}$和终端电压定义。该终端电压定义了提取电流处的正面节点的边界条件。提取电流处的背面节点的电压通常被设置为零(接地)。通过不断设置终端电压并不断重复这一过程，然后解电池电压，我们就可以得到太阳电池的整体$I-V$特性。

### 7.3.3 Griddler Pro 在太阳电池中的应用

在 Griddler Pro 中，太阳能电池的设计阶段通常是从 H-Pattern 的设计页面开始的。因为大多数电池都有 H-Pattern 的金属栅线，所以这个页面对于大多数电池的设计来说是足够的。

该页面需要设置的参数包含硅片信息(硅片掺杂类型、硅锭直径、硅片长度和宽度)、栅线信息(主栅数量和宽度、接触点数量、主栅样式、主栅结束段、印刷方式)、背面接触设置等。

在太阳能电池网络模型中，太阳电池的正面和背面将会背划分为三角形网格。网格的划分需要在 Meshing 页面进行设置。

在完成网格化之后，Griddler 将电池结构转换成了可以被模拟的有限元模型。在 Simulation 页面，依次完成太阳电池参数调整，包括正面及背面金属电极参数、硅片内串/并联、温度、外部串联电阻、光学参数、二极管参数及边缘复合参数等。之后设置光照就可以进行计算。

## 7.4 Quokka

### 7.4.1 软件简介

如图 7-6 所示，Quokka 是一款专门用于对太阳电池器件从一维到三维进行模拟的软件。它简化了一般的半导体载流子输运模型，与其他模拟软件相比，计算工作量少得多。这些简化，如准中性和导电边界简化，不会对硅太阳电池器件的通用性和准确性造成显著损失。因此，Quokka 能够在标准计算机上以较短的时间模拟 3D 硅太阳电池器件的参数，同时确保与最先进的设备模拟软件类似的准确性和通用性。

与大多数其他器件仿真软件的主要区别在于传导边界的简化。近表面区域并没有通过定义掺杂剖面和表面复合等来详细建模，所需的输入只是这些区域的整体特性，最重要的是薄片电阻(扩散电阻)和有效复合特性。如果这些输入参数是通过实验得到的，那么使用 Quokka 软件进行模拟便特别适合，但如果需要优化掺杂轮廓，那么 Quokka 就无法直接使用了。

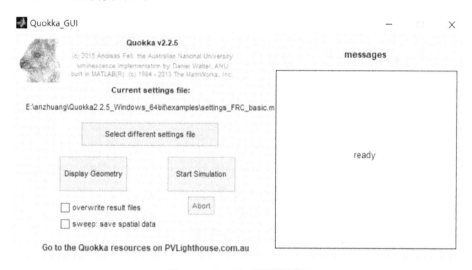

**图 7-6　Quokka 模拟器界面**

Quokka 从本质上解决了器件的稳态电特性，并能够推导出各种典型的太阳电池特性：固定端电压(fixed terminal voltage)、固定端电流(fixed terminal current)、开路状态(open-circuit conditions)、最大功率点状态(maximum power point conditions)、短路电流状态(short-circuit-current conditions)、光/暗 $I-V$ 曲线(light/Dark $I-V$ curve)、量子效率曲线(quantum-efficiency curve)、太阳-开压曲线(suns-voc curve)、串联电阻曲线(series-resistance curve)。值得注意的是，Quokka 的扩展中包括了发光模型，这使得 Quokka 能够模拟例如空间和光谱分辨率的光致发光特性。

## 7.4.2　Quokka 基本原理

Quokka 数值求解准中性硅器件中一维/二维/三维稳态载流子输运问题。它使用所谓的"导电边界"来解释近表面区域(如扩散或逆温层)增加的横向电导性，从而在没有重大损失的情况下模拟大多数硅太阳能电池设备。

### 7.4.2.1　载流子输运模型(以 p 型块为例，n 型块可以相应给出)

1)体积(体)方程。

Quokka 的基本方程是描述准中性半导体中稳态载流子输运的两个微分方程的简化集。求解的变量分别为 $\varphi_{Fn}$ 和 $\varphi_{Fp}$ 的电子和空穴的准费米势。

$$\nabla(\sigma_n \nabla \varphi_{Fn}) = q(G-R) \tag{7-25}$$

$$\nabla(\sigma_p \nabla \varphi_{Fp}) = -q(G-R) \tag{7-26}$$

电导率和复合速率一般是关于载流子密度的函数，且有

$$p \approx n + N_A - n_0 \tag{7-27}$$

$$n = -\frac{N_A - n_0}{2} + \sqrt{\frac{(N_A - n_0)^2}{4} + n_{i,\text{eff}}^2 \exp\frac{\varphi_{Fn} - \varphi_{Fp}}{V_T}} \tag{7-28}$$

2）边界条件。

（1）边界复合。对于导电和非导电边界，在边界处或进入边界处的复合电流由 $J_{01}/J_{02}$ 模型、$S$ 模型或用户定义的解析表达式计算：

$$J_{\text{rec},J_0} = J_{01}\left(\frac{np}{n_{i,\text{eff}}^2} - 1\right) + J_{02}\left(\sqrt{\frac{np}{n_{i,\text{eff}}^2}} - 1\right) \tag{7-29}$$

$$J_{\text{rec},S} = S(n - n_0)q \tag{7-30}$$

$$J_{\text{rec,an}} = f(n, p, \cdots) \tag{7-31}$$

（2）对称边界。在对称边界处，即除前面和背面外的所有边界处，由法向量 $\boldsymbol{n}$ 定义的准费米势在表面法线方向上的梯度分量为零：

$$\boldsymbol{n}\,\nabla\varphi_{Fn/p} = 0 \tag{7-32}$$

（3）非导电边界。电子电流等于负的复合电流：

$$\sigma_n \boldsymbol{n}\,\nabla\varphi_{Fn} = -J_{\text{rec}} \tag{7-33}$$

在非接触区域，进入边界的总电流需要为零：

$$\sigma_n \boldsymbol{n}\,\nabla\varphi_{Fn} + \sigma_p \boldsymbol{n}\,\nabla\varphi_{Fp} = 0 \tag{7-34}$$

设通过接触电阻 $r_c$ 的电流密度等于边界处的总电流密度，则

$$\sigma_n \boldsymbol{n}\,\nabla\varphi_{Fn} + \sigma_p \boldsymbol{n}\,\nabla\varphi_{Fp} = \frac{V - \varphi_{Fp}}{r_c} \tag{7-35}$$

在没有外部接触的区域，接触电阻变得无穷大，并使进入边界的总电流密度始终为零。在模拟低复合接触时要小心，因为当提取了大电流时，准中性近似是无效的，因此会导致显著的误差。

注意，这种接触电阻的实现，也适用于导电边界，正确解释了电流转移到接触端的影响。

（4）接触边界。表面导电层（如扩散层或逆温层）中载流子的导电由准费米势 $\varphi_{F\text{diff}}$ 与薄片电阻 $R_{\text{sheet}}$ 的二维连续方程来解释：

$$\nabla_t\left(\frac{1}{R_{\text{sheet}}}\nabla_t\varphi_{F\text{diff}}\right) = J_{\text{diff}} \tag{7-36}$$

对于 n 型导电边界（发射体），体电子准费米势的边界条件为

$$\varphi_{Fn} = \varphi_{F\text{diff}} \tag{7-37}$$

源项 $J_{\text{diff}}$ 等于从基极到发射极的总电流密度减去进入接触端的电流密度：

$$J_{\text{diff}} = \sigma_n \boldsymbol{n}\,\nabla\varphi_{Fn} + \sigma_p \boldsymbol{n}\,\nabla\varphi_{Fp} - \frac{V - \varphi_{F\text{diff}}}{r_c} \tag{7-38}$$

进入边界的空穴电流密度等于复合电流密度减去边界内产生的电流密度 $J_G$ 乘以

其收集效率 $\eta_{coll}$，给出了空穴准费米势的边界条件：

$$\sigma_p \boldsymbol{n}\,\nabla\varphi_{Fp} = J_{rec} - J_G \eta_{coll} \tag{7-39}$$

对于 p 型扩散（后表面场），式（7-39）等价于改变的载流子类型和复合电流密度的倒转符号。

#### 7.4.2.2　硅特性

1）能带结构和本征载流子浓度。

通过温度依赖性 $E_{g,0}$ 和掺杂依赖性带隙变窄效应（BGN）$\Delta E_g$ 计算有效带隙：

$$E_{g,eff} = E_{g,0} - \Delta E_g \tag{7-40}$$

$\Delta E_g$ 由一个查找表确定，该查找表考虑了仅在 300 K 时的掺杂依赖性。

假定载流子服从玻尔兹曼分布（这种假设是合理的），则

$$n = N_c \exp\frac{\varphi_n + \varphi_e}{V_T} \tag{7-41}$$

$$p = N_v \exp\left(\frac{-\varphi_p - \varphi_e}{V_T} - \frac{E_{g,eff}}{kT}\right) \tag{7-42}$$

其中，$\varphi_n$ 和 $\varphi_p$ 分别为电子和空穴准费米势，$N_c$ 和 $N_v$ 分别为导价带态密度（DOS），$V_T = \dfrac{kT}{q}$ 是热电压，$\varphi_e$ 是导电带边电势。

$$pn = n_{i,eff}^2 \exp\frac{\varphi_n - \varphi_p}{V_T} \tag{7-43}$$

$$n_{i,eff}^2 = N_c N_v \exp\left(-\frac{E_{g,eff}}{kT}\right) = n_{i,0}^2 + N_c N_v \exp\left(-\frac{\Delta E_g}{kT}\right) \tag{7-44}$$

温度等于 300 K 时，有

$$n_{i,0} = 9.65 \times 10^9 \ \text{cm}^{-3} \tag{7-45}$$

$$N_c = 2.86 \times 10^{19} \left(\frac{T}{300\ \text{K}}\right)^{1.58} \ \text{cm}^{-3} \tag{7-46}$$

$$N_v = 3.10 \times 10^{19} \left(\frac{T}{300\ \text{K}}\right)^{1.85} \ \text{cm}^{-3} \tag{7-47}$$

$$E_{g,0} = 1.175 \ \text{eV} - \frac{4.73 \times 10^{-4} (T/\text{K})^2}{T/\text{K} + 636} \ \text{eV} \tag{7-48}$$

2）载流子电导率。

载流子电导率 $\sigma$ 是关于载流子迁移率 $\mu$ 的函数：

$$\sigma_n = qn\mu_n \tag{7-49}$$

$$\sigma_p = qp\mu_p \tag{7-50}$$

在 Quokka 中实现的是 Klaassen 和 Arora 的迁移率模型，在后者的情况下，多余的载流子密度被添加到掺杂密度中，以考虑注入依赖。

3）体复合。

Quokka 解释了辐射（rad）、俄歇（Auger）和肖克雷-里德-霍尔（SRH）复合，计算了复合速率 $r$。Quokka 中 Auger 模型的实现包含 Cuevas、Altermatt 和 Richter 等的参数

优化。

在 Quokka 中实现的是一般的 SRH 表达式：

$$R_{\text{SRH}} = \frac{np - n_{\text{i,eff}}^2}{\tau_{p0}(n_1 + n) + \tau_{n0}(p_1 + p)} \qquad (7-51)$$

多个自定义缺陷可以通过缺陷能级 $E_\text{t}$ 相对于固有能量 $E_\text{i}$（定义为有效带隙中间的能级）、俘获截面 $C_{n/p}$ 和缺陷密度 $N_\text{t}$、热速度 $v_{\text{th}} = 1.1 \times 10^7\ \text{cm} \cdot \text{s}^{-1}$ 等表示。

$$\tau_{n0/p0} = (v_{\text{th}} C_{n/p} N_\text{t})^{-1} \qquad (7-52)$$

$$n_1 = n_{\text{i,eff}} \exp \frac{E_\text{t} - E_\text{i}}{kT} \qquad (7-53)$$

$$p_1 = n_{\text{i,eff}} \exp\left(-\frac{E_\text{t} - E_\text{i}}{kT}\right) \qquad (7-54)$$

此外，在用户输入 $\tau_{p0}/\tau_{n0}$ 和 $n_1/p_1$ 等于 $n_{\text{i,eff}}$ 的条件下，实现了简化的中间带隙缺陷能量复合。

Boron-oxygen（B-O）对复合的贡献由用户设置的氧浓度 $N_{\text{t,0}}$ 和相关参数 $m$、掺杂浓度 $N_\text{A}$ 和缺陷能级与导带边缘的距离 0.41 eV 来表示。

$$\tau_{n0,\text{B-O}} = 4.02024 \times 10^{45} N_\text{A}^{-0.824} N_{\text{t,0}}^{-1.748}\ m \qquad (7-55)$$

$$\tau_{p0,\text{B-O}} = 10 \tau_{n0,\text{B-O}} \qquad (7-56)$$

整体复合计算为所有贡献的总和，其中每种复合通道都可关闭，即复合强度设置为 0：

$$R = R_{\text{SRH,custom}} + R_{\text{SRH0}} + R_{\text{SRH,B-O}} + R_{\text{Auger}} + R_{\text{rad}} pn + \tau_{\text{b,fixed}}(n - n_0) \qquad (7-57)$$

4）光学吸收。

在默认情况下，Quokka 使用来自 Nguyen 的硅的光学特性，并将其与来自 Green 的数据相结合，以覆盖整个波长范围。Quokka 结合已发表的温度依赖性来推导在任意温度下的光学性质。

### 7.4.3　Quokka 在太阳电池中的应用

输入参数被划分在几个组中，包括整体解域和接触几何（geom）、边界条件（即扩散和表面特性）（bulk）、光产生（generation）、外部电路（circuit）、发光建模（lumi）、参数扫描（sweep）和迭代优化/曲线拟合（optim）。

对于输入，可以通过外部文件定义几个输入，这些文件必须位于与设置文件相同的目录中，并且必须正确地组织包含的数据以供 Quokka 使用。接受的文件是 Excel 文件（.xls 或 .xlsx）或 ASCII 文件（.txt 或 .csv）。需要注意的是，Quokka 只能读取"正确的"Excel 文件，那些使用替代工具生成的文件，可能会导致读取错误。这个问题可以通过在 Excel 中打开并保存来解决。对于 ASCII 文件，支持大多数常见的分隔符。

对于输出，一个基本的区别是单工作点和多工作点特性。只有在单个工作点上，才会出现具有独特空间结果的独特电条件并将其储存。当执行扫描时，默认情况下没有空间数据可用，但是可以通过激活相应的开关为每个参数存储。

输出图形的类型是预定义的，取决于所解决的终端条件，以及是否执行了扫描或优化任务。空间数据仅在设置单点终端条件时绘制，曲线终端条件显示各自的曲线，参数扫描时显示主要标量输出的变化情况。用户对图形输出没有任何影响。所有重要的结果都存储在 csv 和 Matlab 文件中，后者还包括空间输出（如果适用的话），用户必须自己创建自定义图形。

输出文件包括两个结果文件：一个 .csv 文件包含大多数标量和曲线输出，另一个 .mat 文件包含额外的结果，包括空间输出数据（如果可用）。.mat 文件是一种 Matlab 文件格式，它可以被一些软件工具读取，但在 Matlab 中处理最好。如果使用优化器，结果将被保存在文件名中包含".optim"的文件中。

## 7.5　Sentaurus TCAD、Silvaco TCAD

### 7.5.1　软件简介

TCAD（technology computer aided design）指半导体工艺模拟和器件模拟工具。TCAD 按照功能可以分为 3 个模块，分别为工艺仿真模块、器件仿真模块和提参模块。TCAD 工具可以通过计算机仿真技术对不同工艺条件进行模拟，取代或部分取代昂贵费时的工艺实验；还可以利用器件仿真软件对不同器件结构进行优化，获得理想的特性，从而为工艺和器件的试制和生产提供试验通道。

Sentaurus TCAD 整合了多家公司的 TCAD 软件，具有丰富的功能模块并收录了很多小尺寸模型，可以精确地进行纳米级别的仿真，模拟半导体的性能。Sentaurus TCAD 仿真通常分为器件仿真和工艺仿真两种。器件仿真一般不需要了解工艺流程，对一些新结构仿真时较为方便；工艺仿真需要确切知道相应的工艺，知道对应工艺的作用和影响、各工艺之间的配合等。在工艺仿真中，Sprocess 用于生成二维或者三维的器件结构和网格划分；Sdevice 可以用来进行电学、磁学、热学等方面的仿真，它内含多种器件仿真模型和多种物理模型，可以在模型里求解泊松方程、连续性方程等来得到各种器件特性。

Silvaco TCAD 具有准确预测器件特性、计算速度快等特点，可以直接定义材料参数、物理模型和计算方法进行器件仿真，得到器件的电学、光学和热学特性。也可采用与实际器件制备工艺一致的工艺仿真，得到器件结构、材料厚度、结深、电阻和 $C-V$ 特性等，并可将设计输出直接导入器件仿真模块中进行器件仿真，求解包括连续方程、电流传输方程和泊松方程三个基本方程组，得到器件的电势分布和载流子分布，从而获得器件的输出特性。Silvaco TCAD 通常可以对二极管、双极晶体管、太阳电池等各种半导体器件进行仿真得到稳态和瞬态特性。其组件主要包括人机交互界面 Deckbuild、可视化模块 Tonyplot、用于工艺仿真的 Athena 模拟器和用于器件仿真的 Atlas 模拟器等。

### 7.5.2　Sentaurus TCAD 基本原理

在 Sentaurus TCAD 器件模拟过程中，我们需要调用相应的物理模型来使仿真数据更加精确。这里主要介绍几种常用的物理模型。

1）载流子产生-复合模型。

载流子产生-复合模型是用来表述电子-空穴对在半导体内产生和复合过程中的模型。Sentaurus TCAD 可以通过定义相关的模型来模拟实际半导体中载流子的这种运动的概率和过程。

2）SRH 复合模型。

SRH 复合模型可以表示为

$$R_{\text{net}}^{\text{SRH}} = \frac{np - n_{\text{i,eff}}^2}{t_p(n_1 + n) + t_n(p_1 + p)} \tag{7-58}$$

$$n_1 = n_{\text{i,eff}} \exp \frac{E_{\text{t}}}{kT} \tag{7-59}$$

$$p_1 = n_{\text{i,eff}} \exp \left( -\frac{E_{\text{t}}}{kT} \right) \tag{7-60}$$

$E_{\text{t}}$ 为本征能级与缺陷能级的差。$\tau_n$ 和 $\tau_p$ 受电场 $E$、温度 $T$ 等外界因素的影响，计算公式为

$$\tau_n = \tau_{\text{dop}} \frac{f(T)}{1 + g_n(E)} \tag{7-61}$$

$$\tau_{p=} \tau_{\text{dop}} \frac{f(T)}{1 + g_p(E)} \tag{7-62}$$

3）俄歇复合。

俄歇复合计算公式为

$$R_{\text{net}}^{\text{A}} = (C_n n + C_p p)(np - n_{\text{i,eff}}^2) \tag{7-63}$$

$C_n$ 与 $C_p$ 是俄歇复合系数，具体计算方法为

$$C_n(T) = \left[ A_{\text{A},n} + B_{\text{B},n} \left( \frac{T}{T_0} \right) + C_{\text{A},n} \left( \frac{T}{T_0} \right)^2 \right] \left[ 1 + H_n \exp \left( -\frac{n}{N_{0,n}} \right) \right] \tag{7-64}$$

$$C_p(T) = \left[ A_{\text{A},p} + B_{\text{B},p} \left( \frac{T}{T_0} \right) + C_{\text{A},p} \left( \frac{T}{T_0} \right)^2 \right] \left[ 1 + H_p \exp \left( -\frac{p}{N_{0,p}} \right) \right] \tag{7-65}$$

4）禁带宽度模型。

半导体材料的禁带宽度主要受温度 $T$、带隙偏移等影响。Sentaurus TCAD 中，使用 Varshni 经验公式来描述温度对禁带宽度的影响：

$$E_{\text{g}}(T) = E_{\text{g}}(0) - \frac{\alpha T^2}{T + \beta} \tag{7-66}$$

5）迁移率模型。

在 Sentaurus TCAD 中，我们可以根据需求添加相应的迁移率模型。如果要添加不同的模型，仿真程序会按 Mathiessen 规则将它们综合成一个模型，表达式为

$$\frac{1}{\mu} = \frac{1}{\mu_i} + \frac{1}{\mu_s} + \frac{1}{\mu_o}$$

(7-67)

其中，$\mu_i$、$\mu_s$、$\mu_o$ 分别对应电离杂质散射、声学波散射、光学波散射。

### 7.5.3　Silvaco TCAD 基本原理

在太阳电池模拟上，Silvaco TCAD 工艺仿真器 ATHENA，包括 SSuprem3（1D 工艺仿真），SSuprem4（2D 工艺仿真）、MC Implant（3D 蒙特卡罗注入仿真）、Elite（2D 蚀刻、淀积仿真）、MC Deposit/Etch（2D 蒙特卡罗蚀刻、沉积仿真）和 Optolith（光刻仿真）等模块。其中，SSuprem4 提供多种高级物理模型，可准确模拟扩散、注入、氧化、硅化和外延的主要工艺步骤；MC Implant 可准确预测所有主要离子/靶组合的注入剖面和损伤；MC Deposit/Etch 包含一些基于蒙特卡罗模型、用于模拟各种原子粒子流量的蚀刻和沉积工艺。

Silvaco TCAD 器件仿真器 ATLAS 提供的模块包括 S-Pisces、Blaze、Luminous、TFT、Device3D、Luminous3D 和 TFT3D 等。其中 S-Pisces 是基于硅技术的二维器件模拟器，合并了漂移扩散和能量平衡传输方程，提供了太阳电池模拟所需的物理模型，包括表面/体迁移率、复合、碰撞电离和隧道模型等。Blaze 模型器内置了多结太阳电池模型，适用于二元、三元和四元半导体。Device3D 模拟器适用于硅和其他材料的 3D 器件，用于分析各种材料器件的直流、交流和时域特性。Luminous 和 Luminous3D 模拟器特指适用于模拟非平面太阳电池中的光吸收和光产生，利用几何光线追踪法进行一般光源求解。TFT 和 TFT3D 模拟器用于模拟包括薄膜晶体管的非晶或多晶硅器件，也适用于非晶硅薄膜太阳电池，用于提取光谱、直流和瞬态响应。

### 7.5.4　Sentaurus TCAD 在太阳电池中的应用

Sentaurus TCAD 给用户提供了一个直观的、易上手的可视化操作环境，用户能够根据自己的需求选择相应的模块去进行设计仿真（图 7-7）。Sentuarus TCAD 工具主要包括 Sentaurus Workbench、Sentaurus Process、Sentaurus Structure Editor、Mesh and Noffset3D、Sentaurus Device、Tecplot SV 和 Inspect 等。

Sentaurus Process 是一个包含完备工艺流程的工艺模拟器，可以仿真绝大多数半导体材料的工艺流程。同时，Sentaurus Process 可以通过数学物理方程来表示诸如氧化刻蚀、掺杂、退火等不同的工艺步骤。Sentaurus Process 成熟的工艺流程仿真在缩短了工艺线研发周期的同时，极大地降低了工艺研发的成本。

Sentaurus Structure Editor 是一个能够编辑 2D、3D 器件结构的仿真工具，主要用来对二维和三维器件进行建模，以及器件制作过程中的工艺流程仿真。完成仿真建模后，用户还能够通过 Sentaurus Structure Editor 提供的可视窗口界面看到自己建模器件的每一部分，工具栏提供的相关工具还可以让用户选择观看器件某一剖面的剖面图。

Sentaurus Device 是一个比较成熟完备的器件模拟工具。用户可以通过该工具对搭建好的半导体器件模型进行电学、热学等方面的模拟和预测。Sentaurus Device 可以导入丰富的物理和数学模型，通过模型的叠加耦合来模拟器件工作的各种复杂环境。Sentaurus Device 模拟器中包含像 HFET、IGBT、HBT、BICMOS、应变硅等多种半导体器件的种类，使它能够对传统器件与新兴器件进行快速高效的仿真，极大地节约了器件实际研发过程中的流片成本。

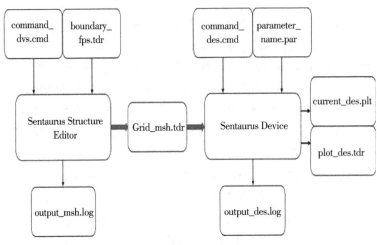

图7-7　Sentaurus TCAD 仿真流程

### 7.5.5　Silvaco TCAD 在太阳电池中的应用

Silvaco TCAD 软件常用于对半导体器件的电学和光学等行为进行模拟，分析器件的直流、交流及光电转换等特性。该软件功能强大，数值计算快，可用于设计半导体器件的结构和工艺。如图7-8所示，该软件的主要组件有五种。

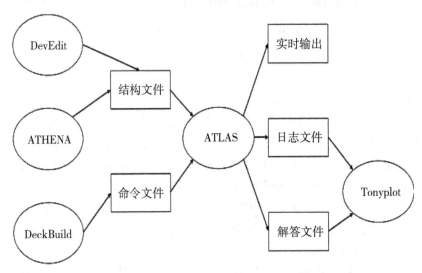

图7-8　Silvaco TCAD 仿真流程

1）交互式工具 Deckbuild。

Deckbuild 界面可以调用软件中其他模块，调用 ATHENA 建立器件结构，通过 ATLAS 对器件进行特性仿真，然后由 Tonyplot 或 Tonyplot3D 显示。

2）器件编辑器 DevEdit2D/3D。

DevEdit 用来编辑器件结构。由于 DevEdit 编辑的器件结构是由一系列点组成，因此既可以根据设计需要调整器件的结构，又可以对 ATHENA 得到的器件结构进行编辑。

3）工艺仿真器 ATHENA。

ATHENA 能对半导体工艺进行设计优化，并进行精确快速地模拟，ATHENA 生成的器件结构也可以在 ATLAS 中调用。

4）器件仿真器 ATLAS。

ATLAS 能对半导体器件进行特性仿真，用以分析半导体器件的光电特性、电光特性、直流或交流响应等。

5）可视化工具 Tonyplot。

Tonyplot 的显示功能非常强大，既能显示器件的内部电场、载流子和掺杂等分布，又能显示仿真得到的特性曲线。